알루미늄에 대한 무관심과 무지에 반대한다.

현대의 모순을 비추는 거울

알루미늄의 역사

물질 시리즈 1권 : 알루미늄 Aluminium
독일 외콤 출판사와 아우구스부르크 대학 환경과학연구소가 함께 내는 책
편집자 : 아르민 렐러(Dr. Armin Reller), 옌스 죈트겐(Jens Soentgen)

우리가 날마다 사용하는 물질들은 알고 보면 길고 긴 과정을 거쳐 우리 손에 들어온 것이다. 하지만 그 변화무쌍한 뒷이야기들은 물건이 된 완제품에 가려 묻히기 마련이다. 물질의 역사를 추적해 보면 깜짝 놀랄만한 사실과 만나게 되고, 지구에서 일어나는 수많은 갈등도 드러난다.

물질 시리즈에서는 사회·정치적으로 여러 번 우리 역사의 변덕스러운 주인공이 되었던 물질들을 선별하고, 그 물질이 걸어온 과정과 사회적 배경에 대해 이야기 한다.

〈알루미늄〉은 이 시리즈의 첫 번째 책이다. 알루미늄은 지구 바깥층에서 가장 흔한 금속이지만 공업적으로 생산되기 시작한 것은 겨우 150년 전부터다. 알루미늄이 널리 이용되는 것은 자연과학자와 자본가들 덕분이다. 엄청난 금전 투자와 전 세계적인 생산 네트워크 없이는 알루미늄을 생산할 수 없기 때문이다. 알루미늄은 놀라울 정도로 가벼워 인류의 생활을 무척 편하게 만들었지만 환경 재앙의 주범이기도 하다. 그래서 알루미늄은 희망찬 현대의 상징이자 현대의 모순을 비쳐주는 거울이다.

Aluminium

역사를 바꾼
물질 이야기
1

현대의 모순을 비추는 거울

알루미늄의 역사

루이트가르트 마샬 지음 | 최성욱 옮김

자연과 생태

알루미늄에 관한 이야기는 우리 사회, 그리고 지구와 밀접하게 연관되어 있다. 그래서 알루미늄을 제대로 살펴보려면 문화·정치·경제·생태적인 연관관계를 깊이 들여다보아야 한다. 하지만 이 책은 까마득한 이야기까지 모두 들추어내지는 않을 것이다. 이 책의 의도는 여러분에게 생생하게 그리고 다각도로 맥락을 짚어 주는데 있다. 따라서 여러분의 눈길은 문화, 기술, 산업, 경제, 환경, 소비 등 다양한 분야를 가로지르며 돌아다니게 될 것이다.

이 책에서 다루는 여러 이야기는 풍부한 자료 수집을 거쳐 나왔으며, 크게 5개 주제로 나누어 정리했다. 각 주제는 서로 연관성을 갖고 구성되었지만 동시에 독립적이기 때문에 읽을 때 순서에 얽매일 필요가 없다. 또한 청소년부터 전문가까지 다양한 사람이 읽기를 바랐기 때문에 엄격하게 학술적이거나 체계적으로 설명하기보다 소설처럼 이야기 형식으로 내용을 전달한다.

알루미늄의 역사는 영국의 과학자 험프리 데이비 경Sir Humphry Davy이 전류를 이용해 알루미늄을 함유한 명반明礬으로부터 이 금속을 분리해 내려고 시도했다가 실패한 1807년부터 시작된다.

1

음료수 캔처럼 누구나 다 알고 있는 일상용품에서 이야기를 시작한다. 디자인 면에서 알루미늄 캔은 지금까지 만들어진 용기들 가운데 가장 수준 높은 것으로 평가된다. 하지만 환경운동가와 소비자운동가들은 알루미늄 캔을 한번 쓰고 버리는 퇴폐적 사회의 상징이라고 비판한다.

다양한 형태로 제작되는 음료수 캔에는 알루미늄이라는 재료와 연관된 여러 주제들이 모여 있다. 그러므로 캔에서 출발해 이와 연관된 다양한 주제들이 거론되지만, 결국 이것들 모두는 소비의 역사로 모이게 된다. 캔의 역사는 현대 소비사회의 형성과 뗄 수 없는 관계다. 포장용기의 블루진인 가볍고 쓰기 편한 일회용 캔은 현대인의 소비스타일을 특싱싯기 때문이다. 하지만 알루미늄 캔의 대량소비로 인해 심각한 문제도 발생했다. 버려진 캔이 온 동네에 널브러지고 쓰레기장에 산처럼 쌓이게 되었다. 이에 대해 환경운동가와 해당 산업체 그리고 정부가 여러 가지 해결책을 제시했다. 하지만 캔 사용이 아주 편한 습관이 되어버린 소비자들에게 그 대책들은 전혀 효과를 발휘하지 못한다.

2

알루미늄 시장은 호황을 누리고 있다. 전망도 매우 밝다. 예전에 실험실에서만 연구되었던 이 신기한 물질은19세기 중반까지 이 물질은 금보다 더 귀중했을 정도로 희귀했다. 20세기에 와서 엄청난 수요를 유발하며 철강 다음으로 중요한 금속이 되었다. 지금 이 금속은 가정용품이나 건축자재, 교통수단에 이르기까지 삶의 전 영역에 사용된다.

이처럼 탁월한 파급력은 알루미늄이 걸어온 길을 오직 성공이라는 한 길로만 달려온 역사로 기록하고 싶게끔 만든다. 하지만 이런 유혹에 넘어간다면 부침이 심했던 이 금속의 역사를 반쪽만 평가하게 될 것이다. 알루미늄은 200년 동안 목적지를 향해 일직선으로 걸어온 것이 아니라 뒤로 후퇴하거나 간혹 커브를 그리며 돌아오기도 했기 때문이다.

이 금속의 출발은 순조롭지 않았다. 특히 대량생산 단계에 오기까지 길고 진저리나는 사투를 벌여야 했다. 2장에서는 건축, 항공기, 자동차, 주방용품 등 알루미늄이 주로 사용되는 분야의 사례를 중심으로 이 난관돌파의 역사를 짚어본다.

3

전기 없이는 알루미늄도 없다. 이 단순한 등식은 여전히 유효하다. 1886년 찰스 마틴 홀Charles Martin Hall과 폴 에루Paul Héroult가 개발해 오늘날까지 사용되는 전기분해식 생산법은 막대한 양의 전기에너지가 필요하기 때문이다. 전기를 편리하게 사용할 수 있는가는 알루미늄 제련공장을 세울 때 입지선택에 결정적인 영향을 미친다. 특히 독일 알루미늄 산업에서 이것은 매우 중요한 역할을 한다.

3장은 독일 알루미늄 산업의 거의 100년에 이르는 발전사를 다룬다. 먼 역사를 회고하며 알루미늄 산업의 현주소를 예리하게 짚어본다. 독일은 19세기 말에 이미 수력에너지가 모자랐기 때문에 알루미늄 산업을 발전시키기에 매우 불리한 조건으로 평가되었다. 독일 최초의 제련소는 유럽 다른 나라들에 비해 비교적 늦은 1차 세계대전 이후에야 들어섰으며, 그것도 정부의 압력과 장려금을 주는 당근책으로 이루어졌다. 그 후 나치의 후원에 힘입어 독일은 단숨에 세계 최고의 알루미늄 생산국이 되었지만 패전 후 국가 지원이 줄어들자 에너지 문제가 다시 전면으로 부각되었다. 1970년대에 이르러 이 문제는 에너지 파동으로 인해 심각한 지경에 이르렀고, 당시 많은 알루미늄 제련소가 싼 값에 에너지를 이용할 수 있는 남반구 국가로 이전하기 시작했다.

4

그 중 하나가 브라질이다. 그 사이 브라질은 세계에서 5번째로 중요한 알루미늄 생산국이 되었다. 지구에서 물자원이 가장 풍부한 나라인 브라질은 주로 수력에너지에 의존한다. 지구 생태계에 큰 영향을 미치는 아마존 열대우림 대부분이 브라질 땅이다. 알루미늄 생산은 이 열대우림 생태계의 균형과 유지에 대단히 심각한 장애요인이 된다.

4장에서는 브라질을 사례로 알루미늄이 지구 환경에 미치는 문제점들을 살펴보며, 특히 알루미늄 생산 단계에서 일어나는 생태적,

경제적, 사회적 문제들을 들추어낸다.

5

5장은 지속가능성이라는 관점에서 알루미늄 제품의 사용과 재활용에 대해 알아본다. 원료획득 과정뿐 아니라 알루미늄 제품의 소비까지도 자세히 설명한다. 알루미늄을 지속적으로 재활용하려면 생산자뿐 아니라 소비자에게도 많은 것이 요구된다. 생산자가 제품 생산의 책임을 져야 한다면, 소비자는 상품구매 결정을 내릴 때 지구 환경에 미치는 연관성을 함께 고려해야 하며, 어떻게 하면 소중한 자원인 알루미늄을 유익하게 활용할 것인지를 깊이 생각해야 한다.

우리 주변의 물건이나 재료를 주의 깊게 관찰하고 그것을 어떻게 사용할 것인지 깊이 생각해 보는 것은 대단히 유익한 일이다. 이들 물건과 재료가 전하는 이야기에 귀 기울이면 지금까지와는 전혀 다른 눈으로 세상을 바라보게 될 것이기 때문이다. 자아가 폭넓게 형성되는 과정에 여러분을 초대한다.

알루미늄은 원소주기율표에서 13번이라는 꼬리표를 달고 있다. 알루미늄의 원자핵 속에 양성자가 13개 들어 있고 전자 13개가 돌아다니기 때문이다. 그러니 알루미늄하면 화학자들은 원소기호 13번을 떠올릴 것이다. 그런가 하면 물리학자들은 전도성이 좋다는 생각을 먼저 할 것이며, 지질학자들은 알루미늄이 어떻게 생성되어 우리에게 나타나게 되었는지 궁금해 할 것이다. 이에 반해 엔지니어들은 유선형 자동차 사체와 날렵한 로켓이 하늘로 솟아오르는 모습을 상상할지도 모르겠다. 내가 알루미늄에 관한 책을 쓴다고 하자 친구는 매우 황당하다는 듯 어깨를 들썩였다. 그 친구는 알루미늄은 특별한 구석이라고는 찾아볼 수 없는 그저 일상적인 재료, 차갑고 무미건조한 물질일 뿐이라고 생각했다. 여러분은 알루미늄이라는 말을 들으면 어떤 생각이 드는가?

청바지 단추, 음료수 캔, 형광등, 승용차나 비행기에 이르기까지 우리는 언제 어디서나 알루미늄으로 만든 물건을 만날 수 있다. 알루미늄은 이처럼 일상생활에 깊이 뿌리 내리고 있어 이 금속을 사용하는 것이 너무 당연시되기 때문에 그 존재를 인식하기 힘들다. 그래서 우리는 이 금속의 유래와 변천사를 아는데 오랫동안 무관심했다.

우리는 알루미늄의 원료가 땅에서 나오며 이것의 채굴로 인해 엄청난 환경파괴가 일어난다는 사실을 잊고 산다. 또 이 원료가 원자재로 사용되기 전에 어떤 가공과정을 거치는지도 거의 모른다. 그뿐인가 알루미늄이 얼마나 좋은 금속인지, 용도에 따라 얼마나 다양하게 모습을 바꾸는지도 잘 모른다. 그저 부주의하고 아주 미숙한 솜씨로 알루미늄을 다루고 있으며 그로인해 자연과 인간에게 막대한 해를 입히고 있다.

이 책은 알루미늄에 대한 우리의 무관심과 무지함에 반대한다. 또한 놀라운 사실들을 숨기고 있는 알루미늄의 역사와 알루미늄을 신중하게, 또 비판적으로 다루어야 한다는 사실도 말하고 있다. 그런데도 도덕주의적 입장을 취하거나 매도하지는 않는다. 다른 자원과 마찬가지로 알루미늄이 원래부터 좋거나 나쁜 것이 아니며, 그것이 우리 삶에 유용하게 작용하는가 아니면 문제를 일으킬 것인가는 전적으로 우리가 그것을 어떻게 사용하는가에 달려 있기 때문이다. 이 책에서는 두 경우를 모두 살펴본다.

아우구스부르크 대학 환경 연구소의 아르민 렐러Armin Reller와 옌스 죈트겐Jens Soentgen에게 감사한다. 여러 물질과 그 물질의 역사에 대한 그들의 열정적 관심이 내게도 전염되었다. 그들은 외콤출판사Oekom Verlag와 손잡고 이 시리즈를 세상에 나오게 만들었으며 내게도 고맙게 지면을 허락해 주었다. 나는 뒤셀도르프에 있는 게르다 헹켈 재단Gerda Henkel Stiftung과 뮌헨의 안드레아 폰 브라운 재단Andrea von Braun Stiftung으로부터 든든한 재정적 지원을 받았다.

이 책을 기획하는데 도움을 준 외콤 출판사의 슈테파니 마이어—슈타이들Stephanie Meyer—Steidl과 꼼꼼하게 원고를 읽어주고 책에 들어갈 사진을 선택하는데 도움을 준 마뉴엘 슈나이더Manuel Schneider에게도 감사한다. 그 밖에 여러모로 나를 도와준 모든 사람들에게 진심으로 감사한다.

페터 벨리Peter Belli, 마르고트 푹스Margot Fuchs, 위륵 게르버Jürg Gerber, 베르너 하인츠에르링Werner Heinzerling, 마르티나 헤슬러Martina Hessler, 모니카와 크라우스 부부Monika und Klaus Hoffman, 마르틴 이페르트Martin Iffert, 루돌프 켈러Rudolf Keller, 랄프 키퍼Ralf Kiefer, 엘레나 크라스테바Elena Krasteva, 배르벨 크라우스Bärbel Kraus, 헬무트 마이어Helmut Maier, 요아힘 라트카우Joachim Radkau, 이름가르트와 헬무트 레헤나우어 부부Irmgard und Helmut Rechenauer, 힐데가르트 리스트Hildegard Rist와 안네테 쉐러Annette Scherer, 이자벨레 제혀Isabele Sécher, 뤼시엥 F. 트륍Lucien F. Trueb, 프랑크 위쾨터Frank Uekötter, 폴커 바이코프Volker Weykopf 그리고 여기에 모두 거명할 수 없는 그 밖의 분들에게도 고마움을 전한다.

이 책이 나오기까지 전 과정에서 열린 자세로 사려 깊은 충고를 아끼지 않은 마르틴 레헤나아우어Martin Rechenauer에게 가장 감사한다. 그와 내 딸 마틸다Mathida에게 이 책을 바친다.

루이트가르트 마샬Luitgard Marschall

알루미늄 간단 정보

기호 : Al

원소주기율표상의 위치 : 3족(붕소족)

원자번호 : 13

원소종류 : 금속

녹는점 : 섭씨 600.32도

비등점 : 섭씨 2467도

사용빈도 : 지표면의 8퍼센트를 이루고 있으며, 이 때문에 산소와 규소에 이어 3번째로 많이 이용되는 원소다.

어원 : 황산칼륨과 황산알루미늄의 복염複鹽을 의미하는 라틴어 'alumen^Alaun'에서 파생되었다. 영국 과학자 험프리 데이비가 이 금속을 알루미늄이라고 명명했다.

추출법: 보크사이트라는 광석에서 추출한다. 이 광석은 산화알루미늄 50~60퍼센트, 산화철 30퍼센트 그리고 산화규소와 물로 이루어졌다.

특성 : 은백색으로 부드럽고 팽창력이 좋은 경금속이다. 귀금속에 속하지는 않지만 반응성이 매우 높은 활성 금속이다. 알루미늄은 산소와 반응해 얇지만 매우 치밀한 산화피막을 형성하며, 내식성이 좋고 전기 전도율이 높다. 알루미늄은 인체에 무해한 것으로 평가된다.

무게 : 비중은 2.7g/cm로 철 비중의 1/3에 밖에 안 된다.

발견 : 덴마크 화학자 한스 크리스티안 외르스테드^Hans Christian Ørsted가 1825년 발견했다. 그는 칼륨을 이용해 알루미늄 염화물을 환원시키는 방법으로 순도가 떨어지는 알루미늄을 얻어냈다. 이후 1827년 프리드리히 뵐러^Friedrich Wöhler가 같은 방법으로 분말상태의 알루미늄을 최초 생산했다.

사용 : 일상생활과 산업 거의 전 영역에서 이용하지만 특히 운송, 교통, 건축, 포장 분야에서 많이 이용한다. 철에 이어 2번째로 중요한 산업금속이다.

Chapter **3** 전기에 의존하는 산업

Chapter 4 그들이 아마존으로 간 까닭은?

Chapter **5** 알루미늄의 현명한 사용

Chapter 1

일상의 아이콘, 알루미늄 캔

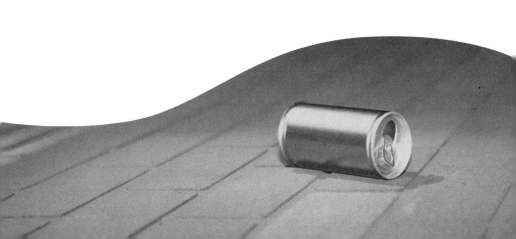

알루미늄 캔은 평범하고 일상적이다. 디자인도 단순하고 실용적이며 다루기 간편하다. 아이들이 집게손가락으로 알루미늄 캔의 고리를 쉽게 따는 데에도 다 이유가 있다. 또 누구라도 뿌지직하며 오그라들 때까지 힘든이지 않고 누를 수 있다. 캔이 안으로 오그라들 운명이라는 것은 이미 정해져 있다. 음료수를 마시는 사람의 갈증이나 욕구에 따라 열 모금에서 열두 모금이면 캔의 수명은 끝난다. 그 다음, 사람들은 캔을 버린다.

캔이 우리 생활에 꼭 필요한 필수품이 된 것은 이미 오래 전이다. 그것이 독일 땅을 처음 밟은 것은 1951년 맥주 캔이 등장하면서부터다. 처음에는 함석으로 만들었지만 그 후로 점점 알루미늄으로 만들었다. 지금 알루미늄 캔은 상상을 초월할 정도로 많이 제작된다. 전 세계에서 연간 2천200억 개나 되는 캔이 쏟아져 나오는데, 이것은 지구 전체 인구수의 40배 가까이 되는 양이다.

음료수 캔의 무절제한 소비는 많은 문제를 야기한다. 무심코 캔을 찌그러뜨리면 적지 않은 전기와 화석에너지 그리고 원료를 낭비하게 된다. 1980년대에 독일 환경·자연보호 연맹BUND; Umwelt und Naturschutz Deutschland은 알루미늄 캔 하나를 생산하는 데 약 0.38킬로와트의 전기가 필요하다고 계산한 바 있다. 이것은 5시간 동안 심한 육체노동을 할 때 소비되는 에너지와 비슷하다.

요즘에 와서야 빈 캔을 모으자고 난리법석을 피우지만, 1950-60년대만 해도 거의 예외 없이 버려졌다. 매우 검소하게 생활했던 사람들이 전쟁이 끝나자 예전 같으면 한 번 더 사용할 물건까지 버리는 낭비생활에 길들여졌고, 그 결과는 즉시 나타났다. 1970년대에 들어서면서 쓰레기통은 흘러넘쳤고, 쌓여 가는 쓰레기 더미로 몸살을 앓았다.

알루미늄 캔 하나를 만드는 데는 경제적 관점에서 일회용 포장재 이용을 지지할 수 없을 정도로 복잡한 에너지와 재료가 투입된다. 그래서 캔 사용을 반대하는 사람들이 캔을 낭비경제와 과소비사회의 상징이라고 비난하는 것이다.

캔의 역사는 수많은 최적화과정의 역사다. 소비자들의 여러 요구를 반영하며 개선되어왔기 때문에 캔에는 많은 기술과 디자인이 숨어 있다. 따라서 이 물건 하나의 역사 속에는 경제, 기술, 환경, 문화 영역과 연계된 수많은 진실과 사회 변화가 집중되어 있다.

캔에 얽힌 소비의 역사

캔, 병보다 더 좋은 용기

필요는 발명의 어머니이자 나쁜 짓도 서슴지 않게 만든다. 1930년 초반 미국의 깡통 제작 회사와 맥주회사는 앞으로 맥주를 캔으로 마시게 해보자는 아이디어를 냈다. 그 당시 미국에는 금주령이 내려진 상태였는데, 캔은 병으로 간주되지 않아 캔에 든 술을 마시는 것은 사회적으로 용인되었다.

실용적 측면의 아이디어였는지, 잔꾀였는지는 모르겠지만 캔 맥주는 그렇게 생겨났고, 1933년 금주령이 해제되지지마자 뉴저지 뉴아크Newark에 위치한 맥주회사 크뤼거Krueger가 당시 북아메리카 대륙에서 가장 큰 깡통 제조회사인 아메리칸 캔 컴퍼니American Can Company에 맥주 캔 2천 개를 주문했다는 것만은 분명하다.

실행에 옮기지는 못했지만 경쟁업체인 안호이어 부시Anheuer-Busch, 팝스트Pabst, 그리고 슈리츠Schlitz도 같은 생각을 하고 있긴 마찬가지였다. 캔이 병보다 가볍고 잘 깨지지 않으며, 쉽게 냉각시킬 수 있고 거기에다 창고에 저장하기도 간편하다는 것을 잘 알았기 때문이다.

당시 많이 사용했던 유리병은 재활용하려고 수거할 때 울퉁불퉁한 수송로를 타고 오는 운반 과정과 우악스럽게 진행되는 기계 세척

과정에서 깨지지 않게 하려고 무겁고 튼튼하게 제작되었다. 일례로 1922년 몽고메리 워드Montgomery Ward가 가정용으로 구입한 저울에 3/4리터짜리 빈병을 달았을 때 거의 1킬로그램에 가까웠다. 그러니 100그램 정도 나가는 맥주 캔은 파리 몸무게 수준이었다.

　무거운 다용도 유리병을 들고 다니는 것은 맥주회사나 중개상인 모두에게 아주 불편했다. 그리고 유리병 운반은 돈이 많이 들었다. 또 가게에서 판매대에 진열할 때도 넓은 면적을 차지했으며, 빈병 회수를 위한 공간도 따로 마련해야 했다. 이 모든 것은 돈과 시간을 잡아먹었고, 인건비를 올렸다. 그래서 맥주회사와 중개상인 입장에서는 통조림 같은 식료품 용기처럼 한번 사용하고 난 다음 간편하게 버릴 수 있는 함석양철 캔에 맥주를 담는 것은 매우 효율적인 해결책이었다.

　그러나 이 용기를 사용하는데 걸림돌이 되는 기술적인 문제가 있었다. 당시 캔의 원료였던 함석은 맥주에 매우 민감하게 화학반응을 일으켰다. 맥주의 몇몇 성분이 함석의 몇몇 성분과 무조건 결합했던 것이다. 염분이 서로 뭉쳐서 나타났고, 용해되어야 할 단백질이 솜털 모양으로 침전되기까지 했다. 맥주 색깔은 점점 혼탁해지다가 마침내 쉰 맛이 나며 변질되었다. 맥주회사가 이런 문제를 얼마나 걱정했는지는 '술을 혼탁하게 만드는 금속Metal turbidity'이라는 표현만 보아도 알 수 있다. 이 현상을 막기 위해 아메리칸 캔 컴퍼니는 크뤼거 맥주에 납품할 캔에 '비닐라이트Vinylite'라는 합성수지로 특수 내부 코팅작업을 해 맥주와 금속이 직접 접촉하는 것을 막으려했다. 다행히 시도는 성공했고, 캔 2천 개를 납품했으며, 걱정했던 반품 청구도 들어오지 않았다.

　하지만 크뤼거 맥주가 공식적으로 캔 맥주를 처음 출시한 것은

1930년대 미국의 역사적인 맥주 캔. 당시에는 함석으로 만들었다.
© Ball Packaging Europe Holding Gmbh & CO KG

1935년 1월 24일이었다. 만에 하나 있을지도 모를 손해를 최소화하려고 회사는 크뤼거 크림 맥주Krueger Cream Ale를 담은 캔을 우선 리치몬드Richmond 지역에만 공급했다. 리치몬드는 버지니아 주, 즉 크뤼거 맥주가 지배하고 있던 상권 밖에 있었다. 일주일 만에 이 지역 상점 47퍼센트가 주문했고, 3주 후에는 87퍼센트에 달했다. 새로운 포장으로 크뤼거 맥주의 매출은 가파르게 상승해 그해 6월에는 매출액이 이전보다 5.5배나 올랐다. 그러자 팝스트 맥주, 슈리츠 맥주 등 다른 맥주회사들도 캔 맥주를 생산했으며, 이로 인해 같은 해 말에 판매된 캔 맥주는 2억 개에 달했다.

간편한 포장은 소비자들에게 호평 받았다. 특히 맥주회사가 제작한 광고가 여기에 한 몫 하는데, 1938년 생활 정보지나 신문에 난 광고에는 산뜻하게 그려진 여성 모양의 캔이 집게손가락을 높이 쳐들고 힘차게 맹세한다. "없습니다! 없습니다! 절대로 없습니다. 더 이상 캔 속에 침전물이 생길까 걱정하지 마십시오." 그리고 "걱정을 끼치지도, 성가시게 하지도 않을 것이며, 침전물이나 반품할 일도 없을 것입니다. 캔 맥주를 구입하고 잘 드시기만 하면 됩니다."라고 약속한다. 맥주 캔은 그 어떤 소동이나 소비자의 분노도 일으키지 않았으며, 성가신 수거작업과 수거비용도 들지 않았다.

소비자들이 캔 맥주를 그렇게 빨리 받아들인 이유는 편리성과 함께 맥주 캔이 식료품 통조림과 매우 비슷하게 생겼기 때문이다. 당시 통조림은 미국 슈퍼마켓의 고정 판매품목에 속했다. 우유나 꿀은 이미 19세기 말에 캔으로 포장되어 나왔으며, 1899년 시장에 처음 나온 캠벨Campbell의 유명한 고체분말 수프도 슈퍼마켓 판매대에서 빼놓을 수 없는 상품이었다. 1909년에는 무려 63가지에 이르는 육류 및 어류 요리들이 함석 통조림으로 포장되어 나왔다. 맥주 캔은 외관이나 이용법에 있어서 이미 익숙한 통조림과 거의 같았다. 결국 고객들은 잘 모르는 상품은 구입하지 않는다는 원칙이 여기에도 적용된 것이다.

맥주 캔 역시 표면을 주석으로 도금한 강철인 함석을 몸통, 바닥과 뚜껑 세 부분으로 나누어 제작되었다. 가장 큰 부분인 직사각형 철판은 원통처럼 둥글게 휘어 맞댄 다음 접합선을 따라 용접한다. 얇은 원판으로 잘라놓은 함석 두 조각으로는 뚜껑과 바닥면을 만든다. 그래서 통조림이나 맥주 캔 모두 깡통따개가 필요했다.

하지만 캔 맥주를 마시려는 사람들에게 옛날 깡통따개는 불편했다. 그래서 '교회열쇠[1]'라고 불리는 병따개로 깡통 뚜껑에 작은 쐐기

---

1) 병따개를 '교회열쇠(Church key)'라고 부른 것은 중세 유럽에서 교회의 수사나 귀족들만 술을 양조할 수 있었기 때문이다.

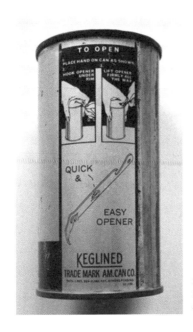

처음에 캔 맥주는 '교회열쇠'라고 불린 깡통따개로 땄
다. 현재 사용하는 둥근 고리형 따개는 1963년에야 나
왔다. ⓒ Ball Packaging Europe Holding Gmbh & CO KG

꼴 구멍 2개를 낼 수 있도록 했다. 구멍 두 개 중 하나는 맥주를 따
르는 곳이고 다른 하나는 따를 때 술 방울이 튀거나 고롱고롱 소리
가 울리는 것을 방지하는 공기구멍이다. 이미 통에 든 연유를 많이
사용해 본 주부들은 이것을 잘 알고 있었지만, 온 국민에게 맥주 캔
따는 법을 알려야 해서 맥주회사 팝스트는 캔 바닥에 캔 따는 과정
을 상세하게 그려놓기까지 했다. 당연히 모든 캔에 '교회열쇠'가 하
나씩 붙어 있었다.

1935년 말 슈리츠 맥주는 병과 캔의 특성을 겸비한 새로운 대
체 용기를 개발했다. 뚜껑을 병목처럼 원추형으로 만들고 병맥주에
서 사용한 것과 같은 코르크 병마개로 막아둔 것이다. 그러니 성가
신 구멍 뚫기 작업이 필요 없을 뿐 아니라, 캔에 '교회열쇠'를 달아
둘 필요도 없었다.

1935년 이 용기가 시장에서 선풍적인 인기를 끌었지만 병맥주도 상점에서 잘 팔렸다. 당시 미국의 병 제조회사들은 시장에서 계속 살아남기 위해 '병맥주를 좋아하는 사람bottle man'들을 만들어 냈다. 병맥주에 자부심을 느끼고 있었던 어떤 사람이 광고에 나와 자존심 상한 목소리로 "캔 맥주는 금속 맛이 나며 저질"이라고 말했다. 하지만 이 주장은 오래가지 못해 힘을 잃고 만다. '캔 맥주를 좋아하는 사람 can man'들이 "맥주에 훨씬 나쁜 것은 빛이야. 빛은 유리병을 관통해 맥주를 쉽게 만들거나 맛을 떨어뜨리지."라고 반박했기 때문이다.

캔 판매량을 늘이기 위해 캔 제조회사는 재치 있게 말 잘하는 '캔 맨'을 텔레비전 광고에 출연시켰다. 초반과 달리 맥주 캔 매출이 약간 주춤했기 때문이다. 맥주 캔의 엄청난 생산비용은 중·소형 맥주회사에 큰 부담이었기 때문에 병에서 캔으로 바꾸는 작업은 지연되었다. 일회용 캔은 재활용되지 않은 반면 맥주병은 평균 25번이나 다시 사용할 수 있었기 때문에 1930년대 말 캔의 시장점유율은 8퍼센트에 지나지 않았다. 여기에다 2차 세계대전 발발은 난관돌파를 더욱 힘들게 만들었다. 전쟁기간 동안 미국에서 캔 생산은 대부분 금지되었다. 금속을 군수물자에 우선적으로 사용하도록 제한했기 때문이다. 바다 건너 군사기지에 머물고 있는 군인들만 통조림과 맥주 캔을 마실 수 있었다. 캔 맥주는 군인들의 사기를 높여주었다.

캔 맥주와 함께하는 현대인의 삶

2차 세계대전 종전 후 미국의 자선단체가 유럽으로 보낸 수백만 개의 구호물품과 미군병사들에게 보낸 소포꾸러미위문품에 캔도 들어 있었다. 이 구호상자를 열었을 때 굶주림에 지친 사람들은 깜짝 놀라 눈을 비볐다. 그 속에는 나일론 양말, 청바지, 파인애플 통조림 그리고 이따금 캔 맥주도 들어 있었다. 이 경험은 독일인들에게 미국을 풍요와 행복의 나라로 각인시켜 주었다. 또 리글리Wrigleys, 카멜Camel, 코카콜라는 많은 독일인이 처음 접하는 미국문화였다. 그들은 이에 열광하며 미국인들의 라이프스타일을 대표하는 이 상징을 빈곤을 모르는 생활양식의 전형으로 해석했다.

1905년경까지는 전후 독일의 운명이 어떻게 흘러갈지 아무도 몰랐다. 가파른 경기상승보다는 경기침체와 위기의 가능성이 더 높았다. 1948년 6월에 단행되었던 화폐개혁도 곧바로 생계비에 긍정적인 영향을 주지 못했다. 1940년대 말 대다수 독일 국민들에게 후에 경제기적이 일어날 것이라는 것은 상상할 수도 없는 일이었다.

1951년 경기가 상승세로 돌아서기 시작했다. 경제가 지속적으로 성장하더니 한국전쟁을 계기로 수출 붐도 일어났다. 실업률은 떨어졌고 봉급은 올랐으며, 소비가 전쟁 전 수준으로 회복되었다. 1951년 경제장관 에어하르트Erhard는 자유로운 소비선택이야말로 민주주의 사회의 중요한 기본권이라고 말했다.

같은 해 프랑크푸르트의 맥주회사 헤닝어Henninger는 프랑크푸르트에 주둔한 미군 병사들에게 팔 수출용 맥주를 원통형 함석 캔으로 포장했다. 병사들이 고향에서 들어온 캔 맥주를 알고 있었고 그것을 아주 좋아했기 때문이다. 독일 맥주의 무게는 미국 도량형에 따라 측정되었는데이런 관행은 1973년까지 계속되었다., 맥주 1캔은 12액량온스fl oz로 0.355리터에 상당하는 부피였다. 1973년 새로운 도량형 규정이 제정되면서 이것은 오늘날 일상적으로 사용되는 0.33리터로 확정되었다.

하지만 독일 소비자들이 헤닝어의 캔 맥주로 함석용기를 처음 접한 것은 아니다. 독일에서도 식료품 깡통은 있었으며, 화려하게 장

1951년 슈말바흐 사는 병목이 없는 진짜 캔 맥주를 처음으로 독일 시장에 내놓았다.

식된 함석 용기들은 이미 19세기 말에 나온 바 있다. 하지만 미국 슈퍼마켓과는 달리 식료품 캔은 독일의 상점 판매대 어디에서나 구할 수 있는 것은 아니었다. 맥주 캔이 독일에 처음 나온 것도 이보다 훨씬 이전이다. 1936년 포장회사인 슈말바흐 루베카Schmalbach-Lubeca는 병 모양으로 만든 함석 캔 시제품을 고객들에게 소개했다. 하지만 고객들의 관심이 부족했기 때문에 제품 설명회를 여는 수준에서 개발은 멈췄다.

경제기적과 함께 독일에도 캔 맥주 시대가 찾아왔다. '캔 맥주와 함께 현대인의 생활을', 이것은 당시 처음 나온 캔 맥주 광고의 카피였다. 비약적 경제성장은 곧 독일을 상품 소비의 낙원으로 만들었기 때문이다. 당시 현대적 라이프스타일의 모델은 물질적 풍요와 함께 개인의 자유와 이동성을 보장해 주었던 미국식 생활방식이었다. 전후 독일인에게는 이전의 그 어떤 세대도 경험하지 못했던 풍요로운 소비가 허락되었다. 예전 같으면 사치품으로 여겼던 냉장고가 국민 모두에게 급속하게 보급되었고 경제 기적은 1960년대 초반 저소득 층이 비율을 8퍼센트까지 떨어트렸다. 바이마르 공화국 시절 30퍼 센트에서 요지부동이었던 것과 비교하면 이것은 괄목할만한 성장이 었다. 1957년 경제장관 에어하르트의 슬로건이었던 '모든 국민에게 복지를'은 얼마 되지 않아 모든 사회계층에 실현되었다. 당시 50대 인 한 자동차 기술자는 삶을 회고하며 "나는 아버지의 시대와 바꾸 고 싶지 않습니다. 텔레비전, 자동차, 그리고 매년 받는 휴가를 아버 지의 시대에는 꿈도 꿀 수 없었죠."라고 단언했다.

소비나 생활습관의 변화를 가장 잘 반영하는 것은 '마켓바스켓 2)'이다. 보통 사람이 일상생활에서 사용해 왔던 옛날 상품 몇몇은 사 라졌지만, 신상품이 꾸준히 등장한다. 상품이 얼마나 늘어났는지 선 부 조사하기 위해 1952년부터 1995년까지 소비자 장바구니 목록을 7번이나 조사한 결과, 처음 20년 사이에 소비자들이 구매한 상품과 서비스는 335개에서 725개로 두 배 이상 늘어났다. 소비생활의 변 화 발전과 함께 신상품도 연달아 늘어난 것이다.

1950년대 초반에는 주로 먹고 마시는 상품의 소비가 늘어났다 면, 그 다음에는 의상, 신발, 가재도구나 교통비와 여행 부분에서 소 비가 비약적으로 증가했고, 마지막으로 주택수요가 붐을 이루었다. 처음 단계에서 기본적인 욕구충족을 위한 소비가 늘어난 것은 당연

---

2) 물가지수를 계산하는 데 포함되는 상품 전체

하다. 전쟁으로 인한 기아체험과 전쟁 후의 궁핍함은 우선 먹고 마시는 것을 중심으로 소비생활을 꾸리게 만들었던 것이다. 몸이 뚱뚱한 것은 당시만 해도 보기 흉한 것이 아니었다. 부자들의 뚱뚱한 배는 오히려 성공의 상징이었다. 오늘날의 시각에서 보면, 1960년대 기민당이 '뚱뚱보로 만들어 드리겠습니다!'라는 선거구호로 모든 사람들의 마음을 얻어 루트비히 에어하르트Ludwig Erhard를 수상으로 당선시켰다는 것은 믿을 수 없을 것이다.

　냉동식품과 통조림 같은 저장식품이 독일인의 부엌을 점령하기 시작했다. 1946년 7월 31일 남독일 신문Süddeutsche Zeitung을 읽어보면 '통조림의 맛있는 내용물을 보면 미국 주부들이 식사준비를 할 때 왜 그렇게 많은 통조림을 이용하는지 알 수 있을 것'이라는 대목이 나온다. 신문과 라디오, 텔레비전이 미국인의 라이프스타일과 식습관에 대해 열광적인 찬사를 늘어놓는 동안, 1949년에서 1954년까지 월간 과일 및 채소 저장식품 소비량은 열 배나 늘었다. 1949년 4인 가족이 소비한 과일 및 채소 통조림이 26그램이었다면, 1955년에는 381그램에 달했으며, 이것은 캔 제조 산업 성장에 날개를 달아주었다. 1950년대 약 5천200만 개의 캔이 생산되었지만, 5년 후에는 1억 3천800만 개의 캔이 출고되었다.

　음료수 캔은 당시 사람들의 감각에 딱 들어맞는 상품이었다. 이 시절 광고텍스트는 맥주 캔이 얼마나 산뜻하게 보이는지를 적극 홍보하며 다음과 같이 질문했다. "맥주 캔은 현대적인 가구나 캠핑도구와 정말 잘 어울리지 않습니까? 오늘날 현대적인 라이프스타일 전부와도 잘 어울리지 않을까요?" 코카콜라, 페티코트, 훌라후프, 오토바이, 자동차 그리고 가정에서 사용하는 많은 전자제품들은 모두 현대적인 라이프스타일을 대표하는 것이었다.

현대적인 라이프스타일은 여행 및 여가시간 이용에도 큰 변화를 몰고 와 캠핑카를 타고 야영하는 것이 매우 인기 있는 휴가방식이 되었다. 당시에 '현대적이다.'라는 것은 실용적이며 편안함을 의미했다. 와인 병과 와인 잔, 접시, 포크 그리고 음식을 한 가득 담았던 구식 소풍용 바구니는 들고 다니기 불편했을 뿐 아니라 무겁기까지 했다. 아이로 소풍을 갈 때 실용적인 아이스박스가 그것을 대신했으며, 이 속에는 잘 깨지지 않고 가벼운 음료수 캔이 적당한 온도로 냉각된 채 들어 있게 되었다.

근검절약 시대의 끝

원유와 원자재 가격이 하락하고 컨베이어 벨트를 이용한 합리적 대량생산 체제를 갖추면서 싼 가격에 다양한 상품이 쏟아져 나오게 된다. 이 시절의 모토는 '더 많이', '더 좋게', '더 빨리'였다. 전후 서독 국민들의 삶은 완전히 변했다. 노동시간은 줄어들었고, 여가시간은 그만큼 더 늘어났다. 질적으로 전혀 다른 시대의 다른 윤리의식 속에서 살게 된 사람들의 소비생활도 가치관과 마음가짐이 변함에 따라 몰라보게 달라졌다.

1950년대 후반에는 두 가지 생활방식이 서로 부딪쳤다. 옛날 소비자들의 미덕은 절약이었고, 윤리는 절제였다. 예전부터 부족했던 자원은 대다수 국민에게 검소하게 살 것을 강요했다. 이와 다른 행동은 모두 사치로 간주되어 비난받았다. 구멍 난 냄비는 때워 사용했고, 낡은 천이나 폐지를 수집했으며, 떨어진 옷이나 신발을 수선해 재활용하는 것도 당연시되었다.

물건의 사용기간을 늘이기 위한 방법도 다양하게 개발되었으며, 여기서는 평범한 사람도 발명가가 되었다. 더 이상 사용할 수 없게 된 것도 그냥 버리는 법이 없었으며, 용도를 바꾸어 사용했다. 중고품을 수집하는 직업은 오랜 전통이 있어서 재활용을 원칙으로 영업했던 고물상은 이미 중세시대부터 도시에서 번성했다. 금속이나 고무 그리고 기타 자원들의 재활용은 1960년대까지만 해도 당연한 것이었다.

가정주부가 검소하고 꼼꼼하게 살림한다는 이미지는 1920년대와 1930년대까지만 해도 긍정적으로 받아들여졌다. 이런 가정주부는 낭비에 물든 무분별한 주부와는 반대 이미지였다. 하지만 전쟁 전에 미덕으로 여겼던 이런 이미지는 전쟁기간 동안에는 생존 기술로 변했으며, 옹색할지라도 생명을 보장하는 방법이었다. 이 점에서 당시 주부들의 검소함에는 배고픔과 궁핍함이라는 씁쓸한 뒷맛이 배어 있었다.

절제와 재활용은 전쟁의 비참함을 계속 떠올리게 만들었다. 모든 사람들이 바라는 살기 좋은 시절은 이처럼 고통스러운 궁핍함과는 반대여야 했다. 1950년대 '비너 슈니첼Wiener Schnitzel'[3]의 크기가 접시보다 더 컸고, 평범한 사람들조차도 영양가 많은 검은 호밀 빵보다는 빨리 소화되는 프랑스제 흰 밀가루 빵을 즐겨 먹었다. 1952년 여러 일간지 보도에 따르면, 독일인의 평균 체중은 비만이었다. 식습관의 변화와 함께 완전히 새로운 소비 행위가 예고되었다.

새로운 소비 유형은 더 이상 부족함이라고는 몰랐다. 근검절약과 절제의 미덕은 그 의미를 잃어버렸으며, 양심의 가책도 없이 이루어지는 무절제한 소비가 이를 대신했다. 이런 소비가 시작된 지 얼마 안 돼 음식과 옷 그리고 가재도구에서 기본적인 욕구는 거의 충족되

---

3) 오스트리아 사람들이 즐겨먹는 요리

었다. 그래서 이제 전후 서독 국민들은 생활필수품 이외의 것에 대한 욕구도 충족시켜 풍요로운 삶을 마음껏 향유하려 했다.

그들은 사치품을 탐냈고, 명품을 소비하기 시작했다. 대량소비는 누구에게나 매우 매력적으로 다가왔다. 이 때문에 소비중심의 생활은 급속하고 뿌리 깊게 정착되었다. 1957년 프랑크푸르트 DIVO 연구소[4]는 서독 국민을 대상으로 가구 및 가재도구를 구입할 때 가능한 오래 사용하려고 값 비싸고 좋은 물건을 더 선택할 것인가 아니면 새로운 유행의 신제품이 나오면 곧 다시 바꿀 것을 고려해 가격이 저렴하고 수명이 짧은 물건을 선택할 것인지 설문조사를 했다. 이때만 하더라도 소비자 90퍼센트가 질 좋고 오래 사용할 수 있는 것을 선호했지만 그들은 곧 전통적인 절제와 절약하는 생활방식을 포기했다. 특히 전후세대는 소비욕구를 자극하는 현란한 상품 세계로 뛰어드는 데 서슴지 않았다.

단숨에 마시고, 빨리 일어나자!

전후 독일의 작은 상점들은 경제기적으로 인해 넘쳐나는 신상품으로 미어터질 지경이었다. 이미 상품 진열대가 휘어질 정도로 가득 차 있는데도 급속도로 늘어나는 신상품으로 인해 공간이 턱없이 모자랐다. 상품 숫자가 급격하게 늘어남에 따라 주인이 친절하게 서비스해주던 전통적인 동네 구멍가게는 사라졌다. 이와 함께 계산대에서 가격을 흥정하고 품질을 따져보며 양을 달아보거나 이리저리 생각하고, 재고, 세어보고, 마지막으로 포장했던 구식 장보기 문화도 찾아보기 힘들게 되었다. 이로써 손님들이 원하는 양만큼 물건을 구

---

4) 전후 프랑크푸르트에 설립된 여론조사 기관

입하는 것을 당연시했던 좋은 시절도 어쩔 수 없이 사라지게 되었다.

새롭게 등장한 미국식 셀프서비스 상점에서 고객들은 처음부터 포장 크기가 미리 규격화된 상품만을 구입해야 했을 뿐 아니라 여러 상표들 가운데 하나를 선택해야 하는 고통도 감수해야 했다. 1949년 처음으로 셀프서비스 마트가 문을 열었을 때, 성공에 대해 회의적인 분위기가 지배적이었으나, 곧 새로운 마트들이 우후죽순처럼 생겼다. 전국적으로 대다수의 상점들이 셀프서비스 마트로 영업 형태를 바꾸는데, 1950년대 후반부에 접어들면서 5만 개를 넘어서게 되었다. 1967년 독일 식료품 판매협회 회장 발터 슈테펜Walter Steffen은 전 세계에서 독일만큼 단기간에 식료품 판매체제를 완전히 현대화한 나라는 없다고 확언했는데, 맞는 말이다.

시간을 아끼고, 물건 값이 저렴하며, 이용이 편리하고, 상품이 많이 있어 능력껏 구매할 수 있다는 장점은 많은 사람들로 하여금 구식 구멍가게보다 현대적인 셀프서비스 마트에서 물건을 구입하게 만들었다. 고객에게 시간이라는 요소는 새롭게 중요한 의미를 획득했다. 이제 시간은 곧 돈이었고 귀하고 값 비싼 재산이었다. 바쁘게 살아가는 도시 소비자의 조급한 마음이 새로운 마트를 이용하게 만들었다. 상품 진열대를 훑어보는 속도를 결정하는 것은 고객 자신이기 때문이다. 소비자들은 자신의 라이프스타일에 맞는 쇼핑을 할 수 있게 해주는 현대적인 마트를 좋아했다. 당시 영업 전략 안내책자에도 소비자들이 셀프서비스 마트를 얼마나 선호했는지 기록되어 있다. 남의 눈에 띄지 않고, 무서운 종업원의 도움을 받을 필요도 없이 고객은 여기서 왕이었으며, 꽉 들어찬 판매대 한 가운데서 선택의 자유를 마음껏 누렸다.

쇼핑 습관의 혁신은 포장방법의 혁신 없이는 불가능했다. 전후

독일에서는 셀프서비스와 대량소비 추세에 힘입어 산업포장도 혁신
을 이루었다. 1950년 이전에는 식료품을 나무 통, 자루, 두꺼운 상
자, 질그릇, 유리그릇, 비닐주머니 등에 담은 채 팔았다. 보통 버터
냄새가 나는 노란 마가린은 나무 물통에 담겨 있었으며, 손님들은 이
것을 기름기가 새지 않는 식품포장용 종이에 담아 사갔다. 밀가루와
쌀, 곡물은 저울에 무게를 달아 손님들이 가지고 온 통에 담아 팔았
다. 단맛이 나는 감초주스, 신맛이 나는 레몬 모양 사탕, 혀 바닥을
싸하게 자극하며 녹는 레몬에이드 스틱 사탕은 뚱보처럼 부풀어 오
른 유리병 속에 담겨 어린이들의 시선을 유혹했다. 이것들은 유리병
에서 아이들의 입 안으로 직행하거나 뾰쪽한 모양의 삼각형 종이 봉
지에 담겼다. 마기Maggi[5], 오돌Odol[6] 등을 특별한 모양의 병에 담아
판다거나 발젠−켁제Bahlsen-Kekse[7]를 예쁜 깡통에 담아 상품 진열대
에 올려놓는 것은 예외적인 경우였다.

다루기 힘들 정도로 큰 통이나 상자, 주머니와 저장 용기는 상인
들에게 불편하기 짝이 없었다. 손님의 요구에 맞춰 다른 용기에 따
르거나, 옮겨 붓거나, 채워 넣거나, 저울에 달거나 포장하는 일은 큰
일거리여서 많은 인력을 필요로 했다. 그래서 상인들은 포장업체나
상품 제조회사와 손잡고 포장하지 않고 낱개로 파는 물건을 가게에
서 몰아내려고 했다. 제조회사는 계속 포장상품을 출시했고, 다른 제
품과 혼동되지 않도록 고유한 상표를 개발해 포장지에 인쇄했고, 이
것으로 사업에 활기를 불어넣었다. 얇고 투명한 비누 포장지는 제품
을 보호하는 기능뿐 아니라 고객들의 눈길을 잡아끄는 기능도 했다.

---

5) 스위스의 식료품 회사, 1947년 이후 글로벌 식료품 기업인 네슬레의 상표
6) 스미스클라인(Glaxo Smithkline)사의 구강청정제 상표
7) 독일 제빵 회사인 발젠(Bahlsen)사가 1892년부터 출시한 버터케이크

상인들은 상품을 이렇게 미리 포장함으로써 유통 합리화가 강력하게 추진될 것이라고 기대했다. 이런 기대는 완전히 입증되었다. 산업포장이 도입되기 이전에 쌀 1파운드를 판매하는 데 드는 시간이 평균 1분 13초였는데, 그 후에는 5초로 줄어들었다.

현대인의 라이프스타일 변화에 맞춰 상품 포장지의 색상이나 형태도 점점 다양하게 늘어났다. 간편함을 추구하는 경향과 캠핑 및 여가시간이 늘어난 것은 포장디자인이 비약적으로 발전하는 계기가 되었다. 1957년 어떤 포장 전문가는 1945년 이후 일회용 포장이 발전한 이유를 다음과 같이 요약한다. "간편하게 휴대할 수 있다는 것, 뚜껑을 쉽게 떼고 닫을 수 있다는 것, 내용물을 위생적으로 보존할 수 있다는 것, 제품 사용설명서를 첨부할 수 있다는 것, 용량에 따라 여러 용기를 만들 수 있다는 것 등 이 모든 특성이 현대인이 일회용 포장을 꼭 필요로 하는 이유다." 동시에 종이팩이나 음료수 캔 같은 혁신적인 포장용기는 현대적인 라이프스타일을 상징했다. "캔 맥주를 마시며 현대적 삶을"이라는 광고 문구는 이런 연상 작용을 일으키는데 영향을 주었으며, 맥주 캔이 상품 포장 분야에서 블루진이라는 인상을 주는 계기가 되었다.

일회용 박스, 일회용 봉지, 일회용 병, 일회용 캔 등 일회용 포장이 도입되면서 상품을 다루는 태도도 급격히 변한다. 일단 내용물을 다 비우고 나면, 포장은 그 가치를 잃어버리고 쓰레기로 변해 산더미처럼 쌓이게 된다. 예전에 물건을 조심스럽게 사용한 뒤 모으고 보관했던 사람들이 20년도 채 안 되어 물건을 마음껏 사들이는 대량 소비자와 부주의하게 물건을 버리는 사람으로 변한다. 오래된 포장지를 다시 사용하려고 깨끗하게 펴는 것이 무의미하며 구시대적인 것으로 치부된다. 예쁘게 장식된 상자나 캔 그리고 그 밖의 다른 포장용기를 개별적으로 모으는 이유는 더 이상 절약정신 때문이 아니라, 순수하게 수집을 취미로 하는 수집광들의 열정 때문이다. 엠니트Emnid시장연구소의 연구결과에 따르면, 1955년 커피를 구입한 고객 가운데 2/3가 포장되지 않은 원두보다 종이나 금속 혹은 캔 형태로 포장된 일회용을 선호했다.

일회용 포장을 도입하는 데 광고전문가들도 은밀히 참여했다. 그들은 일회용 포장이 얼마나 간편한지를 적극 선전하고 다녔다. 가장 인상적으로 드러난 예는 맥주 광고다. 전쟁이 끝난 직후만 해도 맥주는 주로 통에 담겨 배달되었고, 술집은 통맥주로 팔았다. 1950년대에 접어들면서 수많은 맥주회사들은 매출을 늘리기 위해 맥주를 병에 담아 팔기 시작했다. 이들의 계산은 맞아떨어졌다. 1951년부터 1959년까지 독일의 연간 맥주소비량은 개인당 38리터에서 89리터로 올라갔고, 바이에른 주에서는 82리터에서 무려 162리터까지 상승했다. 이제 맥주는 술집에서 마시는 술에서 가정에서 마시는 술로 변했다. 주부들이 좀더 가벼운 술병을 징바구니에 담을 수 있도록 맥주회사는 작고 다루기 간편하며 운반하기 쉬운 병을 개발했다.

하지만 빈병이 골칫거리였다. 주부들은 이 골칫거리를 가게로 다시 가져와야 했고, 주인은 회수한 빈병을 모아 둘 공간을 따로 마련해야 했다. 이 때문에 1960년대 눈치 빠른 회사들은 아주 가벼운 일회용 유리병을 도입했다. 맥주를 구입한 주부들은 이제 무거운 빈병을 들고 가게로 갈 필요가 없게 되었고, 가게도 빈병을 쌓아둘 자리에 새 상품을 들여놓을 수 있게 되었다.

자원 낭비가 아니냐는 질책을 피하려고 맥주회사는 "단숨에 마시고 빨리 일어나자."라는 슬로건과 함께 일회용 병을 사용했다. 이것은 음료수 캔이나 다른 일회용 용기의 발전을 촉진시켰다. "단숨

1967년 일회용 맥주병 광고, "병마개를 따세요. 따르고, 빈병을 버리세요. 병 보증금도 없고, 빈병을 반납할 필요도 없습니다. 이 병은 정말 간편합니다!" ⓒ AdVision digital Gmbh

에 마시고 빨리 일어나자."는 일회용 사용이 유행했던 당시 시대적 정서를 상징한다. 예전 같으면 당연히 재활용되고 한 번 더 사용할 수 있었던 것도 주저 없이 쓰레기로 변해갔다. 중요한 것은 빨리, 그리고 편안하게 소비하는 것이었으며, 이로 인해 환경훼손이라는 대가를 치르게 될 줄은 전혀 몰랐다.

캔을 따고, 따르고, 건배하자!

여러 발명품과 마찬가지로 맥주 캔의 등장도 따지고 보면 실수 때문이었다. 이런 실수를 범한 사람은 오하이오 주 데이턴Dayton 출신의 어멀 프레이즈Ermal Fraze다. 1959년 그는 교외로 소풍 갈 때 갈증을 대비해 캔 맥주를 차 트렁크에 많이 넣어 두었지만, 평소 주도면밀했던 그답지 않게 캔 따개를 가져가지 않았다. 프레이즈는 급한 대로 자동차 범퍼를 이용해 캔을 따보려 했다. 하지만 입에 들어갈 것보다 그의 손과 옷에 묻은 맥주가 훨씬 더 많았다. 이때부터 그의 머릿속에서는 사람들이 이런 일을 겪지 않도록 뚜껑에 따개를 붙여놓은 '지렛대형 캔 따개'를 개발해보자는 생각이 떠나지 않았다. 1963년 드디어 그는 이 숭고한 목표를 달성했다. 뚜껑 부분을 뜯어낼 수 있는 캔 맥주, 이른바 뚜껑을 잡아 올려 따는 '핍-톱 캔pop-top can'을 개발해 특허를 땄다.

  그가 이런 생각을 할 수 있었던 것은 아마 옛날에 나온 정어리 통조림 때문이었을 것이다. 정어리는 연하고 맛있는 생선이지만 쉽게 상하기도 했다. 그래서 납작한 통조림 캔에 조심스럽게 담아야 했다. 따개로 캔을 딸 때 생선에 상처가 나지 않게 하려고 납작한 캔 위에 특수한 캔 따개를 납땜해 붙여두었는데, 이것으로 캔을 따면 덮개가 완전히 말리면서 열렸다. 이 정어리 통조림 아이디어는 커피와 땅콩, 테니스공을 담는 용기에도 응용되었다. 캔 따개를 납땜하는 대신에 고리를 뚜껑에 고정시켜 놓았으며, 고리를 당겨 뚜껑을 열었다. 또 뚜껑 가장자리에 홈을 파 놓아 손잡이에 손가락을 집어넣을 공간을 만들어 고리를 좀더 쉽게 당길 수 있게 했으며, 캔 테두리는 튼튼하고 불쑥 솟게 만들어 뚜껑을 딸 때 측면이 찌그러지지 않게 했다. 이제 아무나 캔 따개 없이도 쉽게 캔을 딸 수 있게 되었고, 손을 다칠 일도 없었다.

프레이즈는 '데이턴 기계공구Dayton Reliable Tool and Manufacturing Company'라는 회사의 소유주였다. 그러니 이런 현대적인 정어리 통조림에 대해 분명 잘 알고 있었을 것이다. 또 그에게는 금속성형과 금속에 홈을 파는 기술이 있었다. 그런데 정어리 통조림이나 테니스공 통에서는 별 문제가 아니던 것이 맥주 캔에서는 진짜 중요한 문제가 되었다. 탄산의 높은 압력을 견뎌야 하기 때문이다. 쉽게 개봉할 수 있으면서도 내부 압력에 버틸 수 있을 정도로 강도 높은 통을 만들려니 제작과정이 복잡해지고 힘들었다. 첫 번째 구조실험에서는 캔 고리를 잡아당기자마자 틈으로 쉬쉬하며 새어나오는 탄산의 높은 압력 때문에 캔 뚜껑이 프레이저의 귀 옆으로 날아왔다. 이밖에도 수많은 난관을 극복해야 했지만 마침내 '팝-톱 캔'은 개발되었다.

그는 '팝-톱 캔'에 대한 특허권을 얻게 되었지만, 혼자 힘으로 이룬 것이 아니라고 생각했다. "사람들은 1800년부터 이것을 개발하려고 매진해 왔다. 내가 개발한 것은 캔 뚜껑에 둥근 고리를 고정시키는 방법뿐이다." 정말 겸손한 말이다. 고리 손잡이를 잡아당겨서 연다는 원리는 우선 그 심플한 디자인 때문에 사람들을 매료시켰다. 1963년에 딴 특허에서는 개봉선을 새겨 넣어 이 선을 따라 뚜껑을 딸 수 있게 만들었다. 당시 디자이너와 엔지니어들 사이에서는 프레이저의 디자인을 포장기술의 새로운 이정표로 간주했다.

이와 같은 개봉과정은 단순하고 쉬웠지만 초기 이용자들은 이 방법을 쉽게 이해하지 못했다. 많은 사람들이 캔을 개봉할 때 탄산의 압력으로 인해 나는 소리를 두려워했다. 겁이 많은 사람은 머리 위로 들어 올려 교회 열쇠 모양의 구식 캔 따개로 하단부에 구멍을 내기도 했다. 그래서 조심성 있고 의심 많은 고객들이 현대화된 캔에 적응할 수 있도록 캔에 자세한 사용안내문을 부착했다. 여기에서 또 다시 광고가 한 몫 했다. "캔을 따고, 따르고, 건배하자!"라는 광고문이 이 캔익 판매를 촉진시켰다. 그때까지만 해도 거의 모든 깡통의 재료는 함석이었으나 새로운 디자인은 음료수 캔의 재료로 알루미늄을 선호하게 만들었다.

함석의 퇴장과 알루미늄 캔의 등장

알루미늄은 주로 군수품이나 특수기계의 재료로 사용되었다. 1920년대 이후 전선이나 고압케이블, 엔진의 피스톤, 자동차나 비행기의 보디 등은 대부분 알루미늄으로 제작되었다. 2차 세계대전 당시 알루미늄은 전투기와 폭탄을 만드는데 가장 필요한 금속이어서 냄비나 그릇, 포크 등 일상용품의 재료로 사용될 수 없었다. 알루미늄 제조회사는 생산설비를 총동원해 이 금속을 생산했다. 그러나 전쟁이 끝나고 무기수요가 줄어들자 알루미늄은 남아돌게 되었다. 알루미늄 생산회사와 제품 디자이너들은 새로운 시장개척에 사활을 걸 수밖에 없었고, 만능 금속인 알루미늄을 생활용품에 폭넓게 적용하려 했다.

　알루미늄 제조회사는 전쟁 전의 생산량을 그대로 유지하려고 안간힘을 썼다. 미국에 본사를 두었던 세계 최대의 알루미늄 제조업체 알코아Alcoa는 이미 1943년 종전 후 남아돌 알루미늄의 운명이 어떻게 될지 전망하고 대책을 강구했다. 이 회사는 전쟁기간 동안 이루어 놓았던 신소재 연구 성과를 기반으로 전후에 닥칠 문제도 해결할 수 있을 것이라 생각했다. 예를 들면 수많은 합금을 이용하고, 좀더 강하며, 다용도로 사용될 수 있는 알코아 알루미늄Alcoa Aluminium 을 생산해 5천500만 노동자들에게 일자리와 구매력을 부여해 줄 것이라 예상했다.

전쟁이 끝나자 알루미늄은 가볍고 저렴한 포장재로 입지를 굳혔으며, 특히 음료수 캔 시장에서 확고하게 자리 잡았다. 이런 발전을 이끈 곳도 역시 북아메리카 시장이었다. 국민들이 함석 캔에 담긴 맥주를 맛있게 마시는 동안, 미국 맥주회사는 강철에 주석을 합금하는 비용이 계속 치솟는 것을 염려해야 했다. 상황이 이렇게 되자 판단 빠른 알루미늄 회사는 알루미늄 캔 개발에 좀더 많은 연구비를 투입할 계획을 세웠고, 이 연구는 멋지게 성공했다. 1956년 카이저 알루미늄은 알루미늄을 재료로 가볍고 경제적인 캔을 내놓았고, 1958년 쿠어스 맥주Coors Beer는 최초로 알루미늄 캔 맥주를 출시했다.

당시만 해도 생소했던 이 재료는 많은 점에서 제조회사의 마음을 사로잡았다. 알루미늄은 첫째 강철만큼 단단하지 않았다. 보통 이런 특성은 비판받을 결점이었지만, 캔의 개봉부 재료로는 오히려 큰 장점이었다. 만약 '팝-톱 캔' 뚜껑을 단단한 강철로 만들었다면, 캔 따기가 무척 어려웠을 뿐 아니라, 개봉부가 날카로워 사람들의 입술을 베게 할지도 몰랐다. 그래서 알루미늄 캔 뚜껑이 개발되자 미국 캔 제조회사들은 비록 완전히 알루미늄 캔으로 돌아서지는 않더라도 함석 캔에 알루미늄 캔 뚜껑만이라도 달자는 생각을 했다. 여기다 알루미늄은 강철보다 약 5배나 열전도율이 높아 음료수를 훨씬 더 빨리 차갑게 만들 수 있었다.

알루미늄 캔이 인기를 끈 데는 또 하나의 특성이 한 몫 했다. 알루미늄은 강철보다 연할 뿐 아니라 팽창력과 성형능력도 좋았기 때문에 라이벌인 함석보다 더 짧은 시간에 더 효율적으로 통 모양을 만들 수 있었다. 전통적인 함석 캔은 우선 함석 판 한 장을 여러 부분으로 잘라 납땜해 몸통을 만들고 여기에다 캔 바닥과 뚜껑 부분을 따로 끼워야 했지만, 알루미늄 캔은 둥근 원판 한 장으로 캔 모양을 만들고 상단부에 뚜껑을 끼웠다. 수백만 혹은 수십억 개의 캔을 만들어야 하는 상황이 왔을 때 이처럼 간소화된 제작과정은 큰 이점이었다. 알루미늄 업계의 눈치 빠른 엔지니어들은 1950년대 말 알루미늄 캔을 대량생산할 수 있는 경제적 방법을 개발했다.

캔을 두 부분으로 구성해 만든다는 것은 오늘날까지 알루미늄 캔 제작의 큰 원칙이다. 이렇게 캔을 제작함으로써 얻을 수 있는 장점은 무엇보다도 금속을 엄청나게 절약할 수 있다는 것이다. 초창기 즉 1950년대에 나온 알루미늄 캔은 아주 가볍지는 않았다. 당시에는 알루미늄 약 1파운드로 캔 20개를 만들지 못했다. 오늘날이라면 같은 양으로 캔을 40개 이상 만들 것이다. 그래도 함석 캔보다는 훨씬 가벼웠으며, 당시 주부들이 알루미늄 캔을 구입한 가장 중요한 이유였다.

간소화된 제작과정과 소비자의 선호로 알루미늄 음료수 캔의 매출이 급격하게 증가한 만큼 함석 캔의 매출은 급속히 떨어졌다. 1960년대 초반만 하더라도 함석 캔이 북아메리카 시장을 석권하고 있었지만 이후 채 10년도 안 돼 함석 캔과 알루미늄 캔의 시장경쟁은 우열을 가릴 수 없게 되었다. 1990년대 초반에 와서는 승자가 누군지 분명히 드러났다. 지금 북아메리카에서 소비되는 음료수 캔의 97퍼센트는 알루미늄 캔이며, 시간이 지나면서 거의 100퍼센트에 도달할 것이다.

독일에서는 알루미늄 캔이 미국만큼 성공하지 못했다. 미국과 독일의 상황이 달랐기 때문이다. 독일에서는 철강 산업이 오랜 전통을 이어오며 확고한 지위를 누리고 있었다. 독일 철강업계는 연구개발에 꾸준히 투자해 함석 캔이 경쟁력을 갖도록 애썼으며 그 결과 큰 성과를 거두었다. 함석 캔이 알루미늄 캔에 비해 무게가 좀더 나간다는 것—현재 함석 캔은 20그램이고 알루미늄 캔은 약 12그램—만 제외하면 알루미늄 캔이 더 큰 경쟁력을 갖추었다고 주장할 근거가 없었다. 근래 둘의 점유율은 6:4비율로 함석 캔이 우세하지만, 알루미늄 쪽으로 더 기우는 추세이기는 하다. 그래도 독일의 캔 제조회사는 함석과 알루미늄의 경쟁력을 거의 같다고 보기 때문에 캔 재료를 선택하는데 있어 소비자의 습관을 결정적 요소로 꼽는다.

다시 1960년대 미국으로 돌아가 보자. 이 당시 북아메리카에서는 알루미늄 캔이 함석 캔을 시장에서 몰아냈을 뿐 아니라 유리병을 상대로도 경쟁력을 확보하고 있었다. 1970년대에 들어서는 플라스틱이 경쟁에 새로 뛰어들었다. 1960년대 중반 양조기술의 발전으로 탄생한 무알콜 음료를 알루미늄 캔에 담기 시작하면서부터 알루미늄은 이 경쟁에서 처음으로 승리를 거두었다. 그때까지 음료 회사들은 캔을 따려면 반드시 교회 열쇠 모양의 캔 따개가 있어야 하는 함석 캔에 회의적인 반응을 보였는데, 이것이 레몬에이드나 광천수를 마시는 사람들의 습관과 맞지 않았기 때문이다. 당겨서 따는 개봉법이 개발되자 음료 회사들은 주저 없이 알루미늄 캔을 선택했다.

알루미늄 캔이 경쟁에서 승리했던 결정적인 이유는 코카콜라 덕분이었다. 음료 회사인 로얄 크라운Royal Crown은 1965년 콜라를 가벼운 알루미늄 캔에 담는 모험을 시도했다. 1967년까지만 해도 이 회사는 가벼운 캔에 거부감을 가졌다. 하지만 최고 경쟁 상대인 펩시가 이 해에 처음 알루미늄 용기에 손을 뻗치자 코카콜라 역시 이 대열에 합류해, 코크Coke를 알루미늄 캔에 담아 팔았다. 처음에 이 회사가 망설인 이유는 1915년부터 유지되었던 고전적인 코카콜라 유리병의 높은 인지도 때문이었을 것이다. 그때까지 코카콜라 유리병은 이 회사의 등록상표이자 미국 대중문화의 아이콘이었다. 함석 캔과 달리 바닥이나 측면에 땜질한 흔적이 없는 알루미늄 캔은 아주 정교하고 광고효과가 있게 꾸밀 수도 있었다. 실제로 알루미늄으로 된 이 작은 '광고탑'은 지금까지 숭배되어 왔던 코카콜라 유리병과 함께 수집광들이 가장 모으고 싶어 하는 품목이 되었다.

미국의 거의 모든 음료 회사는 곧 알루미늄 캔의 장점을 명확히 알게 되었다. 시장분석에 따르면 실제로 캔 맥주는 같은 양의 병맥주보다 64퍼센트나 매장면적을 덜 차지한다. 또 알루미늄 캔의 운송비용은 병맥주의 절반도 되지 않았다. 음료 회사는 이렇게 남긴 이익을 곧장 캔에 대한 부정적인 이미지를 불식시키는 광고비용으로 재투자했다. 이들의 목표는 가능한 많은 사람들이 캔을 신뢰하게 하는 것이었다. 그래도 소비자 대부분은 익숙했던 유리병을 신뢰하고 있었지만, 캔 6개를 하나로 묶어 파는 팩 상품이 나오자 마음이 요동치기 시작했다. 주말마다 일주일치 장을 한꺼번에 보던 소비자들은 가볍고 쌓아올리기도 편한 팩 상품을 선택했다. 이로써 알루미늄 캔 대량소비의 길이 활짝 열렸다. 1970년대 초반 미국의 캔 사용량은 약 300억 개에 달했으며, 이 당시 독일의 캔 소비량도 한 해에 20억 개에 달했다.

비판 받는 캔

판도라의 상자

1960년대 초 맨발로 해변을 걸어본 사람이라면 캔이 유리병과의 경쟁에서 승리했음을 확신할 것이다. 캔에서 떨어져 나온 캔 따개가 모래 위나 밑에, 아니면 덤불과 돌 사이에 박혀 있는 것을 쉽게 볼 수 있었다. 보잘 것 없는 캔 따개지만, 대단히 성가신 존재였다. 사람들의 발가락을 베게 했고, 양과 말, 염소나 소들이 풀을 뜯다가 삼키기도 했으며, 이따금 풀밭에서 뛰어놀던 아이들이 주워 삼키기도 했다. 개봉 후 곧장 버려지는 수백만, 수십억 개의 캔 따개는 우리에게 점점 더 많은 걱정거리를 안겨주었으며, 결국 분노의 대상이 되었다. 양심 있는 사람들은 캔을 딴 뒤 캔 따개를 땅바닥에 버리지 않고 캔 안에 떨어뜨리기도 했다. 이런 행동은 대단히 위험한 짓이다. 음료수를 마실 때 캔 따개를 함께 삼킬지도 모르기 때문이다.

엔지니어들은 캔 따개의 성가신 문제를 고민하며 친환경 캔 따개를 연구하기 시작했다. 1970년대 중반까지 특허청은 수많은 특허를 내주었지만, 대부분 캔 뚜껑에서 따개를 떼 내는 방식을 약간 개량하는 수준이었다. 개봉 후에도 캔 뚜껑에는 개봉부가 그대로 남아 있기 때문에, 캔에 입을 대고 마실 때 예리하게 들어 올려 진 개봉부 끝에 코가 베여 상처 입는 문제는 해결되지 않았다. 끝 부분을 무디게 만드는 방법도 제시되었지만, 이번에는 입을 대는 부분이 날카롭게 남아 있어 코 대신에 입술이 위험해졌다.

이 문제를 완전히 해결한 사람은 버지니아 리치몬드 출신이며 레이놀드 금속Reynolds Metal에 다니고 있던 다니엘 커드직Daniel F. Cudzik이다. 1976년 그는 캔 고리를 들어 올려 개봉부가 캔 안으로 함몰되는 '스테이 온 탭stay-on-tab' 시스템으로 특허를 얻는다. 이것은 캔 따개의 시각적 문제는 물론이고 신체를 다치게 할 위험성까지도 깨끗이 해결해 주었다. 이 기술은 이론적으로 매우 간단해 보이지만 실제로는 무척 까다로워서 커드직은 이 새로운 밀봉법을 개발하려고 무려 5년 동안 진땀을 뺐다. 이 제품을 시장에 내놓기 전 레이놀드 금속은 플로리다 주에 있는 슈퍼마켓 열 곳에서 소비자 반응을 조사했다.

그 후 캔 따개가 아무렇게나 널려 있는 모습은 더 이상 찾아보기 힘들어졌다. 캔을 많이 사용하고 있는 나라 대부분이 이 '스테이 온 탭' 방식의 캔을 애용하기 때문이다. 중국은 몇 안 되는 예외 국가 가운데 하나다. 중국에서는 위생적인 이유로 여전히 잡아당겨 떼 내는 프레이저의 캔 따개를 애용한다. 나라가 다르면 풍습도 다른 법이다. 중국인들은 표면이 완전히 깨끗하지 않은 개봉부의 철판이 마실 때 캔 안으로 젖혀 들어와 음료수에 닿는다면 매우 불결할 것이라고 생각하는 모양이다.

물론 환경운동가의 비판을 받는 것은 단지 뜯겨 나온 캔 따개만이 아니다. 캔 자체가 환경을 훼손한다. 1970년대 초반 미국에서 마시고 버린 캔 약 300억 개 가운데 상당수가 풀밭이나 인도, 거리, 혹은 공원에 나뒹굴었다. 여기저기 어지럽게 버려진 음료수 캔은 도시나 농촌의 경관을 해칠 뿐 아니라 막대한 쓰레기 처리 비용이 들게 만들었다.

1970년대 풍경을 대표하는 것은 이리저리 굴러다니는 알루미늄 캔과 여러 종류의 깡통이었다. 갤런슨R. J. Galanson이 연구용 잠수함을 타고 태평양 심해 1000미터 지점에서 제일 먼저 보았던 것도 바로 빈 맥주 캔이었다.

1970년대 초반 독일에서도 일회용 캔 사용이 환경문제를 일으키고 있었다. 일회용 상품과 포장재를 대량소비하면서 쓰레기더미가 알프스 산처럼 높이 쌓였다. 소비자들도 처음에는 망설이며 위선을 떨었지만, 시간이 흐를수록 쓰고 난 다음 아무 생각 없이 비닐 포장지, 함석 깡통, 일회용 종이컵, 알루미늄 음료수 캔을 닥치는 대로 쓰레기통에 던져 넣었다. 나중에 일어날 쓰레기 대란은 이때부터 예견된 일이었다. 1960년 국민 1인당 한 해 평균 생활 쓰레기 배출량이 400킬로그램이었는데, 1984년 이 수치는 3배 넘게 늘어났으며, 최근에는 쓰레기의 대부분이 포장재다. 1950년만 하더라도 가정용 쓰레기통에서 포장재가 차지하는 면적은 5퍼센트가 되지 않았다. 하지만 1978년에는 50퍼센트까지 늘어나는데, 이것은 가정용 쓰레기 무게의 약 30퍼센트에 달하는 것이었다.

현대 가정 쓰레기는 아주 현란한 잡동사니의 집합체다. 이 가운데 대다수는 나무, 종이, 박스, 유리, 금속 등 포장재가 차지한다. 이 중 많은 것들이 썩지 않는다. 함석 캔은 시간이 흐르면 녹슬기 시작하지만 플라스틱 컵이나 스티로폼은 썩지도 않고, 알루미늄 캔과 알루미늄 튜브는 분쇄되지도 않는다. 실제로 1970년 독일에서만 쓰레기장을 5만 개나 지었다. 이것은 일회용품을 마음대로 버리는 복지 사회의 어두운 단면이다. 쓰레기더미로 이루어진 산 5만 개는 수많은 해충을 불러들였고, 역한 냄새를 풍기는 연기가 대기를 오염시키며, 돌풍은 이 쓰레기들을 사방으로 날려 보냈다. 독일 국민은 눈을 감아도 훼손된 환경을 보고 코를 틀어막아도 오염된 공기를 마셔야 했다.

1971년 언론인 테오 뢰자크Theo Löbsack는 "쓰레기 사태는 앞으로 인류가 살 집을 오염시킬 가장 큰 환경위협이다."라고 쓴 바 있다. 쓰레기장에서는 유해물질과 독이 땅으로 스며든다. 쓰레기를 태우는 방법 또한 여러 문제를 야기한다. 쓰레기에서 종이와 판지가 차지하는 비중이 높기 때문에 초기에는 소각시설이 환영 받은 적도 있다. 하지만 이것은 오판이었다. 문제는 이 쓰레기 더미 속에 섞여 있는 합성수지플라스틱였다. 이것은 연소되면서 맹독성 다이옥신과 다른 유해물질들을 배출했다. "눈에서 멀어지면 마음에서도 멀어진다."는 격언은 독일 국민이 수십 년 전부터 쓰레기를 대하는 태도에 어울리는 말이다. 이제 이 분별없고 철없는 행동은 더 이상 용납될 수 없었다. 소비자들은 서서히 이런 실상을 알게 되었다. '과소비사회'나 '일회용문화'라는 부정적인 유행어기 모든 이의 입에 오르내렸고, 비닐포장지나 음료수 캔은 이 사회를 가장 분명하게 대변해주는 상징이 되었다.

카산드라의 예언이 새롭게 경종을 울리며, 욥이 겪은 수난의 소식이 새롭게 나타나고 있다. 이것은 무분별한 소비에서 누렸던 기쁨을 망쳐놓았다. 이제 환경이론가뿐 아니라 소비자들도 대량소비에 대해 비판적인 생각을 갖게 되었다. 도를 넘은 일회용품 사회에 대한 불쾌감도 깊어지고 있다. 지금까지 자명한 것으로 여겼던 "단숨에 마시고 빨리 일어나자."의 원칙도 이제 그 근거를 따지며 자연파괴범이라는 낙인이 찍혔다. '우주선 지구호'라는 메타포가 처음 널리 퍼진 것도 환경정책의 태동기였던 1970년대 말이었다. 이 우주선은 자원의 저장고일 뿐 아니라 쓰레기를 처리하는 구덩이 구실도 하는 하나의 완결된 체계인 자연을 상징한다. 하지만 지속적인 소비로 인해 시간이 흐를수록 자연의 저장고는 고갈되는 반면 쓰레기는 산처럼 높이 쌓인다. 이 때문에 이 우주선에 탑승하고 있는 사람들의 삶은 지속적인 위협에 놓이게 되며, 그들의 행동은 분명히 제약될 수밖에 없다.

1972년 매도우즈Denis Meadows가 편집한 로마클럽Club of Rome의 연구보고서 〈성장의 한계The Limits of Grows〉 역시 이에 못지않게 암울한 시나리오를 내놓았다. 이 보고서의 저자들은 컴퓨터 시뮬레이션 결과를 근거로 세계 인구와 경제가 급격하게 성장하고 자원소비가 계속 늘어나며 환경오염이 멈추지 않고 이어진다면, 우리 사회는 붕괴되고 말 것이라고 예언했다. 1973-74년에 일어났던 제1차 오일쇼크는 이런 위기의식 조성에 한 몫 했다. 오일쇼크는 그 무렵 싹트고 있었던 '지속가능한 소비'라는 아이디어를 더욱 강조하게 만들었다.

소비사회의 물질 중심적 라이프스타일도 점점 의문시되었다. 이런 상황에서 고전적 일회용품인 알루미늄 캔도 비판의 십자포를 맞는다. 새로운 환경의식 차원에서 보자면 겨우 0.33리터짜리 싸구려 음료수를 값 비싼 알루미늄 용기에 담는다는 것은 엄청난 자원낭비요 에너지 낭비다.

전후 알루미늄 소비는 가파르게 치솟았다. 1950년에서 1980년 사이에 전 세계 보크사이트 생산량은 6배나 늘어났다. 1971년 독일만 하더라도 필요한 알루미늄의 10.1퍼센트가 포장 재료로 흘러들어 갔다. 특히 전력소비량에서 알루미늄 캔은 가히 환경재앙에 가까운 성적표를 받았다. 알루미늄 1킬로그램을 생산하려면 보크사이트 4

킬로그램에서 나오는 산화알루미늄 2킬로그램을 가공해야 하는데, 이때 드는 전기에너지가 무려 14킬로와트다. 이처럼 전기를 많이 소비한다는 것은 알루미늄의 최고 약점이다. 그러므로 알루미늄 캔 단한 개를 만드는 데 드는 전기에너지는 재활용이 가능한 유리병을 제작하는 것보다 약 20배, 그리고 일회용 유리병을 만드는 것보다 2배가 필요하다 오늘날과 마찬가지로 그 당시에도 환경연구는 재활용시스템이 생태학적 측면에서 일회용시스템보다 우월하다는 것을 입증한다. 그런데도 알루미늄 제품이 싼 가격으로 공급될 수 있었던 것은 전적으로 원자력 발전과 석유 가격이 저렴했기 때문이다.

알루미늄의 생산은 과도한 전기소비 외에도 먼지, 불소, 이산화탄소의 배출로 환경을 심하게 훼손시킨다. 생산설비의 현대화로 오염물질의 방출량을 줄일 수는 있지만 오염을 완벽하게 막을 수는 없다. 생태학적 관점에서 보면 이 원료가 전 세계를 돌며 멀리까지 운송되며, 이때 막대한 에너지를 소비하게 만든다는 점도 심각한 문제다. 보크사이트 채굴이 곧장 환경파괴로 이어지고, 일부에서는 원주민을 강제 이주하게 만드는 문제는 생태학 논의에서도 중요한 테마가 되고 있다. 이 논의의 결론은 알루미늄 캔은 일회용 사회의 매우슬픈 자산이며, 이 사회가 생태적 지옥이라는 사실을 상징한다는 것이다. 그래서 1980년대 말 어떤 비평가는 "외관상 고급스럽고 화려하게 보이려고, 일상생활을 아름답게 꾸미려고, 싸구려 내용물이 이고급스러운 알루미늄으로 포장된다. 한번 쓰고 버리는 잠깐 동안의편안을 누리려고 원자력 발전소를 짓고, 여기서 나온 전기로 만든 알루미늄이 쓰레기 더미로 던져지고 있다."고 말하며, 알루미늄이라는매우 소중한 원료를 중요한 영역에만 사용하도록 제한할 필요가 있다고 주장한다. 하지만 알루미늄은 대부분 별로 중요하지 않은 일회용품에 쓰이며 낭비되고 있는 것 같다.

1970-80년대 생태학 논쟁에서 눈에 띄는 사실은 일회용 포장의 유·무용성이 자주 논의되었다는 것이다. 쓰레기 처리 문제는 분명 사람들의 관심사항이 되었다. 소비자들은 거의 매일 포장된 물건을 이용하며, 대량소비 시대에 없어서는 안 될 것이 되었고, 포장재 사용에 더 이상 무관심한 태도를 보일 수 없게 되었다. 1982년 스위스에서 열린 포장 전문 학술대회에 참가한 어떤 학자는 당시 상황을 다음과 같이 평가한다. "소비자들은 언제나 예쁘게 포장된 물건을 구입한다. 하지만 그들의 이런 태도 뒤에는 양심의 가책이 자리하고 있다." 그래서 포장은 이제 책임을 면할 수 없게 되었다. 포장산업의 대표자들은 격렬한 비난에 직면했다.

그런데도 오일쇼크 기간 동안 잠깐 줄어든 것을 제외하면 포장재의 소비는 꾸준히 증가했다. 독일 포장업계는 호황을 누렸고, 1980년대 말에는 300억 마르크 이상의 매출을 올렸는데, 이것은 독일 섬유산업의 총 매출액과 맞먹는 금액이다. 1988년 서독에서 알루미늄을 포장재로 가공한 양은 1959년의 거의 3배에 달한다. 또 함석 산업은 1977년에서 1997년 사이에 캔 생산량을 두 배로 늘렸다.

캔 사용을 금지하라!

어쨌든 환경운동이 시작되었던 1970년대에 확실해진 것은 포장쓰레기 문제가 중요한 사회문제로 부각되었다는 것이다. 1974년 경제학자 니콜라스 뢰겐Nicolas Georgescu-Roegen은 현대 산업시스템이 소중한 원자재를 철저하게 쓰레기로 만들고 있다고 지적한다. 쓰레기는 이제 사회문제가 된다. 이것은 대량소비가 강요한 필연적 결과였다. 그래서 이때 이미 소비자들은 쓰레기를 줄일 수 있는 효과적인 방법을 궁리하기 시작했다.

1960년대 후반 환경의식이 높았던 미국 국민들은 '캔 사용 금지' 를 철저하게 요구하며 캔 사용을 포기해 쓰레기를 줄이자는 캠페인 을 벌인다. 이 운동의 기본 원칙은 '나중에 걱정하는 것보다 먼저 걱 정하는 것이 좋습니다.'라는 구호가 말해준다. 독일에서도 무분별 한 소비를 비판하는 국민들이 음료수 캔 사용을 자제해 줄 것을 계 속 호소했다. 이 메아리는 방송매체를 타고 독일 전역에 퍼졌으며, 그 결과 '캔의 완전한 퇴출' 운동이 벌어지는데, 이것은 1990년대 초 반 환경운동가들에 의해 다시 불붙는다. 거대한 캔-양탄자를 만들 어 슈튜트가르트 시청이나 베를린의 브란덴부르크 문 혹은 다른 인 상적인 건축물에 걸어 놓으며 이들은 환경을 훼손시키는 일회용 포 장에 대한 반대의사를 분명히 표출했다. 마찬가지로 독일 환경·자 연보호 연맹 역시 어린이와 청소년을 대상으로 하는 '캔 사용 중지 OVERDOSE' 운동을 펼쳐 여론을 이끌었다. 대중가수들도 캔 구매에 반대하는 콘서트를 열고 신나는 힙합 음반을 제작하기도 했다. 독일 알프스 지역 알고이Allgäu 지방에서는 '캔 없는 지역' 캠페인을 펼치 며 독일 전역을 '캔 없는 지역'으로 선언하자는 운동도 펼쳤다.

이 방법도 매우 효율적이기는 하지만 대중성을 띠지는 못했다. 소비가 담당하는 사회적 기능 때문이다. 소비 행위가 단지 살아가 는 데 꼭 필요한 기본욕구를 충족시키는 기능만 하는 게 아닌 것처 럼, 캔도 단순히 포장재이기만 한 것은 아니기 때문이다. 다른 물건 과 마찬가지로 캔 역시 상징성을 내포한다. 소비이론가들의 일치된 견해에 따르면, 물건과 상품 그리고 상표는 서로 상이한 기호를 가 지고 있다. 광택이 흐르는 메르세데스 벤츠는 언제나 돈주머니가 두 툼함을 상징하는 반면, 이제 단종된 포드 타우누스Ford Taunus에는 가난한 사람들이 타는 차라는 오명이 붙어 다닌다. 이처럼 어떤 상품을 이용하는 가로 사람들은 서로를 구분한다. 소비는 개인과 사회의 정체성을 만들어내며 카멜Camel을 피우는 사람과 말보로Malboro를 피우는 사람을 구분해준다. 우리는 특정한 소비모델에 속하며 소속감을 얻거나 타인과 자신을 구분하고, 인정받으며, 자기실현을 이루어낸다.

전쟁을 경험한 세대들이 음료수 캔을 접하며 새롭고 현대적인 라이프스타일을 누릴 가능성을 보았다면, 그 후 세대의 청소년들은 캔을 '쿨cool'한 것으로 느꼈다. 이 청년 소비자들은 대체로 곧장 편리한 캔을 이용하는 데 익숙해졌다. 그들은 순전히 습관적으로, 아니면 판매대 앞에서 무의식적으로 캔을 향해 손을 뻗친다. 그것이 습관 때문인가 아니면 문득 찾아온 충동 때문인가는 중요하지 않다. 두 경우 모두 구매자는 캔 사용의 장단점에 대해 깊이 숙고하지 않고, 구매결정에도 근거가 없다. 이 때문에 생태학적 논란이 분분하고, 환경 캠페인을 하며 그 유래를 찾아볼 수 없을 정도로 열심히 투쟁하는데도 독일에서 음료수 캔의 매출이 계속 늘어났던 것이다.

점점 더 가볍게, 점점 더 많이

알루미늄 생산회사와 캔 제조회사는 1970-80년대 환경 논쟁에서 자기네가 희생양이 되었다고 여긴다. 자신을 환경오염의 주범으로 각인시키는 나쁜 이미지를 제거하려고 그들은 적극적으로 나서기 시작한다. 그들의 전략은 기술혁신이다. 캔을 좀더 가볍게 만들면, 환경을 보호하고 캔에 대한 인식을 개선시킬 수 있을 것이라 여겼다. 캔의 중량을 줄이면 우선 수송하중이 줄어 연료를 절감하게 되고, 두 번째, 캔 하나를 만드는 데 들어가는 금속의 양을 줄여 천연자원을 보호하고 쓰레기도 줄일 수 있다. 게다가 알루미늄 생산도 줄 것이니 유해성분인 불소나 탄소의 과도 배출도 막아 환경을 지킬 수 있다.

하지만 이들이 캔의 원자재를 줄이려고 노력하는 이유는 이처럼 환경보호라는 숭고한 목적 때문만은 아니다. 경영상의 수지 계산도 무시하지 못할 이유다. 음료수 캔 하나를 만드는 데 드는 비용 가운데 알루미늄이 차지하는 비율이 65-70퍼센트에 달하며, 제조원가에서 가장 큰 부분을 차지한다. 1969년 이후 이들이 캔 생산 방식을 생태학적으로 개선하려고 노력한 것이 소비자들에게 훼손된 캔의 이미지를 회복하기 위해서라는 것만은 분명하지만, 캔을 좀더 가볍게 만들려는 노력이 캔의 개발과 거의 동시에 이루어져 왔다는 것은 사실이다.

이런 노력은 곧장 결실을 맺어 캔에 들어가는 재료를 최대한 줄일 수 있게 했다. 1960년에서 1984년 사이에 동일한 용량의 알루미늄 캔 중량은 40퍼센트나 줄어들었다. 1960년대 초에 생산된 캔의 중량이 18-20그램이었다면, 1980년대 중반까지 12-14그램으로 줄어든다. 오늘날에는 33밀리리터 용량 캔의 무게가 겨우 10그램 정도여서 캔을 손으로 만져본 사람이라면 더 이상 금속의 양을 줄일 수 없을 정도까지 곧 도달하리라는 것을 직감할 것이다. 오늘날 생산되는 캔은 두께 0.105밀리미터로 실처럼 얇고 깃털처럼 가볍다. 손가락 힘이 억센 사람이라면 다 먹고 난 빈 깡통을 언제든지 구길 수 있으며, 탁자에 있는 빈 깡통을 치우는 데는 창문으로 바람이 한번만 불어 들어와도 충분하다. 1950년대 너무 무거워 골치 아팠던 캔이 그 사이에 조금만 건드려도 터지는 허풍선이로 변했다.

너무 약해보이지만 그래도 캔은 내구성을 충분히 갖추고 있다. 알루미늄 캔은 약 6바Bar의 내부압력에도 견딜 수 있는데, 자동차 타이어도 2바 정도의 내부압력을 받을 뿐이니 굉장히 높은 것이다. 캔에 내용물이 가득 차 있을 경우 성인 한 명이 올라가도 너끈히 견딜수 있으며, 설사 버티지 못한다 해도 불행한 비극을 연출하지는 않는다. 캔이 압력을 이기지 못하고 굉음을 내며 터지기 전에 캔의 밑 부분이 구겨져 코 모양으로 불쑥 튀어나오게 되어 있기 때문이다. 이런 안전판 때문에 캔 내부에는 더 넓은 공간이 확보되며, 압력이 떨어지게 된다. 그런데도 캔이 터질 경우에 정확하게 구겨진 코의 끝부분에서만 터지지, 가스 폭발처럼 통 전체가 터지지는 않는다.

캔의 두께가 매우 얇은데도 튼튼한 이유는 환타, 콜라, 맥주 같은 내용물에 포함 된 탄산이 내부에서 캔을 단단히 받치고 있기 때문이다. 풍선에 바람에 부풀었을 때 단단해 지는 것과 같은 원리다. 캔 밑바닥을 아치처럼 안쪽으로 쑥 들어가게 디자인 한 것도 캔을 단단하게 만들어준다. 만약 캔 밑바닥을 평평하게 설계했다면, 내부 압력으로 인해 금방 구겨지면서 밖으로 불쑥 튀어나와 판매대나 조리대에 세워둔 캔이 중심을 잃고 흔들릴 것이다. 캔 뚜껑 부분은 캔을 밀봉하는 데 방해되기 때문에 안으로 들어가게 설계하면 안 된다. 그래서 바닥 면보다 조금 더 두껍게 만들어 놓는다.

금속을 절약하려고 디자이너들이 제일 먼저 착수한 일은 벽면의 강도를 낮추는 것이었다. 캔 벽면을 점점 얇게 설계하면서 마침내 그들은 머리카락 한 올만한 두께까지 도달했다. 하지만 잘못하면 캔이 터져 매우 위험하고, 캔의 내용물을 다 비운 상태에서는 강도가 약해져 작은 충격에도 폭삭 주저앉아 버릴 수도 있었다. 그런데도 금속을 아끼기 위한 노력은 계속되었고, 1970년대 중반에는 캔의 개봉부를 병목처럼 설계해 의무적으로 두껍게 만들어야 하는 캔 뚜껑의 지름을 줄였다. 뚜껑 지름을 겨우 8밀리미터 줄이는 것만으로도 금속을 20퍼센트나 절약했지만 이 방법 역시 한계가 있었다. 캔 개봉부의 모양을 제약했기 때문인데, 마개가 너무 작을 경우 내용물을 마시기에 좋지 않았을 뿐더러 더 이상 캔처럼 보이지 않았기 때문이다. 그것은 캔의 광고효과를 사라지게 할지도 모르는 위험 요소였다.

일본의 전통 종이접기 기술인 오리가미Origami는 정사각형 종이로 예술작품을 만들며, 최근에 천이나 플라스틱 또는 금속도 이용한다. 이 정교한 종이접기의 모델은 꽃 봉우리를 터뜨리는 꽃잎처럼 자연에서 구한다. 이 접기 기술을 이용하면 작은 포장에 많은 내용물을 넣을 수 있고 무거운 하중에도 잘 버틴다. 아마 이런 사실을 잘 알고 있었을 도쿄 대학과 일본 항공우주기술연구소JAXA[8] 교수인 고류 미우라Koryu Miura는 1970년 자기 이름을 딴 '미우라 종이 접기 기술'을 개발했다. 이 기술은 이후 지도 제작이나 인공위성의 태양 탐사 그리고 음료수 캔에도 응용되기 시작했다. 일본에서는 1995년에 최초로 압축된 철판으로 종이 접듯이 만든 캔이 생산되었다. 이 캔의 벽은 기하학적으로 정확하게 계산되어 제작된 접기 틀에 맞춰 형태를 갖추었으며, 그로인해 캔에 들어가는 금속의 양을 10퍼센트나 줄였을 뿐 아니라 더욱 단단했다. 디자인적으로 아름답고 원료도 충분히 절약하는데도 서구 산업국가의 엔지니어나 디자이너들은 이 기술을 잘 이용하지 않는다. 미국이나 유럽에서도 이와 같은 원료절약형 캔은 시장에 나오지 않는다. 알루미늄 양을 줄이기 위해 이들 나라에서 선호하는 방법은 이보다 더 견고한 알루미늄 합금이나 날렵한 모양의 캔을 만드는 것이다.

지금까지 금속 절약을 위해 노력한 결과, 알루미늄 캔이 나온 지

8) Japan Aerospace eXploration Agenc

50년 동안 처음보다 무게가 약 절반으로 줄어들었다. 하지만 이런저런 효율성의 혁명으로 인해 알루미늄의 총 소비량은 줄어들지 않았다. 좀더 효율적인 원자재 이용 추세는 오히려 알루미늄 생산량을 더 늘려놓았다. 이것은 비행기의 경우와 다르지 않다. 최신형 비행기는 점점 연료 소비가 줄도록 설계된다. 하지만 비행기 여행이 대중화되면서 항공유의 절대 소비량은 계속 늘어나고 있다. 늘어만 가는 항공교통은 개별 비행기의 원료절감 노력을 수포로 돌아가게 만든다.

예전에 나는 캔이었다

캔 사용을 자제하고 가벼운 캔을 개발했는데도 1970-80년 대 빈 깡통이 산처럼 높이 쌓여가는 것을 막거나, 캔 제작에 들어가는 절대적 원료의 양을 줄이지는 못했다. 1970년대 초 미국에서는 연간 300

압축된 음료수 캔-알루미늄
재활용의 사전 단계
ⓒ Ball Packaging Europe Holding
Gmbh & CO KG

억 개나 되는 캔이 거리와 쓰레기통에 버려졌다. 독일에서는 그 숫자가 약 20억 개에 달했다. 이쯤 되자 미국 각 주의 주지사들은 환경을 해치는 이 골칫거리들을 사용 금지시키는 방안을 진지하게 고민하기 시작했고, 독일 정치인들도 처음으로 캔을 버리는 행위를 철저하게 감시하는 방안을 숙고하기 시작했다. 그러자 알루미늄 제조회사와 캔 생산회사도 캔을 환경 친화적으로 만들기 위한 다양한 전략을 세웠다. '재활용'이 마법사의 주문처럼 이 문제를 풀어줄 새로운 해결책으로 떠올랐다.

1970년대 초 영어권 국가에서 재활용 운동이 공식적으로 시작되었다. 1970년 리차드 닉슨Richard Nixon은 물건의 재활용, 즉 자원의 순환이 미래를 위한 유일한 길이라는 걸 인식한다. 독일어권 환경전문가들도 곧 이 새로운 마법의 주문을 능숙히 다루게 된다. 이미 1975년 잡지 〈슈피겔Der Spigel〉은 재활용을 일회용 사회를 대체할 유일한 대안으로 평가했으며, 이로써 많은 사람들이 재활용이라는 단어에 본격적으로 도취되기 시작한다. 마침내 1980년대에 와서는 예전에 해왔던 일에 새로운 이름을 지어준 것에 불과하지만 이 개념이 모든 사람들의 입에 오르내리기 시작한다.

천연자원이 부족한 독일은 이와 같은 이름으로 불리지는 않았지만 재활용의 오랜 전통이 있다. 특히 전쟁 때나 정치·경제적 자립의 깃발을 들었던 시기에 폐품과 쓰레기를 수집해 가공하는 것은 괴롭지만 꼭 해야 할 일이었다. 고무와 금속은 군대의 무장에 꼭 필요한 것이었기 때문에 1차 세계대전 동안 정부는 전 국민에게 이런 물품을 모아줄 것을 호소했다. "알루미늄, 구리, 놋쇠, 니켈, 아연은 우리나라에도 충분히 있습니다! 이것을 모아주십시오, 군대가 이것을 필요로 합니다." 조국에 대한 사랑과 충성심에서 애국심이 강한 독일인들은 손에 차고 있던 결혼반지까지 자발적으로 헌납했다. 못 쓰게 된 그릇이나 양은 물통, 에나멜 욕조뿐 아니라 값 비싼 장신구도 다시 재활용되었다.

나중에 나치 역시 이와 똑같은 전략을 쓴다. 나치가 폐품과 쓰레기를 완전히 재활용하려고 수립한 프로그램 이름은 '쓸모없는 것의 재활용 운동'이었다. 이 운동은 특히 알루미늄 수집에 집중했다. 알루미늄은 포탄을 만드는 데 들어갈 뿐 아니라 케이블이나 전선의 원료가 되는 구리를 대신하기도 했다. 나치는 재활용이 가능한 알루미늄을 골라 녹여 1940년 한 해에만 알루미늄 5만4천 톤을 모아 전투기를 만들었다.

전쟁이 끝난 뒤에도 고철과 고무, 폐지를 수집해 돈을 벌 수 있었지만 1960년대에 들어서면서 그런 행위는 중단되었다. 원유와 원자재 가격이 떨어지면서 경제성이 없어졌고, 경제성장 시대에 접어들면서 일회용품을 사용하는 낭비 생활로 바뀌었기 때문이다. 사람들은 재활용 캔을 사용하지 않았고, 제련소에서 금방 나온 새 알루미늄만 찾았다.

1970년대에 들어서며 이처럼 원료와 에너지를 많이 소비하는 경제체제가 조금씩 변화하기 시작한다. 재활용 운동이 다시 유행했지만 그것은 경제적 변화에 의해서가 아닌 막 싹트기 시작한 환경의식과 환경정책 덕분이었다. 이전의 '재활용'은 이미 옛날부터 있었던 원칙에 이름만 새로 바꾼 것이었지만 이때 시작된 자원 재활용 운동은 에코시스템, 그리고 자연보호와 밀접하게 연관되어 있었다.

1970년, 미국 환경운동가들이 제정한 '제1회 지구의 날'에 알루미늄 제조회사와 캔 제조회사는 재활용 인프라를 구축하기 위한 초석을 놓는다. 이들은 음료수 캔을 회수하는 곳을 열고 깡통을 반환하면 현금을 지급했다. 현금은 사람들로 하여금 쉽게 빈 깡통을 모아오게 했다. 환경운동가나 정치인들은 관련 회사로 하여금 재활용 실적을 문서로 기록하게 하며 빈 깡통 처리를 감시했다. 5년 뒤인 1975년 미국에서는 이미 알루미늄 캔 4개 중에 하나는 재활용되었고, 1990년 이후 이 비율은 60퍼센트를 상회했다. 그 사이 재활용 인프라는 북아메리카는 물론이고 재활용률이 80-90퍼센트에 달했던 몇몇 유럽국가에서도 큰 효과를 보아 한번 사용한 깡통이 6주 후면 새로운 캔으로 다시 탄생하게 되었다.

알루미늄 회수는 단지 환경보호를 위한 것만은 아니다. 이것은 동시에 좋은 사업이 되기도 한다. 품질에 있어서 재생 알루미늄은 정품 알루미늄이나 제련소에서 막 나온 알루미늄과 똑같기 때문이다. 또 고철 알루미늄을 녹이는 데 드는 에너지는 보크사이트로부터 새 알루미늄을 만드는 데 필요한 에너지의 5퍼센트에 불과하다. 이것은 알루미늄 가격에 포함되어 있는 전기의 95퍼센트를 줄일 수 있다는 이야기다. 2000년대 초 전 세계적으로 연간 3천200만 톤이 넘는 알루미늄이 용해되었는데, 그 가운데 2천400만 톤은 보크사이트 원석에서 나온 것이고, 800만 톤은 고철 알루미늄에서 나온 것이다.

이렇게 재생 알루미늄의 비중이 높아지려면 두 가지 조건이 갖춰져야 한다. 우선 빈 깡통의 보급이 충분해야 하고, 분류 및 재활용 기술이 고도로 발전해야 한다. 그동안 전자 분리기를 이용해 쓰레기로부터 알루미늄 캔을 간단히 분류해 낼 수 있게 되었고, 여러 재료가 혼합된 포장재에서 알루미늄을 회수하는 어려움도 해결되었다. 그런데 오히려 국민들의 고철 수집욕구를 자극하는 것이 문제였다. 그래서 미국은 현금을 주는 방법을 썼고, 독일은 캠페인을 벌이는 방법을 썼다. 1980년대 독일 캔 생산협회가 세심하게 준비한 광고캠페

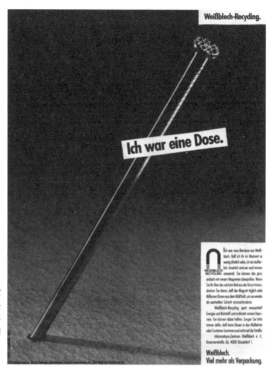

1991년에 나온 함석 캔 재활
용을 위한 광고. 이 광고는
재활용이 더 많은 소비를 유
발할 것이라고 홍보하며 캔
의 판매를 촉진시킨다.
ⓒ AdVision digital Gmbh

인은 독일 국민에게 다시 한 번 재활용의 필요성을 인식시켰다. 당
시 어디를 가나, 일간지와 잡지 혹은 공공장소의 현수막에서 못이나
면도날, 양철 장난감 사진을 볼 수 있었다. 그런 그림 옆에는 다음과
같은 간결한 문구가 있었다. "나는 캔이었다!"

캔으로 명예로운 전생을 살았다는 이 암시는 보는 이로 하여금
불교의 윤회사상처럼 자원의 무한한 재생을 떠올리게 만든다. "캔에
이처럼 매력적이고 유용한 성질이 있다니 멋진 걸"하고 생각하게 하
는 것이 이 광고의 숨은 전략이었다. 결국 캔에 대해 회의적 반응을
보였던 사람들까지도 캔을 좋아하게 되었고 캔 판매량은 눈에 띄게
신장했다. 1993-95년 사이에 독일에서는 캔이 완전히 붐을 일으켰

으며, 매출도 33퍼센트나 성장했다.

이 광고는 사회의식의 변화를 노리고 있다는 점에서 독창적이며, 알루미늄은 흔한 물건이라는 부정적 이미지를 개선했다. 이전에 캔은 쓰레기 취급당하고 자원을 갉아먹는 것으로 간주되었지만 이 광고와 함께 캔 제조회사는 문제 많은 이 물건에 '재활용'이라는 긍정적인 이미지를 부여하는 데 성공했다. 환경운동가들의 재활용 촉진 운동은 캔이 자동적으로 친환경적 속성과 연결되도록 한다. 그러므로 이 광고는 우선 고철 캔의 수집을 촉진시키기보다는 소비를 계속 늘려놓는다. 재활용은 환경의식이 있던 소비자들조차 캔을 서슴없이 계속 구입하게 했다. 재활용이 가능하다는 것이 이들의 행동에 정당성을 부여해 주었던 것이다. 사람들은 양심의 가책도 없이 이제 캔을 계속 버렸다. 캔은 얼마든지 재활용될 수 있기 때문이다.

알루미늄 고철 1톤이면 원유 에너지 2.3톤을 절감할 수 있다. 그런데도 환경운동가들 사이에서 재활용은 그리 큰 호평을 받지 못한다. 부자의 궁궐에 사는 광대처럼 재활용이라는 말은 초기의 찬사 이후에 인기를 잃고 만다. 쓰레기 처리 전문가 베르너 쉥켈Werner Schenkel에 따르면 우선 재활용이라는 말에는 '구원자적 성격'이 있는데 이것이 소비자로 하여금 캔 소비에 따른 부담감을 덜어준다. 두 번째, 재활용은 쓰레기를 줄이는 좋은 방법이 아니다. 재활용을 준비하는 과정은 새로운 원료와 에너지를 필요로 하기 때문이다. 100퍼센트 재활용 한다 해도 이것이 무조건 지속가능하다고 말할 수는 없다. 그래서 재활용이 환경문제의 근본적 해결책이 될 것이라는 결론은 잘못된 것이다.

하지만 쉥켈은 재활용이 물건을 여러 번 사용하게 만드는 '재사용시스템'의 확대 등 쓰레기를 예방하는 다른 수단들과 연결된다면 매우 효과적일 것이라고 조언한다. 확고하게 정착된 재사용시스템은 그것이 금속, 유리, 플라스틱으로 된 것이든 상관없이 모든 생태학적 기준에서 일회용시스템보다 훨씬 낫다. 달리 말하면, 음료수 캔은 재활용된다 할지라도 여러 번 사용할 수 있는 병을 대신할 생태학적 대안이 되지 못한다. 가령 1969년 개발된 진주 모양 생수병은 평균 7년 동안 50회 정도 재사용 되면서 일회용 캔 100개 이상을 대체했다. 환경보호를 위해 정말 중요한 문제는 포장 재료의 선택에 있는 것이 아니라, 일회용시스템이냐 아니면 재사용시스템인가를 결정하는 것이다. 1995년과 2000년 그리고 2002년 베를린의 환경연합 사무국이 작성한 음료수 포장재에 대한 생태 보고서는 이런 사실을 확인해 준다.

독일은 1991년 포장규정에 관한 법률을 제정하며 재사용시스템은 물론 일회용 포장재의 재활용도 촉진시키려 했다. 이렇게 일회용 포장재를 회수 및 재처리하는 것은 생산자와 상인들의 눈에 강한 인상을 남겼고, 독일 포장법의 이원 체제를 만들게 했다. 독일 포장법은 모든 포장재에 '환경마크'를 부착하게 하고, 이 마크를 단 포장재에 쓰레기 처리 책임을 부여했다. 전 세계에서 유일하게 쓰레기 수집과 분류를 담당하는 물류회사 설립이 허가되었고, 그 후 이 회사는 계속 성장했다. 1991년의 포장법은 음료수 일회용 포장에 공병 환급금을 의무적으로 부가하는 내용도 포함했다. 물론 이 환급금 부가 규정은 음료수 용기 중 재사용 포장 비율이 72퍼센트 이하로 내려가기 시작할 때라야 효력을 발휘한다. 2002년까지 이 규정에 해당되는 사례는 없었지만 2002년 6월 독일 연방정부는 처음으로 맥주, 생수, 탄산음료 등에서 재사용 비율이 기준치 이하로 내려갔다고 발표했다. 2003년 이후 독일 국민이 캔이나 일회용 용기 하나당 25유로센트의 환급금을 지불해야 했던 이유다. 이처럼 강제로 규정한 환급금 제도가 재사용 병의 판매를 촉진시키고, 일회용 포장재의 재활용률을 90퍼센트까지 높여놓을 것이라고 기대했다.

처음에 이 기대는 충족되었다. 캔에 환급금을 붙이자 음료수 캔 판매는 눈에 띄게 줄었다. 2004년 독일 상인들은 예전에 80억 개나 팔던 음료수 캔을 겨우 5억 개만 팔았다. 2006년 초에 나온 보고서는 이처럼 강제 환급금 제도가 환경에 어떤 영향을 미치는지 보여준다. 2002년 12월 맥주병의 재사용율은 70.4퍼센트에 머물렀지만 이 수치는 2006년 봄 거의 89퍼센트까지 올라간다. 이것은 전적으로 독일 할인 판매업자들 덕분이다. 이들이 판매대에서 캔을 거의 싹 치워버렸기 때문이다. 재사용 병 외에 캔이나 일회용 병까지 수거하는 것은 너무 비용이 많이 들었을 것이다. 그래서 그들은 재사용이 가능한 병만을 팔았다. 이로써 캔은 생명을 다한 것처럼 보였다.

2006년 5월 포장법 개정안이 나오면서 환급금 의무규정은 여러 번 개정된다. 환급금 제도가 청량음료로 확대되었고, 음료를 구입한 곳에서만 환급금을 받을 수 있었던 과거와 달리 어느 상점에나 캔이나 페트병을 가져가도 되었다. 이전까지 모든 상점은 자신이 판 캔이나 병만 회수할 의무가 있었으며, 독일 국민이 캔 구입을 망설인 것이 바로 이 조항 때문이었다. 이때부터 소비자들은 훨씬 간편하게 캔을 되돌려 줄 수 있게 되었다. 캔 제조회사와 상인들은 이 제도가 캔 회수를 노리고 있다는 것을 알고 있었고, 머지않아 독일도 곧 스웨덴과 동일한 과정을 밟아 가게 될 것이라고 예상했다. 스웨덴 상인들은 오래 전부터 캔이나 플라스틱 병 회수에 전문가가 되었다. 일회용시스템이 상인은 물론이고 음료수 회사에도 훨씬 더 이익이기 때문이다. 상점에는 회수한 빈병을 보관할 공간이나 이를 담당할 인력이 없어도 된다. 회수한 캔이나 플라스틱 병은 그 자리에서 손으로 누르거나 기계로 압착하니 공간을 절약한다. 그리고 제조회사는 재활용 병과 달리 세척을 담당할 인력도 필요 없다. 이 때문에 스웨덴에서는 지금까지도 재활용 병을 사용하지 않는다.

캔을 비판하는 사람들과 환경연합은 독일 재사용시스템의 미래를 어둡게만 보지는 않는다. 시간이 좀 걸리긴 하겠지만 독일에서도 재사용시스템이 우위를 점하게 될 날이 올 것이다. 이것은 의식 있고 비판적인 소비자들이 얼마나 있느냐에 달려 있다. 이들에게 재활용 병을 사용하도록 만드는 것은 단지 더 나은 환경을 만들 수 있기 때문만은 아니다. 지역에서 나오는 다양한 음료를 즐기고, 다양한 문화를 누리기 위해 캔을 사용하지 않는다. 이들은 중앙의 대형 맥주회사와 캔 제조회사가 캔 포장재를 사용하면서 지역 중·소기업들을 시장에서 몰아내고 있다는 것을 잘 알고 있다. 바로 이 때문에 비판적 소비자들은 캔을 거부한다.

캔과 병 가운데 앞으로 누가 승리할지는 쇼핑카트를 끌고 다니는 소비자들이 결정할 것이다. 독일 최대의 캔 제조회사인 발Ball에 따르면, 현재 캔 수요는 많이 늘어나고 있다. 독일 캔 시장의 성장추세는 유럽의 성장추세와 일치한다. 2005년 유럽 캔 시장은 평균 5퍼센트 성장했다. 15퍼센트나 오른 동유럽의 성장률은 특히 두드러져 보인다. 전 세계적으로도 캔 시장은 크게 성장하는 추세이며, 라틴 아메리카나 아시아 국가에서 특별해 보인다. 현재 전 세계적으로 연간 캔 2천200억 개가 소비되고 있다. 그 가운데 거의 절반인 1천억 개는 미국인들이 소비한다. 하지만 유럽에서도 이미 연간 음료수 캔 400억 개가 소비되고 있다.

아프리카에서 환생하다

현재 아프리카는 아직 이렇다 할 성장세를 보이는 캔 시장이 아니지만, 캔 소비량이 매년 50억 개에 육박하고 있다. 다른 곳과 마찬가지로 여기에서도 그 중 일부는 수거되어 재활용되지만, 많은 양이 거리나 쓰레기 매립지에 버려지고 있다. 유럽에서는 사용된 음료수 캔이 매립지에 들어오면 삶의 마지막 단계에 들어섰음을 의미하지만 아프리카에서 캔의 운명은 매립지에서 새롭게 바뀐다. 세네갈, 레소토, 말리, 부르키나파소 혹은 서아프리카 상아해안에서는 캔 쓰레기 더미에서 가방과 침대, 소파, 장난감 그리고 집안을 꾸밀 액세서리 등 새롭고 유용한 물건들이 탄생한다. 화덕을 캔으로 둘러싸 바람막이를 만들고 오두막이나 집을 만들기도 한다.

그동안 서아프리카의 모든 도시는 이처럼 캔을 재활용해 집을 짓는 데 매달렸기 때문에 캔 가공은 소규모지만 활기찬 수공업 분야로 괄목할만한 성장을 이루고 있다. 알루미늄이나 함석 외에도 여러 가지 자재들을 다루는 이른바 '재활용 수공업'은 이미 서아프리카에서 큰 성공을 거두었다. 모든 집을 캔으로 만든 마을도 있을 정도다.

옛날 중국 속담에도 있듯이 똑같은 물건이라도 쓰레기가 될 수 있고 자원이 될 수도 있다. 하지만 이것이 정확히 언제 쓸모없는 잡동사니가 되고, 또 언제 소중한 자원으로 이용되는지는 자연과학적으로 정의내릴 수 없으며, 오로지 그것을 소유한 사람의 가치관에 달려 있다. 우리가 그 물건에 대해 어떤 유용성을 기대하고 있는지에 따라, 그리고 우리가 어떤 사회에서 살고 있느냐에 따라 그 물건은 서로 다른 가치평가를 받을 것이다. 과거에 쓰레기 취급을 당했던 물건도 갑자기 골동품이나 수집품으로 새롭게 가치를 인정받을 수 있다. 1970년대 딱정벌레 모양의 중고 폭스바겐은 팔아봤자 몇

푼 받지 못하는 중산층의 고물 승용차였다. 하지만 시간이 지나면서 이 오래된 모델은 매우 많은 사람이 찾는 비싼 수집품이 되었다. 그 결과 이 모델의 역사는 더 길어졌다. 폐차장에 가는 대신 다시 거리를 달리거나 박물관에 들어갔기 때문이다.

그러므로 물건의 수명은 그것이 어떤 사회에 존재하느냐에 전적으로 달려 있다. 음료수 캔의 경우는 더욱 그렇다. 대중 소비사회에서 캔의 수명은 극히 짧다. 일회용 포장재인 캔은 마시고 난 다음에 바로 그 의미를 상실하며, 즉시 쓰레기로 돌변한다. 이와 반대로 물건이 귀한 사회, 즉 아프리카 특정 지역에서는 새로운 물건을 만들 재료가 된다. 따라서 이 사회에서 음료수 캔의 수명은 대중 소비사회보다 월등히 길다. 인류학자들은 여기서 아프리카 문화가 캔을 자기화 했다고 말한다. 새로운 문화 환경에서는 물건을 다루는 방식도 변한다. 즉 그 물건을 새롭게 이용하려는 아이디어가 등장하고, 그것을 새롭게 사용하는 기술과 방법이 발명된다.

재사용Re-Use 또는 재이용Re-Utilization이라고도 불리는 캔의 용도변경은 캔의 가치를 드높인다. 캔으로 만든 침대나 오두막 혹은 장난감은 아프리카 사람들의 일상생활에서 확고히 자리 잡았다. 조상의 위패를 모시기 위해 벽을 파고 만든 벽감壁龕 장식에 쓰인 물건이나 예술작품, 혹은 제례용품 같은 독특한 공예품으로 변신한 캔이 유럽이나 북아메리카의 수집품 시장에 나왔다. 재활용 예술 혹은 고철 예술 애호가들은 이런 물건에 지갑을 연다. 아프리카에 살면서 캔으로 예술적인 집을 짓거나 작품을 창작하는 예술가 미하엘 회네스Michael Hönes는 이를 두고 다음과 같이 말한다. "캔은 지구 어느 곳에나 있습니다." 유용하기도 하지만 금방 쓰레기가 될 수도 있다는 이 대립성은 아마 캔에서 가장 뚜렷이 드러날 것이다. 내용물이 가득 들어 있는 캔도 언젠가는 빈 깡통이 된다. 회네스는 의식이 졸고 있는 사람은 오직 내용물이 가득 찬 캔만 보지만, 의식이 깨어 있는 사람은 두 가지 상태를 모두 다 본다고 말한다. 그렇다면 회네스의 캔 예술 역시 캔이라는 재료를 자기화한 특별한 형태의 예술작품이다. 그리고 이 예술의 목표는 의식 없는 사람들의 소비행태에 대한 비판이다.

현명하게 사용하자

빈 깡통 없이는 내용물이 가득 찬 깡통도 없다. 처음에는 다소 진부해 보였지만 회네스는 이런 확신으로 음료수 캔에 대한 환경논쟁을 뜨겁게 달궈놓았다. 환경을 훼손시킬 수밖에 없다는 것은 캔의 타고난 결함이다. 환경연합 사무국이 발표한 음료수 포장재의 환경성 연구보고서를 살펴보면, 캔의 이런 결함은 원료인 알루미늄 때문만이 아니라 무엇보다 일회용 포장시스템의 원칙 때문에 발생한다. 음료수 포장재가 알루미늄이냐 함석이냐 아니면 플라스틱 페트병이냐 혹은 유리병이냐는 아무 상관없다. 일회용 용기는 자원낭비나 온실효과 그리고 토지 산성화 문제에서 재사용시스템 용기보다 분명히 못하다. 환경의식이 있는 소비자라면 항상 재사용 포장재를 사용해 환경을 보호할 것이다.

그런데 알루미늄 캔이라고 해서 재사용 포장재로 바뀌지 말라는 법이 있는가? 음료수 캔 제조회사들도 이런 질문을 던진다. 재사용만이 캔의 이미지에 가장 큰 타격을 주는 문제를 떨쳐버릴 수 있기 때문이다. 캔 제조회사인 발Ball의 울만B. Ullmann은 업계의 이런 시각을 다음과 같이 설명한다. "시장에서 계속 살아남기 위해 우리는 규칙적으로 우리가 짠 전략의 근거를 따집니다." 아마 당시 논의되었던 것은 나선형 병뚜껑 홈이 새겨진 병 모양의 캔이나 '백 인 캔bag in can' 개념, 즉 마시고 난 다음에 다시 사용하도록 교체용 비닐봉지가 들어 있는 캔이었을 것이다. 울만은 또 말한다. "하지만 이 계획은 다시 금방 취소되었습니다. 이것들이 기술적으로나 경제적으로 그리고 생태학적으로 만족할 만 하다는 확신을 주지 못했기 때문입니다." 이것은 캔 제조업계의 견해였다.

울만의 설명에 따르면 텅 빈 상태에서도 내구성을 유지하려면 재사용 캔의 벽은 더 두꺼워야 하는데, 그러면 캔 값이 더 비싸진다. 또 재사용 캔을 세척하려면 화학약품이 많이 드는데 이것은 생태학적으로 좋지 않다. 결국 울만은 재사용 캔을 사용하면 일회용시스템이 소비자나 상인들에게 주는 여러 가지 장점들이 사라지게 될 것이라고 생각했다. "이것을 감수할 수는 없습니다. 이것에 비하면 일회용 용기나 재사용 용기가 환경에 미치는 영향 같은 것은 우리에게 별 의미가 없습니다." 그도 지역 특산품을 그 지역에서 소비하는 경우에는 재사용 병이 더 좋다는 것을 인정한다. 그러므로 뮌헨 사람들은 바이에른 맥주를 병으로 마셔야 한다. 생태학적으로 보면 이것은 좋은 일이다. 하지만 함부르크 사람들이 바이에른 맥주를 마시고자 한다면, 캔이 더 좋은 용기가 된다. 아주 먼 거리를 운송해야 하기 때문이다. 이유야 어떻든 이 모든 것을 결정하는 것은 어쨌든 소비자다.

하지만 이제 소비자의 행동은 전혀 예측할 수 없다. 최소한 음료수 캔처럼 논란거리가 되는 상품에서는 말이다. 캔이 누리고 있는 감정적 부가가치는 소비자로 하여금 감정을 완전히 배제하고 상품을 바라보지 못하게 한다. 어떤 사람에게 캔은 단순히 낭비의 상징이지만, 다른 사람들은 이것을 포장재의 블루진이라고 본다. 보드카 회사인 스미르노프Smirnoff도 이런 사실을 알고 이것을 광고에 이용한

다. 스미르노프 아이스 캔을 홍보하기 위해 이 회사가 2003년에 만
든 광고는 분명히 10대와 20대 그리고 블루진 문화에 대한 향수를 가
진 사람들을 목표로 설정했다. 이 회사는 "알루미늄은 소중한 자원
이다. 현명하게 사용하자."는 글귀를 광고판에 큰 글씨로 써 넣는다.

　　이 광고판에서 또 볼 수 있는 것은 현명한 소비와 이보다 덜 현
명한 소비의 예다. 알루미늄으로 된 접이식 자전거가 낭비적 이용의
예라고 한다면, 스미르노프를 담고 있는 날씬한 알루미늄 캔은 합리
적인 사용을 대표한다. 이 보드카 회사가 소비자의 냉소로 인해 젊은

층의 마음을 전혀 얻지 못하자, 아이러니하게도 캔을 꾸밈없고 전복적인 라이프스타일의 상징으로 이용한다.

최종적으로 남는 것은 다음과 같은 확신이다. 소중한 원자재 알루미늄을 어떻게 다룰 것인가를 결정하는 것은 쇼핑카트를 끌고 다니며 상품 구매를 결정하는 소비자다.

Chapter 2

알루미늄, 인류의 신뢰를 얻기까지

건축가이자 디자이너인 판 데어 로에Ludwig Mies van der Rohe는 1956년 다음과 같이 말했다. "알루미늄의 위험성은 이것을 가지면 원하는 대로 모든 것을 할 수 있으며, 정말 그 한계가 없다는 것이다." 알루미늄으로는 사실상 거의 모든 것을 만들 수 있다. 알루미늄은 가볍고 유연하며 잘 부식되지 않고 열과 전기의 전도율이 탁월하다. 그리고 다른 금속과 결합해 알루미늄의 여러 특성이 계속 최적화될 수 있다. 디자이너와 설계사들은 주조, 압연, 절곡, 펴거나 늘이는 방법으로 크게 힘들이지 않고서도 알루미늄을 거의 모든 형태로 만들 수 있다. 알루미늄의 외관도 솔질하거나 광을 내거나 인쇄하거나 색깔을 입히는 방법으로 얼마든지 변화시킬 수 있다.

이처럼 다양하게 형태를 바꿀 수 있다는 것과 아름답게 변형시킬 수 있다는 점은 판 데어 로에가 알루미늄을 건축 재료로 선택하는 데 걸림돌로 작용했는지 모른다. 하지만 이것들은 알루미늄의 성공을 결정해 준 중요한 특성이다. 알루미늄은 천의 얼굴을 가지고 있어 다양한 형태를 표현할 수 있으며, 생활용품과 건축, 교통 등 거의 모든 분야에 이용된다.

이렇게 다양하게 사용되다보니 알루미늄은 여러 가지를 상징한다. '미래의 금속'이라는 알루미늄의 이미지는 과학기술의 발전이나 현대적인 라이프스타일을 상징하기도 한다. 또 젊은 소비자들에게 알루미늄은 규범을 완전히 전복하지는 않지만 최소한 그에 얽매이지 않는 삶을 상징한다. 뉴욕 현대예술 박물관의 파올라 안토렐리Paola Antonelli는 알루미늄은 우리 시대를 상징하는 재료이지, 여러 얼굴을 가진 금속이라 말한다.

하지만 알루미늄이 늘 이런 평가를 받았던 것은 아니다. 오늘날 우리에게 자명해 보이는 것도 엄청난 저항에 부딪쳐 극도로 힘든 과정을 겪어야 했던 시절이 있었다. 이 재료를 문화적으로 받아들이기까지 적지 않은 시간이 걸렸으며, 관련 기업의 끊임없는 관심과 노력이 있었다. 초기에 알루미늄은 대중에게 잘 알려진 금속이 아니었다. 1890년대 후반부 용해된 금속을 전기분해하는 기술을 해외에서 도입하며 알루미늄 대량생산이 가능하게 되었다. 하지만 수요가 별로 없어 수지타산이 맞지 않았다. 이 재료를 이용할 만한 곳이 부족했다. 즉 알루미늄만을 꼭 사용해야하는 분야가 아직 없었다.

알루미늄이 재료로 독자성을 갖기까지는 수십 년이 걸렸다. 이전까지 알루미늄은 종속된 금속, 기껏해야 다른 재료의 역할을 대신하거나 보충하는 재료로만 여겨졌다. 초기에는 알루미늄의 특성이 다양하다는 것이 단점으로 작용했다. 무분별하고 아무 생각 없이 이 재료를 아주 여러 분야에 사용하게 만들었기 때문이다. 이처럼 부적절한 사용으로 인해 알루미늄은 종잡을 수 없으며, 가공하려면 당시 아무도 사용하지 않았던 특별한 기술이나 지식이 있어야 한다는 잘못된 소문이 돌기도 했다. 이렇게 보면 초기에 많은 소비자들이 알루미늄을 거부한 것도 이해된다. 20세기 중반이 되어서야 알루미늄에 대해 넓게 퍼진 불신과 거부감은 호감으로 바뀌게 된다.

그러므로 알루미늄의 출현은 순조롭지도 일률적으로 이루어지지도 않았다. 비교적 좋은 특성을 갖고 있었지만 알루미늄은 20세기가 한참 지나갈 때까지도 우월한 지위를 차지하지 못했으며, 대리 보충 재료라는 종속적 역할에만 머물렀다. 이제부터 이야기하려는 알루미늄 보급의 역사는 다층적이며 복잡하다. 그리고 단순히 기술, 경제, 정치적 요인에만 의존하는 것이 아니라 문화적 환경에 의해서도 강력하게 규정된다.

무가치한 재료

점토로 은을 만든다는 동화

불길한 징조였던가? 1855년 파리 국제 박람회에서 이 새로운 금속을 처음 관람했던 사람들은 굉장히 실망했다. 은색 알루미늄의 거대하고 인상적인 구조물을 상상했던 기대와 달리 작고 볼품없는 알루미늄 봉 12개만 전시되었고, 그것도 아주 값 비싼 도자기 그릇과 크리스털 컵 사이에 가려 눈에 띄지도 않았기 때문이다. 당시 봉 12개의 무게는 모두 합쳐 1킬로그램 정도였다.

그래도 유명한 은세공사 크리스토플레Christofle가 만든 알루미늄 포크처럼 알루미늄으로 된 도구들을 가정집 식탁에서 볼 수 있었다. 알루미늄 크로노미터나 천칭의 팔 등은 이 금속이 정확성을 요구하는 측정도구의 재료로 알맞다는 것을 보여준다. 하지만 화학기술의 발전에 관한 연감을 쓴 어떤 저자가 조롱조로 요약한 것처럼 지렛대로 지구를 들어 올릴 발명품의 재료로는 충분하지 않았다.

1년 전만 하더라도 상황은 전혀 달랐다. 프랑스의 화학자 앙리생 끌레르 드빌Henri Sainte-Claire Deville의 연구에는 늘 찬사와 감동이 따라다녔다. 그는 금속산화물을 실험하면서 주로 알루미늄 연구에 집중했다. 물론 그가 알루미늄을 발견한 것은 아니다. 이 업적을 이룬 사람은 덴마크의 화학자이자 물리학자인 한스 크리스티안 외

앙리 생 끌레르 드빌(왼쪽 1818–1881)은 1854년 최초로 알루미늄을 기술적으로 제조한다.
© Foto Deutsches Museum

프리드리히 뵐러(오른쪽 1800–1882)는 1845년 최초로 순수 알루미늄을 합성하는데 성공한다.
© Foto Deutsches Museum

르스테드Hans Christian Oersted인데, 그는 주로 전자기 현상을 이용해 연구했지만 알루미늄이라는 물질을 완전히 발견하지는 못했다. 그 대신 그는 독일의 화학자 프리드리히 뵐러Friedrich Wöhler에게 이 실험을 계속해 줄 것을 부탁한다. 이 새로운 금속의 화학적 물리적 특성이 아직 연구되지 않았기 때문에 이 연구는 모든 화학자들에게 흥미로운 과제였다. 그래서 뵐러는 그 기회를 잡았으며, 외르스테드의 방법을 계속 발전시켜 1827년 회색 가루를 분리해 냈다.

뵐러는 전문학술지인 〈물리학과 화학 연감〉에 이 회색 가루는 특히 태양 아래에서 자세히 관찰해 보면 아주 작은 금속 박편으로 이루어진 것처럼 보인다고 썼다. 이것이 알루미늄이다.

물론 뵐리기 손에 쥔 아주 적은 양의 금속 알갱이만으로는 알루미늄의 특성을 완전히 밝히기에 부족했다. 최소한 핀 머리만한 크기의 덩어리 알루미늄 몇 개가 필요했다. 뵐러는 알루미늄 연구를 오랫동안 중단하다가 1845년에야 비로소 고심 끝에 연구해 낸 제조방법으로 조그만 알루미늄 덩어리를 얻게 된다. 이것으로 뵐러는 알루미늄의 비중을 확정하고 유연성을 검사한다. 하지만 알갱이를 얻는 과정이 힘들어 연구를 계속하지 못했다.

드빌의 연구는 이 새로운 금속을 단번에 각광 받게 만들었다. 뵐러의 실험을 알고 있었던 드빌은 지금 보면 가소로울 정도의 양이지만 그 당시 작은 알갱이에서 이 정도나마 알루미늄을 얻어낸다는 것이 얼마 어려운 것인지 잘 알고 있었다. 그는 원칙적으로 뵐러와 동일한 방법을 사용했지만, 그와는 달리 매우 순수한 물질을 사용했고, 아주 많은 양의 알루미늄 덩어리를 제조했다. 드빌에게는 이 덩어리의 크기가 가장 중요했다. 사업 감각이 탁월했던 그는 알루미늄과 알루미늄의 특성을 연구하는 데 모든 것을 바쳤다.

그는 3번이나 파리의 과학 학술원에 자신의 연구내용을 보고했다. 1854년 2월에 있었던 첫 강연에서 그는 이 금속의 특징을 대략 설명하며 환상적인 비전을 제시했다. 하얀색이며 은처럼 변하지 않고, 공기 중에서도 검게 물들지 않는 금속, 잘 녹는 동시에 망치로 때려서 늘이거나 또 일정한 모양으로 성형 가능한 금속, 강도가 센 금속, 유리보다 더 가벼운 금속, 이런 금속은 분명히 쓰임새가 많을 것이라고 설명했다. 그는 이 금속을 쉽게 얻을 수만 있다면 이용할 곳은 얼마든지 있을 것이라는 말로 강연을 마쳤고, 그로인해 알루미늄은 돌풍을 일으켰다.

그 다음으로 드빌이 생각한 것은 알루미늄을 산업적으로 생산해 내는 것이었다. 신문은 이와 연관된 그의 연구를 야단법석을 떨며 보도해 사람들로 하여금 이 기적의 금속이 어떻게 될 것인지 그리고 어디에 사용될 것인지 큰 기대를 갖게 했다. 이 금속은 곧 다른 모든 금속을 능가할 것 같았다. 너무 과장되고 너무 성급한 칭찬이 사방에서 쏟아졌으며, 지금 우리가 알루미늄의 별명으로 널리 부르고 있는 '점토로 만든 은'에 대해 말도 되지 않는 환상적 이야기가 많이 나돌았다.

신문이 이처럼 과장된 반응을 보이는 것을 멀리서 듣고 마음이 언짢았던 뵐러는 자신의 알루미늄 연구가 무관심 속에 묻히고 있다고 생각했다. 그는 1854년 5월 19일 친구이자 동료인 유스투스 폰 리비히Justus von Liebig에게 "이번 일을 계기로 우리 독일 사람들이 외국에서 온 것만을 가치 있게 생각한다는 것을 다시 알게 되어 유감이네."라고 편지를 썼다. 하지만 같은 분야의 전문가들 역시 알루미늄에 대한 뜨거운 열기에 감염되어 있었다. 당시 프랑스에서 가장 유명했던 화학자 장 밥티스테 뒤마Jean Baptiste Dumas가 그 예다. 1년 후 뵐러는 리비히에게 뒤마도 드빌의 연구를 높이 평가하고 있다고 썼다. 심지어 그는 알루미늄의 발견을 전기도금법이나 전보와 견줄 만한 당대 위대한 업적이라고 추켜세웠다고 한다.

그렇기 때문에 사람들은 1855년 파리 세계박람회에 전시될 물건을 설레는 마음으로 기다렸던 것이다. 그런데 조그만 알루미늄 봉 12개와 몇 개의 보잘 것 없는 물건을 보고 불꽃처럼 타올랐던 찬사는 무덤덤한 실망으로 돌변했다. 분노한 몇몇 사람은 심지어 드빌을 야바위꾼이나 떠버리 장사꾼이라고 매도하기까지 했다. 당시 화학 전문잡지가 이 사건을 다룬 것을 살펴보면, "알루미늄은 지난 해 많은 인기를 끌었지만 파리 세계박람회는 이제 점토로부터 은을 만든다는 동화를 끝내게 만들었다."고 적혀 있다. 알루미늄이 공식적으로 자신의 모습을 보여주어야 할 순간에 속임수가 탄로 났으며, 예전에 알루미늄에 대해 들었던 이야기는 모든 것을 너무 쉽게 믿어버리는 대중의 책임이라는 것이다.

귀하지 않은 귀금속

프랑스 황제가 보여준 관심도 대중의 언짢은 기분을 달래지 못했다. 기술력 있는 기업가들을 후원한 것으로 유명한 나폴레옹 3세는 알루미늄이 군수품으로 안성맞춤이라는 것을 한 눈에 알았다. 이 가벼운 금속을 사용하면 철모나 갑옷, 기마대의 박차, 군복의 단추, 칼자루의 중량을 현저하게 줄일 수 있을 것 같았다. 그래서 드빌과의 면담에서 프랑스 알루미늄 산업을 촉진시키기 위해 직접 자금을 지원할 용의가 있다고 선언했다. 물론 이 통치자의 선견지명은 20세기가 되어서야 완전히 증명되었다. 두 번의 세계대전에서 알루미늄은 중요한 역할을 하며 전쟁에 꼭 필요한 금속으로 자리매김했다. 하지만 19세기에 이 금속의 군사적 중요성은 미미했다. 알루미늄은 주로 군인들의 식기나 포크로 이용되거나 아니면 수통의 재료 정도로 쓰였다.

황제가 준 지원금으로 드빌은 1855년 초에 파리 근처 자벨Javel의 화학공장 부지에 세계 최초로 알루미늄을 산업적으로 생산하기 위한 실험시설을 세운다. 몇 달 후 그는 자신의 생산방법이면 알루미늄을 더 많이 생산할 수 있겠다고 생각했다. 그는 루소Rousseau 형제와 함께 파리에서 멀리 떨어지지 않은 라 그라시에르La Glacière에 화학공장을 세우고 알루미늄 생산에 들어갔다. 1856년에 태어난 왕자에게 선물로 바쳤던 딸랑이 장난감의 재료가 된 금속도 아마 이 공장에서 만들었을 것이다. 이 유아용 장난감은 알루미늄으로 만든 최초의 물건일 것이다.

마이클 패러데이Michael Faraday, 레옹 푸코Léon Foucault, 루이 파

스퇴르Louis Pasteur 외에도 많은 과학자들이 라 그라시에르를 방문해 이 새로운 재료와 드빌의 생산방법에 깊은 인상을 받았다. 이로써 드빌의 생산방식은 다시 세계적으로 인정받게 된다. 1857년 드빌은 공장을 낭테르Nanterre로 옮겨야 했다. 염소연기가 유출되자 공장 주변에 살았던 라 그라시에르 주민들이 민원을 제기했기 때문이다. 낭테르 공장의 하루 알루미늄 생산량은 2킬로그램이었고, 1년에 겨우 몇백 킬로그램 수준이었다. 하지만 1859년 공장을 또 이전해야했을 때는 생산량이 꾸준히 늘어난 상태였다.

드빌이 1854년에서 1857년 사이에 개발하고 그 후 약간 변경시킨 생산방식은 알루미늄 생산의 고전적인 방식으로 간주된다. 이것은 1889년까지 공장에서 알루미늄을 생산하는 유일한 방식이었다. 그 후 알루미늄 생산이 전 세계로 확대된 현재까지도 전기분해 방법만 이용된다. 드빌은 원료로 알루미늄클로리드를 이용했지만 뵐러와 달리 여기에 혼합할 환원제로 칼륨이 아니라 나트륨을 써서 금속성 알루미늄을 얻어냈다. 칼륨은 나트륨보다 훨씬 더 비싸고 다루기도 힘들기 때문에 이 처리 방법은 알루미늄 생산과정에서 비용을 줄일 수 있게 해주었다. 원래 킬로그램 당 200프랑 하던 생산비용이 60프랑까지 떨어졌다.

이런 획기적인 비용절감은 알루미늄 생산원가에도 뚜렷하게 반영되었다. 1854년 알루미늄 생산원가는 킬로그램 당 3천 프랑에 달해 금의 생산원가만큼 비쌌다. 하지만 드빌이 생산방법을 개량하고 합리화시킬수록 제조원가도 그만큼 더 떨어졌다. 1856년 초에 킬로그램 당 1천 프랑이었지만, 같은 해 가을에는 300프랑이나 가격이 떨어졌다. 화학적으로 보면 알루미늄은 귀한 금속이 아니지만, 가격으로만 보면 늘 귀금속이다. 그래서 1859년까지만 해도 알루미늄은 은보다 더 비싼 금속이었다. 1860년 이후에야 비로소 알루미늄 가격은 킬로그램 당 130프랑으로 안정된다. 이 가격은 은 제조원가의 절반에 해당된다. 그래도 일상 용품의 재료로 쓰기에는 너무 비쌌다.

1859년까지 알루미늄은 고가의 맞춤형 제품이나 귀중품에만 사용될 정도로 아주 귀하고 비싼 금속이었다. 알루미늄은 금이나 은처럼 전통적인 귀금속을 대신하거나 이 금속과 함께 사용되었다. 당시 부유층에게 알루미늄은 현재 백금과 같은 것이었다. 고급스러우면서도 누구나 가질 수 없다는 배타성은 아무나 범접할 수 없는 아우라를 만들어 내면서 매우 비싼 금속이라는 인식을 심어주었다.

물론 가격이 눈에 띄게 떨어진 1860년 이후에는 상류사회의 관심을 끌지 못했으며, 점점 무대장식이나 패션 장신구의 소재로 이용되었다. 알루미늄은 이제 공예 분야에 자리 잡는데, 19세기 후반부에 유행했던 공방 공예품 재료로 이용되었다. 컵, 비스킷 통, 접시, 소금 통, 술잔뿐 아니라 서민들의 장신구도 점점 알루미늄으로 만들었다. 동합금인 알루미늄청동구리 90퍼센트에 알루미늄 10퍼센트 합금으로 성배나 십자가상 같은 예배용품도 만들었다.

1867년 파리 세계박람회에서는 공예품 외에도 오페라글라스, 망원경, 여러 가지 식기류, 금속판이나 압연, 성형, 단조 된 물건 등 수많은 알루미늄 제품이 출품되었다. 물론 이 박람회에 관한 보고서는 알루미늄 매출이 원래 기대에 훨씬 못 미쳤다고 밝히고 있다. 가격이 비교적 비싸기 때문에 황실 근위대의 깃대를 장식한 독수리 문장이나, 나폴레옹 3세가 덴마크 왕에게 선물한 사열식용 투구를 제외하면 이 금속은 군수용으로도 적당하지 않았다. 그리고 알루미늄은 부엌에서도 사용되지 않았다. 그러면 이 금속으로 무엇을 해야 할까? 이것은 어떤 목적에 맞을까?

쥘 베른이 1865년 출판한 공상과학 소설 〈지구에서 달로〉에서는 우주비행사들이 알루미늄으로 만든 수류탄 모양의 둥근 우주선을 타고 떠난다.
Jules Verne의 소설〈Autour da la Lune〉(1872)에 실린 사진 발췌

알루미늄의 최고 장점이 가벼움이라는 것은 분명했다. 이런 성질이 알루미늄에 대한 환상을 다시 불러일으켰다. 그리고 환상은 쥘 베른Jules Vernes의 장점에 속하기도 한다. 이 프랑스 공상과학 소설가는 자연과학과 기술에 특별한 관심을 보였으며, 스스로를 과학적 지식을 주는 소설가라고 자부했다. 1865년에 발표한 소설 〈지구에서 달로〉에서 그는 알루미늄에 특별한 가치를 부여한다. 멀리 떨어진 달까지 날아기야 할 발사체는 알루미늄으로 만든 둥근 수류탄 모양이었고 중량은 19.250파운드였다.

베른과 마찬가지로 프랑스인 엔지니어 구스타프 퐁통 다므꾸르 Gustave Ponton d'Amecourt 역시 알루미늄으로 비행기를 만들겠다는 생각을 했다. 비행클럽 회원이기도 했던 퐁통 다므꾸르는 1863년 대부분을 알루미늄으로 만든 증기헬리콥터 모델을 만든다. 하지만 유감스럽게도 그는 비행에 성공하지 못했다. 이 소형 헬리콥터는 단 몇 초 동안만 공중에 떠 있다가 땅으로 곤두박질쳤다. 이것은 알루미늄 때문이 아니라 추진력이 너무 약했기 때문이다. 미국의 야금사이자 알루미늄 전문가인 죠셉 리차즈Joseph W. Richards도 이 금속이 언젠가는 하늘을 날 것이라고 단언했다. 알루미늄에 관한 수많은 논문을 쓴 리차즈는 1896년 다음과 같이 예언한다. "항공 항법술의 문제만 만족스럽게 해결된다면, 우리는 알루미늄이 비행기에 아주 많이 이용될 것이라고 기대한다." 20세기 항공기의 비약적인 발전은 리차즈의 예언이 옳았다는 것을 증명해 준다. 비행선, 항공기, 헬리콥터, 로켓 할 것 없이 모든 곳에 알루미늄이 사용된다.

알루미늄이 빠른 시간에 확고한 기반을 잡는 데 가장 큰 장애물은 비싼 가격일 것이라는 리차즈의 확신은 입증되지 않았다. 1866년 수용액 전기분해 방식의 등장으로 알루미늄 가격이 저렴해 졌는데도 매출은 계속 정체되었기 때문이다. 어쨌든 그 당시는 리차즈의 견해가 대세였다. 드빌은 물론이고 다른 동료들도 이 의견에 기대고 있었다. 1867년 드빌은 다음과 같은 견해를 피력했다. "언젠가 아주 싼 가격에 원석으로부터 알루미늄을 추출해 낼 방법과 수단을 찾아낸다면, 알루미늄은 세상에서 가장 일상적으로 사용되는 금속이 될 것이다."

드빌은 1881년 죽을 때까지 알루미늄을 저렴하게 생산하는 방법을 찾아내는 데 골몰했고 생산방식을 계속 개량하고 합리화하며 이 금속의 가격을 낮추었다. 예를 들면 그는 1860년대 초반 이래로 그린란드에서 나온 광물 빙정석氷晶石을 용해제로 사용했는데, 이것이 알루미늄의 생산량을 현저하게 높였다. 살랭드르Salindres에서 한 이 작업은 1875년 값 싼 원료인 보크사이트를 이용하게 하는 계기가 되었다. 보크사이트 원석은 프랑스 남부 지방의 소도시 레 보Les Baux에서 나오며, 보크사이트라는 명칭도 이 도시 이름에서 따왔다. 계속된 연구개발로 1889년 살랭드르에서 만든 알루미늄 생산원가는 킬로그램 당 61프랑으로 떨어졌다.

이와 나란히 1880년대에는 영국과 독일에서도 드빌의 화학 생산방식을 개선시킬 제안을 속속 내놓았다. 이를 토대로 새로운 공장이 들어섰는데, 1882년 크라운 금속Crown Metal Company이라는 영국 알루미늄 회사가 버밍햄Birmingham의 헐리우드Hollywood에서 창립되며, 1885년 독일 최초의 알루미늄 공장인 헤멜링엔Hemelingen 화학알루미늄 공장도 문을 열었다. 물론 이 공장들은 성공하지 못하고 몇 년 후 다시 문을 닫는데, 그것은 1889년 연간 생산량이 3천 킬로그램에 달했던 살랭드르 공장의 생산규모만으로도 서구 세계의 알루미늄 총 수요를 감당하고 남았기 때문이다. 모자랐던 것은 알루미늄 생산량이 아니라 알루미늄을 소비할 안정된 시장이었다.

문제없는 해결

찰스 마틴 홀과 폴 에루가 각자 독자적으로 전기분해를 이용한 알루미늄 제조법을 고안했을 때, 이들은 알루미늄을 파는 문제는 전혀 생각하지 않았다. 두 연구자는 이 금속을 특별히 어느 분야에 이용하겠다는 생각을 하지 않았으며, 단지 실험하며 험프리 데이비나 다른 연구자들이 전기분해 방식으로 알루미늄을 얻고자 했던 노력을

찰스 마틴 홀(왼쪽, 1863-1914)과 폴 에루(오른쪽, 1863-1914)는 1886년 각자 알루미늄을 경제적으로 얻어낼 수 있는 전기분해법을 개발한다.
미국 철강 협회에서 발행한 잡지 〈Matallurgical Classics〉 62집(1969), 1062쪽과 1068쪽에서 발췌

계속 이어가고자 했을 뿐이었다. 데이비는 이미 1809년에 명반황산 알루미늄 용액으로 전기를 끌어들여 알루미늄을 분해해 내려고 시도했다. 명반은 고대 그리스시대부터 알루미늄염 혼합물로 불렸으며, 수 세기 전부터 무두질 원료나 피부와 점막을 수축시키는 수렴제나 지혈제로 거래되고 있었다.

　1809년 데이비가 전기분해로 알루미늄을 생산하는 데 성공하지는 못했지만, 당시까지만 해도 순전히 가설로만 존재했던 이 금속에 알루미늄이라는 이름을 부여했다. 그는 이 이름을 명반을 뜻하는 'Alaun'의 라틴어 명칭인 'Alumen'에서 따왔다. 당시 그의 실험이 실패했던 이유는 전원으로 사용했던 배터리의 성능이 좋지 않았기 때문이다. 비록 실험이 실패로 끝났지만, 세기말에 홀과 에루에게 세계적인 명성을 안겨주었던 수용액 전기분해방식을 그는 이미

1809년에 최초로 사용한 것이다.

19세기 후반 여러 나라의 연구자들은 전기분해 방식으로 알루미늄을 분해하기 위해 데이비의 실험을 따라했다. 그 사이에 그는 화학적 방법으로 알루미늄염에서 알루미늄을 얻어낸 뵐러나 외르스테드에 의해 확고한 위치를 차지하게 되었다. 1850년대 이후 소규모 공장에서 알루미늄을 생산하게 했던 드빌 역시 이 화학적 방법을 채택했다. 이와는 반대로 알루미늄혼합물을 전기분해해 쪼개는 방법은 언제나 큰 도전이었다.

홀과 에루는 이 도전에 응했고, 실험에 완전히 빠져 있었으며, 화학문헌에 대해서도 대단히 박식했다. 1880년대에 값 싸고 성능이 뛰어난 배터리가 있었던 것은 이들에게 가장 큰 행운이었다. 홀과 에루에게 전기분해식 제조법 발견은 지적인 도전이었다. 1869년 특정한 사용목적에 따라 개발된 합성물질 셀룰로이드와는 달리 홀과 에루는 알루미늄을 특정한 곳에 사용하겠다고 생각하지 않았으니 말이다.

홀과 에루가 수용액 전기분해법을 한창 개발하고 있던 1886년 혁신적 엔지니어이자 기계공학과 교수였던 프란츠 뢸로Franz Reuleaux는 알루미늄의 시대는 이미 끝났다고 선언했다. 독일에서도 상당히 큰 반향을 일으켰던 초기의 열광도 그 사이에 완전히 식어버린 것 같았다. 사람들은 이 금속에 대해 거의 이야기 하지 않았으며, 새로운 사용방법이 실험되었다는 소식을 어쩌다 한번 신문에서 볼 뿐이었다. "이 세상에서 가장 순수한 용액, 땀에 의해서도 산화알루미늄으로 변질되는 이 금속에서 무엇을 기대할 수 있을까?"라고 뢸로Reuleaux는 빈정거렸다.

수용액 전기분해법이 개발될 시점에는 수요도 없었을 뿐더러 알루미늄에도 결함이 많았다. 홀과 에루는 그들이 개발한 생산방법을 산업화하기 위해 마땅한 투자자를 알아보아야 했다. 투자에 참여한 사람들은 곧장 두 배 내지 세 배의 이익을 올릴 것이라고 기대했다. 이들은 알루미늄 생산회사, 알루미늄을 생산할 기계의 납품회사, 전기분해에 필요한 전기를 공급할 전기회사의 경영자나 소유주였다. 1888년 스위스의 노이하우젠Neuhausen과 미국의 피츠버그에서는 전기분해 방식으로 알루미늄을 분해해 내는 알루미늄 공장이 세계 최초로 문을 열었다. 이곳에서는 전기 가마가 쉴 새 없이 가동되었다. 만약 이 가마가 멈춘다면 가마 속의 용해물이 딱딱하게 굳어버리기 때문이었다. 가마를 멈추지 않고 생산하다 보니 아주 귀한 금속을 말 그대로 대량생산하게 된다. 1892년 스위스 알루미늄 주식회사AIAG에서는 하루에 알루미늄 약 500킬로그램을, 피츠버그 공장에서는 매일 300킬로그램을 생산했다.

무엇이든지 시작하는 것은 힘들다. 그런데 알루미늄의 경우 아이디어와 그것을 성공적으로 실현하는 것 사이의 문턱이 특히 높았다. 후에 칼 퓌르스텐베르크Carl Fürstenberg는 자서전에서 자신이 추진했던 연구개발 프로젝트 가운데 알루미늄만큼 어렵게 시작한 것은 없었다고 회고했다. 은행원이었던 퓌르스텐베르크는 스위스 알루미늄 주식회사의 금융지원을 담당했기 때문에 이 금속의 시장상황을 매우 잘 알고 있었다.

그래도 홀과 에루의 생산방법은 특허권이 설정되었기 때문에 노이하우젠과 피츠버그 사람들은 다른 경쟁자를 걱정할 필요가 없었다. 초기의 기술적 문제도 새로운 일을 시작할 때면 누구나 겪는 평범한 어려움일 따름이었으며, 불모지나 다름없는 산업 분야였는데도 빠르게 정리되었다. 1889년 6월, 홀은 사업 파트너인 피츠버그

리덕션 컴퍼니Pittburgh Reduction Company에 공장 운영은 순조롭지만 매출은 형편없다고 보고했다.

소비자들은 이 금속을 어떻게 사용해야 할지 몰랐던 것 같다. 더 심각한 문제는 많은 사람들이 알루미늄을 만화책의 주인공 '빅 가이 big guy'[9]처럼 우스꽝스러운 물건으로 생각하고 있었다는 것이다. 미국의 알루미늄 총 소비량이 겨우 1천 파운드도 되지 않는다는 사실을 소비자들이 알고 있었다면, 그들의 생각이 옳았을 지도 모른다. 스위스의 노이하우젠에서도 이와 유사한 문제로 골몰하고 있었다. 스위스 알루미늄 주식회사 기술이사인 마르틴 킬리아니Martin Kiliani 는 이미 1890년 회사 안내책자에 쟁반과 맥주잔, 오페라글라스, 악기 등 알루미늄의 다양한 사용 예를 소개하고 있다. 물론 이 목록 마지막에 가서 킬리아니는 알루미늄의 용도를 적은 이 리스트가 아직 완전한 것은 아님을 솔직하게 인정하고 있다. 소비자뿐 아니라 생산자도 알루미늄으로 무엇을 할 수 있을지 몰라 난감해 하고 있었다.

노이하우젠과 피츠버그 공장 가마 앞에는 알루미늄 제고가 탑처럼 높이 쌓여 갔다. 이따금 4-6주까지 물건을 하나도 팔지 못한 적도 있었다. 이 신생 산업을 구원한 것은 강철 회사였다. 알루미늄은 철광석을 녹여 철물을 만들 때 예기치 않게 생기는 산소酸素를 끌어들여 결합하는 성질이 있어 알루미늄을 대량으로 구매해 강철 생산의 보조재로 사용했기 때문이다. 1892년 발간한 전문 잡지 〈프로메테우스Prometheus〉에서 전 세계에서 생산되는 알루미늄의 거의 절반이 강철 산업에 들어가고 있다는 기사를 읽을 수 있다.

---

9) 'Big Guy and Rust the boy Robot'은 Frank Miller와 Geof Darrow가 쓴 만화책 텔레비전 애니메이션 시리즈의 시초다.

난관돌파의 장애물

그런데도 1890년대 초 알루미늄 수요는 여전히 생산량에 훨씬 못 미쳤다. 스위스 알루미늄 주식회사는 제품 가격을 제조 원가 밑으로 할인하는 등 사력을 다해 판매량을 늘이려고 노력했다. 구리와 아연, 강철, 나무 등 이미 확고한 점유율을 차지하고 있었던 저렴한 자재들은 알루미늄보다 더 강력한 경쟁력을 확보하고 있었다. 전략은 분명했다. 특별히 알루미늄만 필요로 하는 곳이 없었기 때문에 가능한 많은 시장을 뚫고 들어가 그곳에서 전통적인 재료들을 대체해야 했다.

이 시장 쟁탈전에서 알루미늄은 매우 불리했다. 사람들이 알루미늄의 물리적, 화학적 성질을 자세히 모르고 있었기 때문이다. 20세기에 접어든 지 한참 지난 뒤에도 알루미늄과 알루미늄 합금이 소금물, 산과 알칼리 용액, 혹은 알코올에 어느 정도 부식되는지 밝혀지지 않았다. 알루미늄의 정확한 전도율에 대해서도 전문가들의 견해가 달랐다. 이처럼 물질의 기본적인 특성에 대해서조차 명확하게 밝혀지지 않은 상황에서 다른 재료 대신 알루미늄과 알루미늄 합금을 쓴다는 것은 대단히 위험한 것이었다.

피츠버그 리덕션 컴퍼니의 사장인 알프레드 헌트Alfred H. Hunt도 이런 사실을 너무 잘 알고 있었다. 회사의 매출상황이 매우 나빴지만 그는 검증되지 않은 곳에 이 금속을 너무 성급하고 맹목적으로 사용하려는 것을 여러 번 경고했다. 하지만 아무도 그의 경고에 귀를 기울이지 않았다. 1890년대 초 조선기사들은 이 금속의 가벼움에 혹해 알루미늄을 경주용 요트와 프랑스 해군의 어뢰정, 그리고 독일 군함 건조에 사용한다. 1891년 취리히 호수에 떠 있는 '연풍Zephir'호를 보고 사람들은 경탄을 금치 못한다. 이 세계 최초의 알루미늄 배는 가벼움과 우아한 자태로 보는 사람들의 마음을 빼앗았다. 하지만 후에 이 배에 사용된 알루미늄−구리 합금은 바닷물에 버틸 수 없다고 판명되었다. 이 실패가 조선 기술자들에게 계속 나쁜 인상을 심어주어, 후에 바닷물에 적합하도록 내耐부식성을 개선한 알루미늄 합금이 시장에 나왔을 때도 이들은 알루미늄을 계속 피했다.

나이프와 포크, 스푼 등 고급 식사 용구를 알루미늄으로 만들어보겠다는 스위스 알루미늄 주식회사의 시도는 금전적으로는 큰 손해를 보지 않았지만 많은 조롱을 받았다. 첫 제품이 나오자마자 이 회사의 고위층은 고급스러운 분위기에서 새로운 스푼과 나이프, 포크를 선보이기 위해서 특별 고객들을 선발 초대해 노이하우젠의 고급 호텔인 벨뷔Bellevue에서 아침식사를 제공했다. 하지만 좋은 결과를 얻지 못했다. 포크가 딱딱한 아침식사용 베이컨이나 고기를 찍을 정도로 강도가 세지 않아 비참하게 구부러졌기 때문이다. 나중에 나온 식사 용구와는 달리 처음 제품은 순수 알루미늄으로만 만들었기 때문이다. 이것은 식사용으로 쓰기에는 탄성이 너무 강했고, 강도도 너무 약했다. 일기에 이 에피소드를 기록한 칼 퓌르스텐베르크에 따르면, 스위스 알루미늄 주식회사는 초기에 알루미늄을 사용할 곳을 찾으려고 노력하는 과정에서 이처럼 여러 번 실패를 맛보았다. 예를 들어 어렵게 알루미늄 술잔을 만들었지만 나중에 이것이 알코올에 내구성이 없다는 것이 드러나 실패한 사례도 있다.

알루미늄을 가공하는 것 역시 초기 단계에서는 문제였다. 알루미늄을 붓거나 압연하거나 단조할 때 전혀 예기치 않았던 문제들이 터졌다. 알루미늄을 다루는 데 있어서 충분한 실무경험을 가진 사람들도 적었다. 야금기술에 대해 지식과 경험이 풍부한 전문가들조차도 알루미늄에 관해서만은 입을 다물었다. 다른 금속의 가공방법을 여기에 단순히 적용할 수 없었기 때문이다. 더욱이 알루미늄을 가공하는 데 필요한 특수한 도구조차도 없었다. 예를 들면, 알루미늄합금 작업에는 열가공용 특수화로가 필요한데, 이것이 아직 널리 보급되지 않았다. 또 다른 문제는 용융금속을 강철과 주철로 만든 주조형틀에 주입하는 중력다이캐스팅 과정에서 일어났다. 용융된 알루미늄과 그 합금이 주조형틀을 부식시켰다. 선반, 보링, 줄질, 절삭, 톱질, 대패질 작업 같은 연마가공도 문제였다. 알루미늄은 너무 약해 연마하면 엉망이 되기 때문이다.

알루미늄을 다루려면 전문가나 노동자 모두 교육이 필요했다. 하지만 그들은 교육을 받는 대신 오히려 이 새로운 물질을 거부했다. 1898년 미국에서는 스노퀄미폭포 전력회사Snoqualmie Falls Power Company의 전기를 시애틀이나 워싱턴으로 송전하는 데 알루미늄 전선을 사용하려는 대규모 계획이 수립되었다. 하지만 이 프로젝트는 구리만 전문적으로 다루는 전선 생산 회사들이 알루미늄이라는 새로운 재료를 전선으로 가공하는 것을 거부해서 좌초될 위기에 처했다. 다급해진 피츠버그 리덕션 컴퍼니는 알루미늄 전선을 자체 생산하기로 결심했다. 이것은 결코 쉬운 일이 아니었다. 전혀 예상치 못한 새로운 문제들이 계속 발생했기 때문이다. 우선 알루미늄 전선은 유연성이나 인장력이 충분하지 못했다. 강한 돌풍을 버티지 못했으며, 심한 결빙이나 서리에 대한 내구성도 갖추지 못했다. 이런 문제들은 심芯은 강철로 제작하고, 6번 감은 피복전선은 알루미늄으로 만든 강철알루미늄으로 해결되었다.

하지만 알루미늄 도입에 기술적인 문제만 있는 것은 아니었다. 문화적 요인이나 입장도 중요했다. 새로운 것에 대한 일반적인 불신과 선입견, 모험을 하지 않으려는 태도, 변화를 싫어하는 습관과 나태함이 알루미늄 보급을 막았다. 재료를 교체하려고 할 때면 늘 여러 가지 난관과 실패를 각오해야 한다. 문제는 새로운 대체 재료가 아직 초기 개발단계에 있는 전혀 알려지지 않은 신물질이라는 것이다. 이런 문제들은 이 재료를 파국으로 몰고 가지는 않았지만 나쁜 소문을 만들어냈다.

1890년대 알루미늄 제조회사들은 언제 어디서나 불신감과 회의적 태도 아니면 제품 소개를 빨리 끝내주었으면 하는 반응을 경험해야 했다. 새로운 재료를 위해 기꺼이 수업료를 내려 한 고객들은 거의 없었으며, 때문에 이 금속의 검사를 다른 업체에 떠넘기기를 원했다. 설사 아직 검증되지도 않은 이 재료를 사용하고자 하는 모험심 많은 회사가 있다 해도 거듭 실패를 경험하면서 용기를 잃고 다시 알루미늄 가공을 포기했다. "경쟁업체가 이것으로 성공을 거두었다는 소식을 들을 때까지 나는 다시는 알루미늄을 건드리지 않을 것이다." 알루미늄 가공에 실패한 사람 중 한 명이 분노에 차 내뱉은 한탄이다. 알루미늄에 대한 그의 태도는 완강한 거부감으로 변했다.

유럽에서 제일 먼저 알루미늄 대량생산을 두려워하지 않았던 스위스도 큰 어려움을 겪는다. 스위스의 많은 알루미늄 생산회사와 소비자들의 눈에 이 금속의 최대 결점은 너무 가볍다는 것이다. 그들에게 가볍다는 것은 튼튼하지 않은 것으로 간주되었다. 스위스의 중공업 회사는 이 저질 금속으로 만든 장비를 시험해 보는 것조차도 단호히 거부했다. 이처럼 차가운 반응에 국내에서 획기적으로 매출을 신장시켜 보겠다는 스위스 알루미늄 주식회사의 계획은 좌절되고 말았다. 독일 알루미늄 기업은 이보다는 더 성공을 거두고 있었다. 1차 세계대전이 발발할 때까지 독일은 알루미늄의 주요 구매국가였다.

물론 수입된 금속 대부분은 이곳에 남아 있지 않고 베스트팔렌 지방에서 식기로 가공되어 미국으로 수출되었다. 새로운 것을 받아들이는 데 좀더 개방적이었던 미국에서조차 알루미늄 사용을 가로막는 장애물은 습관의 힘이었다. 알루미늄이 바이올린이나 축음기의 확성기를 만드는 재료로는 그만이었지만, 이 제품은 계속 실패했다.

알루미늄 평판平板이 사용되기 시작한 것은 세기 전환기 때였다. 수요는 꾸준히 늘었으며, 라인강 지역이나 나이아가라 폭포 주변 지역의 알루미늄 제조회사는 생산설비를 확장했다. 다른 나라에도 공장이 들어섰다. 프로이센과 러시아 국방장관은 군대에 수통, 텐트의 쇠 장식 등을 알루미늄으로 만들라고 명령한다. 이 금속은 군대 취사장에서 민간 식당으로 그 쓰임새가 바뀌어, 차츰 일반 가정의 생활용품들을 정복해 나갔다. 1902년 미국 잡지 〈알루미늄 세계〉를 보면, 미국 제조회사들이 매일 알루미늄 빗 2만5천 개를 생산해 전 세계로 수출하고 있다는 내용이 있다. 비행기를 처음 개발한 선구자들과 자동차 회사도 이 금속을 시험해 보았다. 이제 알루미늄은 중요하고 탁월한 신기술 영역에 입성하기 시작했다.

20세기에 알루미늄이 성공가도를 달린 것은 경제, 정치적 조건과 새로운 사회 조류, 지각과 인식의 변화 덕분이었다. 두 번의 세계대전과 이로 인해 시행된 각종 규제와 강요가 알루미늄의 성공을 촉진시켰다. 1960년대 이래로 알루미늄은 양적인 측면에서 철 다음으로 가장 중요한 금속이 되었으며, 구리가 그 뒤를 이어 세 번째 중요한 금속이었다. 물론 알루미늄은 다른 금속을 대체하는 것뿐 아니라, 독자적인 재료로 가공될 수 있는 사용처를 찾아 대성공을 거둔다. 알루미늄의 정체성을 창조하는 데는 수많은 사람들의 노력이 숨어 있다. 제조회사, 가공회사, 판매회사, 디자이너, 건축가, 엔지니어, 소비자가 각자의 영역에서 알루미늄의 역할을 확고하게 만들었으며, 예전에 귀하고 값 비싼 사치품으로 여겼던 금속이 일반적으로 널리 사용되는 재료로, 또 전 세계적인 금속으로 성장하는 데 기여했다.

알루미늄으로 짓다

1978년 5년간의 공사 끝에 센트룸 백화점Centrum-kaufhaus이 완공되었을 때, 사람들은 동독에서 가장 매력적인 건물이라는 찬사를 쏟아냈다. '은색 주사위'라고 불린 이 건물에는 에스컬레이터와 에어컨 시설이 완비되어 있고, 알루미늄으로 만든 벌집 모양의 3차원 전면이 미래적 분위기를 만들었다.

　　이 입방체 건물의 콘셉트와 설계, 외관, 재료는 철저하게 모던했다. 독일과 헝가리가 제휴해 설계와 시공을 맡았고, 차가운 느낌의 기하학적 알루미늄 벌집은 소련 작품이다. 알루미늄 전면을 지탱해주는 강철 평면 구조는 실험적이며 혁신적인 것으로 평가되었고, 전후 동구권 현대화를 상징하는 건물이 되었다.

　　모던한 설계로 드러난 이 건물의 아름다움과 상징성은 동독이 무너졌을 때에도 계속 이어졌다. 그래서 1989년 동독이 서독에 흡수통일된 후 이 '은색 주사위'가 보수층의 공격 목표가 되었다. 보수층의 시각에서 보면 이 건물의 현대적인 디자인이나 차가운 재료는 오늘날 드레스덴을 장식해주는 바로크적 색채와 어울리지 않았다. 센트룸 백화점에 감도는 현대성의 아우라는 이 도시에서 바로크적 향수를 느끼려하는 사람들의 욕망과는 분명히 달랐다.

　　현대식 건물과 현대적 재료인 알루미늄에 대한 전통주의자들의

드레스덴의 센트룸 백화점. 이 건물은 전면을 벌집 모양의 알루미늄으로 장식해 미래파적 건축 양식을 선보인다. 2007년 해체된 이 '은색 주사위' 모양의 건물은 동독 아방가르드 건축을 상징한다.
ⓒ Burts, Wikimedia Commons

저항은 컸으며, 알루미늄 역사에 늘 따라다녔던 근본 문제였다. 이 문제는 건축가와 디자이너들이 알루미늄의 특징을 잘 표현할 건축 형태를 개발하기 시작하면서 다른 금속을 대체하는 보조 건축자재라는 딱지를 떼버린 20세기 초반까지 이어진다.

전통에 빚지다

새로운 건축 시대는 알루미늄과 상관없이 시작되었다. 19세기 후반 진보적 건축가들이 처음 실험한 재료는 철과 유리, 철근콘크리트였다. 이 재료는 1850년대 중반부터 하늘을 향해 뻗어나간 시카고 대학의 첫 고층건물에 들어간다. 산발적이긴 하지만 알루미늄이 건축 분야에 처음 등장한 것은 1880년대 말이다. 이전까지 알루미늄은 건축자재로 쓰기에는 너무 비쌌다. 물론 처음에 알루미늄은 당대의 역

알루미늄으로 덮은 로마의 산 지오아치노 교회의 둥근 지붕은 100년이 넘도록 그대로 보존되었다. ⓒ 독일 알루미늄 산업 총 연맹

사적 건축물에 주철 같은 고전적인 재료들을 대신하는 보조 재료로만 사용되었다. 알루미늄은 건축 양식에 전혀 영향을 미치지 못했으며, 오히려 건물의 형태에 예속되었다.

비교적 비싼 편이지만 가볍고 조형성이 뛰어날 뿐 아니라 부식에 대한 내성이 높은 특성은 알루미늄의 큰 장점이다. 이에 반해 알루미늄의 미학적 가치는 별로 관심을 끌지 못했다. 영국의 조각가 알프레드 길버트Alfred Gilbert 경은 1890년대 초 자신의 에로스 조각상의 재료로 늘 사용했던 청동 대신에 알루미늄을 사용했고, 그 이유를 알루미늄이 날씨의 영향을 받지 않기 때문이라고 밝혔다. 지금도 런던 피카딜리 서커스Piccadilly Circus에 가면 볼 수 있는 그의 작품 양식이나 스타일에 이 재료의 선택은 중요한 영향을 미치지 못했다.

이에 반해 건축가들이 실내장식에 알루미늄을 선택한 것은 이 금속이 매우 가벼웠기 때문이다. 19세기 말에는 계단 난간, 엘리베이터의 격자 울타리, 환기통 덮개가 무거운 철, 놋쇠, 청동을 대신해 점점 알루미늄으로 제작된다. 하지만 여기서도 이 금속만의 특징을 독자적으로 살릴 형식을 찾는 것은 중요하지 않았다. 알루미늄은 아직 자신이 대체해야 할 재료들의 전통 선상에 머무르고 있었기 때문이다.

모더니즘의 아우라

이런 전통에서 처음 벗어난 사람은 20세기 초 비엔나의 건축가 오토 바그너Otto Wagner였다. 그는 1902년 완공된 비엔나의 전신국 건물인 '디 차이트'의 주 현관에 알루미늄을 사용했다. 그는 알루미늄을 더 이상 대체 재료가 아니라, 자신의 새로운 건축관을 표현하기 위해 이 금속만의 특수한 재료미학을 이용했다. 특별히 엄격한 그의 기하학적 건축언어는 1900년경에도 여전히 유럽 건축을 규정하고 있었던 요란하고 가식적인 역사주의로부터 철저하게 돌아선다. 바그너가 지은 건물은 실용적이고 철저하게 기능적이며, 역사적인 양식을 떠올리게 하는 요소들이 전혀 없다는 점에서 초현대적이다. 철근 콘크리트, 유리, 경화고무, 혹은 알루미늄처럼 지금까지 건축에서 별로 중시되지 않았던 재료들이 그의 작업에서는 부각된다. 이런 재료를 높이 평가하게 된 것은 새로운 재료미학 덕분으로 고전적 모더니즘 계열의 건축가들은 이것을 곧장 받아들여 계속 발전시켰다.

1906년 완공된 비엔나 우편 저금국 건물에서도 알루미늄은 건물 내부 대부분을 장식하면서 가장 눈에 띄는 자리를 차지한다. 홀의 실내징식까지 설계했던 바그너는 램프나 가구 쇠장식의 재료로도 알루미늄을 선호했으며, 거대한 환기용 기둥도 알루미늄으로 만

비엔나 전신국 건물인 '디 차이트'의 주현관. 이 현관은 1902년 오토 바그너가 새로운 재료인 알루미늄을 사용해 지은 시험작이다.
© Wien Museum

들었는데, 이것은 당시로서는 매우 이례적인 선택이었다. 왜냐하면 이로써 처음으로 기술적인 설비들이 장식적인 기능도 떠맡게 되었기 때문이다. 이 건물은 기능성과 미학을 종합하는 데 성공한 사례로 간주되며 현대건축의 새로운 이정표가 된다.

바그너가 내뿜는 모더니즘의 아우라는 그가 지은 건물을 동시대 건축물과 분명히 구분해 주며, 이런 점이 문화와 건축의 경계를 넘어서고 있다는 인상을 주었다. 그가 설계한 건물의 혁신적이며 초현대적인 디자인은 알루미늄이라는 재료와 긴밀하게 연결되어 있다.

재료와 디자인에서의 이런 변화는 알루미늄에 '현대성'이라는 문화적 의미를 점점 더 많이 부여했다. 바그너 이후로 알루미늄은 진보적 건축의 선두주자로 나섰다.

아방가르드 주택

1920-30년대에 알루미늄의 진보적 이미지를 공고하게 한 것은 아방가르드 건축가들이다. 당시 새로운 디자인 및 건축이론이 등장할 조짐이 역력했다. 건축가와 예술가들, 그중에서 특히 프랑스 건축가 르 꼬르뷔지에Le Corbusier는 새로운 건축이라는 의제와 형식원칙, 그리고 새로운 건축기술의 구조적인 측면을 집중 연구했다. 그것은 새로운 재료와 기술, 그 중에서 특히 알루미늄에 대해 깊이 생각하게 만들었다. 1924년 판 데어 로에는 아직도 전통적인 재료를 사용하는 한 건물의 성격은 변하지 않을 것이며, 건축의 산업화를 위해 풀어야할 숙제는 바로 재료의 문제라고 공언했다.

새로운 건축 재료를 도입해야 한다는 견해를 제일 먼저 옹호한 사람은 미국의 프랭크 라이트Frank W. Wright였다. 기계로 제작된 표준 자재들을 가지고 유연한 건축시스템을 실험한 라이트는 알루미늄을 사용할 것을 추천한다. 르 꼬르뷔지에와 발트 그로피우스Walter Gropius 역시 '집을 자동차처럼 만든다.'는 모토에 따라 주택도 대량생산방식으로 지어야 한다고 생각했다. 그로피우스는 이를 위해 특히 비철금속을 검토한다. '비철금속- 미래의 건축재료'라는 논문에서 그는 비철금속을 모든 건물에 사용할 것을 지지한다.

알루미늄은 이런 새로운 아이디어에 어울리는 재료였다. 가벼운 알루미늄을 사용하며 당시까지 건축의 무게감을 대표하던 석조건물이 사라지기 시작했다. 그 사이 알루미늄은 수많은 산업국가, 특히 독일에서 대량생산되어 저렴하게 이용할 수 있게 된 것이 큰 장점이기도 했다.

다양한 알루미늄 제품을 전시회나 국내외 박람회에 출품하는 전략으로 알루미늄은 최소한 전문가들 사이에서는 이미 높은 인지도를 누리고 있었다. 예를 들어 독일 알루미늄 산업은 1937년 파리 세계박람회에 대규모 독일 금속 전시관을 열어 대성공을 거둔다. 1939년 스위스 국내 박람회에 스위스 알루미늄 주식회사AIAG, 나중에 알루스위스Alusuisse는 알루미늄 전시관을 선보였으며, 그 현대적 성격으로 관객을 매료시켰다. 이 해로 창립 50주년을 맞이한 스위스 알루미늄 주식회사는 인상적인 쇼를 펼쳤다. 사진과 전시품으로 알루미늄의 다양한 용도를 소개했고, 보크사이트 분해로 시작해서 완제품 가공으로 끝나는 알루미늄 생산의 전 과정을 관객들이 볼 수 있게 했다. 모든 전시장에 눈에 띄게 모던한 알루미늄 의자를 가져다 놓고 관객들의 발길을 붙잡아둔 회사의 노림수도 큰 효과를 보았다. 이 의자를 설계한 사람은 스위스의 디자이너 한스 코라치Hans Corazy였다. 의자의 좌석과 등받이는 알루미늄으로 만들었고, 빗물이 의자에 고이는 것을 방지하기 위해 동전 크기 만 한 구멍을 냈다. 디자인 역사에서는 이 의자를 '랜디의자'라고 기록하고 있다.

다양한 홍보 전략 외에도 알루미늄 회사는 지도적 위치에 있는 디자이너나 건축가들과 접촉하면서 그들의 관심을 알루미늄으로 돌려놓으려고 애썼다. 산하 연구소에서 설계나 디자인 공모대회를 개최하고 시상하며 정보세미나도 열어 건축가나 디자이너들이 알루미늄의 특성과 가공 가능성에 대해 잘 알게 만들었다. 그 결과 1930년대 이름 있는 디자이너와 건축가들이 알루미늄을 집중적으로 이용했다. 이들의 톡톡 튀고 진보적인 디자인은 재료의 이미지와 부합하며, 이 재료의 진취적이며 현대적인 의미를 마음껏 발산시켰다. 이들 디자이너와 건축가들은 "알루미늄은 공간, 시간, 중량을 줄여줄 것이다. 알루미늄으로 만든 얇은 조립식 벽으로 인해 건물의 공간은 더 넓어지고, 벽의 무게는 가벼워질 것이며, 건축기간도 당겨질 것이다."라고 말했다. 하지만 혁신적 재료를 이용한 디자인을 경제성과 연결시키자는 현대건축의 실용적인 꿈은 몇몇 유명한 건물, 모델하우스, 박람회 전시관에서만 실현되었다.

이에 대한 예는 1930년 완공된 쾰른의 인단트렌하우스 Indanthren-Haus다. 이 건물의 전면에 설치된 창틀 구조물이 눈에 띄는데, 이것은 뒤렌Düren의 금속공장에서 제작된 알루미늄 합금으로 만들어졌다. 또 다른 예는 1930년대 초 건축가 그로피우스가 만든 실험용 조립식 집이다. 이 집의 내벽은 알루미늄 판으로 제작되었다. 그 사이에 프랑스의 장 프루베Jean Prouvé는 건물 전면을 공장에서 미리 규격 생산한 재료로 장식하는 실험을 했다. 1930년대 중반 프루베가 자신의 혁명적인 조립식 벽의 재료로 선택한 것은 강철이었지만 차츰 알루미늄을 이용하는 횟수가 늘어갔다. 유럽 건축 양식에서 건물 전면을 알루미늄으로 장식하기 시작한 것은 1950년대 초반이 되어서야 가능했다.

알루미늄을 이용한 아방가르드 건축의 가장 유명한 예는 건축가 프라이A. Frey와 코허L. Kocher가 만든 알루미네르-하우스 Aluminaire-Haus다. 이 집은 1931년 뉴욕 센트럴 파크에서 열린 건축박람회에 전시되었다. 이 건물에는 동시대 건축이론의 중요한 형식원칙이 실현되어 있을 뿐만 아니라 프라이와 코흐의 현대적인 라이프스타일에 대한 생각도 보여주었다. 빛, 그러니까 밝은 주거공간과 작업공간은 건강하고 쾌적한 삶을 촉진시키기 때문에 알루미네르-하우스에 대형 전면 유리와 개방된 테라스를 설치했다. 그들이 이 집을 '알루미네르'라고 이름 붙인 것도 이것이 현대성과 가벼움을 연상시키기 때문이다. 이 집을 지탱하는 지주는 가벼운 강철-알루미늄 구조물이며, 얇은 알루미늄 판이 이를 둘러싸고 있다. 이 집의 아름답고 우아한 인상은 동시대 아방가르드들이 어떤 것을 특별히 애호했는지 보여준다.

자동차학과 교수였던 풀러Richard Buckminster Fuller의 혁신적인 설계도 이에 못지않게 유명하다. 1920년대 후반 그는 공장에서 만드는 것처럼 대량생산이 가능하고 가격도 저렴한 집을 설계하기 시작하는데, 이때 그가 생각한 집의 중량은 겨우 3톤이었고, 자동차 한 대 가격 정도였다. 알루미늄은 그가 선호한 건축자재였다. 비행접시 모양인 미래주의적 외관은 강철과 알루미늄으로 제작된 6각형 유리 우주선 캡슐을 떠올리게 만드는데, 이 캡슐은 다시 여러 개의 개별 주거공간으로 나누어진다. 이 캡슐 전체는 중앙에 설치된 기둥에 매달려 있는 형태이며, 이 기둥 안에는 집을 견고하게 지지하는 모든 장치들이 숨어 있다. '다이맥션 하우스Dymaxion-House'[10]라는 이름의 이 비행접시 집 설계를 시작으로 풀러는 1940년대 중반 이와 비슷한 형태의 개량된 위키타 하우스Wichita-House도 개발해 첫 번째 시제품을 내놓았다. 물론 그는 이 집을 대량생산하지는 못했다. 그 당시 건축계에는 풀러의 자유로운 정신세계에 매료되어 그가 틀에 박힌 사고로부터 해방되었다고 칭찬한 사람들도 있었지만, 반대로 그의 이단적 건축을 조롱하는 사람들도 있었다.

---

10) dynamic maximum tension(dynamische maximale Spannung, 역동적으로 최대한 잡아당긴 집)의 줄임말

미학적인 문제

전쟁 전에 알루미늄으로 지은 아방가르드 양식의 건물은 알루미늄이 현대를 대표하는 금속이라는 성격을 강하게 심어 주었을 뿐 아니라, 진보적이며 우아한 재료라는 이미지를 만드는 데도 기여했다. 물론 이 건물이 대중의 폭넓은 취향과 맞아떨어지는 것은 아니었다. 당시 혁신적이며 진보적이고 대담한 양식이라고 평가 받았던 건축물들은 국민 대부분에게 거부감을 주었기 때문이다. 대다수 국민은 디자이너들이 최고라고 칭찬했던 이 금속 특유의 반짝거리는 빛을 위생적이고 차가운 것으로만 느꼈다. 그래서 알루미늄은 병실이나 약국에서 좋은 평가를 받았다. 하지만 독일과 미국, 프랑스 할 것 없이 아늑한 집에서 살길 소망하는 중산층들은 모두 이와는 완전히 다른 평가를 내렸다. 그들은 나무나 돌, 콘크리트로 만든 튼튼한 집에서 살고 싶어 했지 차가운 느낌의 디자인에 얇은 양철로 지은 불안한 건물에 살고 싶어 하지 않았다. 대다수 건축회사와 부동산 중개인도 이 조립식건축 개념에 거부감을 갖고 있었다.

이에 반해 건축가와 디자이너들이 알루미늄 같은 모던한 재료를 전통적인 방식으로 사용할 경우에는 어떤 반대나 반감도 없었다. 이런 현상은 특히 뮌헨의 요제프 토락Josef Thorak의 새로운 아틀리에에서 볼 수 있다. 알베르트 슈페어는 나치시대 조각가로 성공적인 활동을 펼치고 있었던 토락을 위해 새 아틀리에를 만들었다. 이 아틀리에에서 그는 '승리의 알레고리'라는 대형 조각상을 만들고자 했는데, 이것은 '메르츠펠트Märzfeld'[11]라는 나치의 대규모 군사퍼레이

---

11) 프랑크족 메로빙거 왕조시대 로마의 영향을 받아 열린 군대행사. 이 행사는 군대 사열, 원정에 대한 토의, 정치 문제에 대한 토론 그리고 군주에 대한 충성을 맹세하는 장이 되었다.

드가 열릴 장소에 설치될 예정이었다. 이 조각상의 어마어마한 규모[12]에 걸맞은 거대한 출입구가 필요했고, 문을 손쉽게 열고 닫기 위해서 출입구를 알루미늄으로 제작했다. 현대적이며 반짝이는 빛을 내뿜는 이 금속을 어둡고 중후한 분위기의 신고전주의 양식 아틀리에와 어울리게 만들기 위해서, 알루미늄으로 만든 출입문 가장 자리를 무거운 느낌의 철 도금한 떡갈나무 문양으로 장식했다.

하지만 전쟁이 터지자 알루미늄에 대한 미학적인 관심은 일단 무시되었다. 알루미늄이 중요한 전쟁물자로 징발되면서 일상 생활용품으로 더 이상 사용할 수 없게 된 것이다. 특히 독일과 영국, 미국에서 알루미늄은 엄청난 전쟁 특수로 인해 생산시설을 모두 가동했다. 알루미늄의 생산량은 다른 금속과 비교할 수 없을 정도로 가파르게 상승해 1939년 전 세계적으로 6십8만7천 톤 생산되었고, 1943년에는 109십4만9천 톤까지 올라갔다. 전쟁이 끝나자 알루미늄 회사들은 이 정도의 생산량을 계속 유지하기 위해 노력했으며, 알루미늄은 일상 소비재, 그릇, 수리공구, 위생기구, 귀향한 군인들을 위한 임시 숙소 등 모든 부분에 사용할 수 있는 재료라고 홍보하기 시작했다.

영국에서는 정부가 조립식 주택 15만7천 채 건축을 추진했다. 이 단층 조립식 주택은 전쟁 중에 집을 잃은 무주택 가구의 임시 숙소로 지어졌는데, 단지 알루미늄을 대량생산하는 문제에 국한되는 것이 아니라, 알루미늄 산업에서 많은 일자리를 창출했기 때문에 정치적인 목적도 있었다. 이 조립식 주택의 외관 및 건설 방법은 풀러의 다이맥션 하우스를 연상시켰다. 물론 이런 주택을 대규모로 건설하는

---

12) 총 면적 30제곱킬로미터, 건축면적 16.5제곱킬로미터

것은 처음부터 전통적인 석조 주택을 다시 충분히 지을 수 있을 때까지 임시방편이었다. 왜냐하면 1940년대 후반과 1950년대에도 알루미늄으로 지은 조립식 주택은 대중의 기호에 맞지 않았기 때문이다.

독일에서는 건축가이자 디자이너인 한스 루크하르트Hans Luckhardt가 이와 비슷한 프로젝트를 추진했다. 이 계획은 이미 1920-30년대에 사전 작업이 있었다. 당시 데사우Dessau의 비행기 제작자 후고 융커스Hugo Junkers는 공장에서 대량생산한 경금속으로 가벼운 건물을 조립하려고 열심히 연구했다. 융커스는 이에 필요한 재료와 조립기술을 비행기 제작에서 가져왔는데, 여기서 가장 중요한 건축 재료는 두랄루민이라는 알루미늄합금 물질이었다. 1928년에는 그의 알루미늄 건축물 가운데 일부분, 그 중에서도 옆에 홈이 파인 양철 판을 서로 끼워 맞춘 조립식 주차장과 한 가족 혹은 두 가족용 주택이 대량생산되었다.

융커스의 대담한 계획은 완전히 실현되지는 못했다. 두랄루민으로 설계한 고층건물에는 20만 명을 수용할 수 있는 길이 300미터에 높이 100미터에 달하는 거대한 홀이 들어설 예정이었다. 융커스의 계획에 따르면 이 홀의 상단부에는 높이 1천 미터의 주거용 탑을 세우기로 되어 있는데, 이 정도 규모면, 한 도시의 시민 전체를 수용할 수 있었다. 융커스뿐 아니라 독일 알루미늄 제조회사 연합 알루미늄 주식회사VAW의 라우타Lauta공장 역시 1930년대에 알루미늄으로 만든 조립식 주택을 실험했다. 이런 사전 작업을 토대로 루크하르트는 전쟁이 끝난 후 집을 잃은 사람들을 위한 이동식 주택인 '이동식 알루미늄 하우스'를 개발할 프로젝트를 세운 것이다.

루크하르트는 이 집이 세계평화에 크게 이바지할 것이며, 독일의 주요 수출품목이 될 것이라고 선전했지만 결국 프로젝트는 수행되지 못했다. 전후 건축경제 시대에는 특히 부족한 주택문제를 가능한 빨리 해결하는 것이 중요 현안이었는데도 주택 건설에서 이 실험은 논의되지 않았다. 주택문제에서 시민들의 취향은 익숙함을 추구하며 매우 보수적인 태도를 취했기 때문이다. 현대 조립식 주택의 엄격하고 차가운 디자인은 이 일에 종사하는 전문가들에게는 통할 수 있었지만, 평범한 사람에게는 통하지 않았다. 20세기 주택건축에서 알루미늄이 가장 큰 성공을 거둔 분야는 창틀과 창턱, 빗물받이 홈통, 배수관, 방수용 포장재 등 전통적인 재료를 전통적인 방식으로 대체하는 것뿐이었다.

첨단유행의 1950년대

전후에 알루미늄이 건설에서 사용된 곳은 구조재와 장식재 분야였다. 1950년대 독일 건축미학의 특징인 활처럼 구부러진 선이나 꺾인 축 모양 디자인은 주로 비행기 지붕이나 차양, 주유소 지붕, 다리나 발코니, 계단, 건물 내부시설, 카페나 학교, 연구소나 교회, 영화관에 적용되었다. 유기적이며 부드러운 형태의 이 디자인은 나치시대의 거대한 건축물과 단절하고 삶에 아무 근심 없고 안락하며, 소비에서 큰 즐거움을 누리고, 미래를 낙관적으로 보는 새로운 삶의 감정을 전달한다.

건축에서 활처럼 구부러진 선이 새로운 것은 아니다. 이것은 유겐트슈틸 양식과 특히 에리히 멘델스존Erich Mendelsohn이나 한스 샤로운Hans Scharoun으로 대표되는 1920년대의 현대적이며 유기적인 건축 양식으로 되돌아 간 것이다. 또한 1930년대 미국의 유선형 디자인을 새로운 차원으로 발전시킨 것이기도 하다. 기체역학의 영향을 받는 비행기, 자동차, 기차 혹은 수많은 가재도구와 일상용품은 모두 모서리와 가장자리를 없애고 유연한 형태를 갖춤으로써 과학과 기술이 행복한 미래를 약속해 줄 것이라는 확신을 보여준다.

유선형 디자인 속에 내포된 긍정적이며 진보적인 상징은 1950년대 경제기적을 이룬 시절에도 계속 영향을 미친다. 1950년대 알루미늄은 없어서는 안 될 건축 재료로 성장한다. 이제 행정관청이나 백화점 건물의 전면이나 지붕, 그리고 덮개는 모두 알루미늄으로 시공된다. 성형하기 좋다는 이 금속의 장점은 1930년대 유선형 디자인에서 이미 증명되었고 다양한 가공 노하우는 전쟁 중 여러 군수품이나 무기를 개발하며 쌓아왔다. 그 사이 알루미늄 마그네슘 규소를 혼합한 완전히 새로운 합금이 시장에 나왔으며, 이것은 성형작업이 좀더 쉬웠고, 내耐부식성도 한층 더 강화시켰다. 알루미늄을 양극陽極화 하는 기술이 개발되어 표면의 산화방지층을 더 견고하게 만들어 날씨 변화, 질소나 유황을 함유한 산업가스에 잘 견딜 수 있게 했다. 이 때문에 경제기적을 이룬 시기에 알루미늄 광고는 대기 오염문제를 다룬다. 연기나 먼지도 알루미늄으로 지은 건물의 반짝이는 지붕과 전면을 부식시키지 못했기 때문이다. 주유소 건물 지붕의 알루미늄에서 나오는 깨끗한 광채가 운전자들에게 이곳이 원래 석유 냄새가 나는 불결한 곳이라는 사실을 까맣게 잊도록 만들었다.

1957년 뮌헨의 가르힝Garching에서 완공된 연구용 원자로인 '아톰아이Atomei'는 단순하고 유기적인 형태와 요란하지 않은 광채 때문에 보는 이로 하여금 이곳이 매우 위험한 연구를 하는 곳이라는 생각이 들지 않게 한다. 뮌헨 공과대학의 이 원자력에너지 연구 및 실험원자로는 땅콩껍데기 모양의 철근콘크리트구조에 알루미늄을 덮어씌워 멀리서도 눈에 띌 만큼 외관이 특색 있다. 이 건물은 독일 최초의 연구용 원자로로 독일이 원자력시대로 진입했음을 상징한다.

브뤼셀의 아토미움—1958년 엑스포를 위해 건설된 원자력시대의 상징물. 2005년 보수공사를 하면서 알루미늄으로 덮어씌운 부분은 녹이 끼지 않는 특수강 양철로 대체되었다. ⓒ N.N., Wikimeadia Commons

이를 간절히 기다렸던 1950년대 사람들은 바로 성대한 잔치를 벌여 축하했다. '아톰아이'가 단시간에 독일 원자력의 상징이 되고 더군다나 가르힝을 상징하는 문장紋章속에 들어가게 되었다.

원자력시대와 원자력의 평화적 이용을 표현한 국제적 상징물은 1958년 앙드레 바터케인André Waterkeyn이 설계하고 브뤼셀 세계박람회에 맞추어 완공한 높이 115미터에 이르는 '아토미움Atomium'이다. 브뤼셀을 대표하는 상징물이 된 이 구조물은 철 결정구조 하나를 1천650억 배 확대한 것이며, 구 9개를 거대한 관으로 연결하고 있다. 에스컬레이터나 엘리베이터를 타면 모든 구에 들어갈 수 있으며, 구와 구 사이를 이어주는 연결통로를 거쳐서 갈 수도 있다. 이 구조물은 순백색으로 빛나는 알루미늄으로 표면을 덮었는데, 이것은 후세대에게도 1950년대 사람들이 과학에 대해 얼마나 확고한 믿음을 가졌고 기술에 대해 얼마나 열광했는지 잘 보여준다. 이 구조물은 과학·기술 문명에 대한 깊은 신뢰감을 표현한 것이며, 인간이 과학과 기술을 의미 있게 이용하고 통제할 수 있는 능력 갖추고 있음을 상징한다.

가르힝의 '아톰아이'와 브뤼셀의 '아토미움'같은 조형물과 1950년대 표면을 알루미늄으로 덮어 완공한 르와르Loire 강의 낭트 슈비레Nantes-Cheviré 발전소는 알루미늄이 현대 기술을 상징한다는 것을 뚜렷이 보여준다. 활처럼 구부러지거나 유기적인 디자인 형태는 토스터나 소형 탁자 같은 경우에는 만들기 쉬운 반면, 건축에서는 엄청난 추가비용을 요구한다. 그래서 전후 디자인이나 건축이 경제성을 따지고 목적에 알맞은 디자인을 요구할수록 곡선이나 가벼움을 추구하는 경향은 더욱 찾아보기 힘들게 된다. 때문에 1950년대의 첨단 유행도 1960년대가 오기 전에 끝나버린다. 이미 1955년 판 데어 로에의 철골구조 건축이 성공을 예고했지만 디자인에서는 기능성을 엄격하게 강조하는 조형 원칙이 울름Ulm공대 건축에서 실행에 옮겨지기 시작했다.

현대식 고층건물과 최첨단 기술로 시공된 건물 전면

1950년대 중반 이후 경제가 비약적으로 성장하자 백화점과 공장, 행정관청에 대한 새로운 수요가 생긴다. 이 건물들은 모두 미국의 도심 건축물을 모델로 설계된다. 1951년에 판 데어 로에는 레이크 쇼어 드라이브Lake Shore Drive에 25층짜리 고층 아파트를 짓는데, 이 건물은 전후 동서양 현대건축의 새로운 이정표가 된다. 철골구조 방식으로 건축된 이 아파트에는 벽을 벽돌로 쌓아 막거나 건물 전면을 중후한 느낌이 나도록 장식할 필요가 없었다. 오히려 이 건물의 겉면은 평면 유리로 덮고, 알루미늄 창틀에 설치된 여닫이 창문에는 모두 유리를 끼웠다. 판 데어 로에의 이런 건축 개념이 유럽에서 처음 실현된 것은 1958년 뒤셀도르프에 들어선 만네스만Mannesmann 빌딩이다. 철골구조로 시공된 이 건물은 알루미늄으로 건물 전면을 둘러싸고 있다. 미국에서 수입된 또 다른 건축 모델은 철골을 직각으로 교차해 건축하는 방법인데, 이것 역시 판 데어 로에가 시카고의 고층아파트에서 사용한 것이다. 독일에서는 1960년대 관공서 건물을 여럿 신축하는 데 이 시공법을 사용한다. 쾰른의 라인란트 주 청사 건물은 이런 공법으로 특히 유명하다.

1960년대 건축된 현대식 건물에서 알루미늄은 빼놓을 수 없을 정도로 중요한 건축자재였다. 이 건물은 건축의 산업화라는 판 데어 로에의 오래된 꿈을 실현시켜 준다. 그 사이 알루미늄은 건물 외벽을 가볍게 시공하는 데 반드시 필요한 자재가 된다. 이 때문에 1966년 뮌헨에서 열린 전문가 회의 '건축 66'에서 건축 분야에서 알루미늄 소비가 폭발적으로 늘어나고 있다는 평가가 나온다.

다양한 형태로 만들 수 있고 인상적인 아름다움을 창조할 수 있는 알루미늄의 장점을 살린 새로운 건축 양식과 아이디어는 1970년대까지 계속 등장한다. 1950-60년대 동서독에서 알루미늄으로 지은 현대식 백화점 건물 역시 이에 속한다. 동독 건축에는 결코 스탈린식 과장된 장식만 있는 것이 아니라, 전후 세계적인 현대 건축 양식을 따라가는 것도 있다. 이를테면 드레스덴 센트룸 백화점의 초현대식 건물 전면을 완전히 장식하고 있는 재료는 알루미늄이다. 알루미늄은 동독에서도 각광 받은 건축자재였다. 이 재료는 동독은 물론이고 형제의 나라인 소련에서도 생산되었기 때문이다.

1960년대에는 건축과 패션이 제휴한다. 고층건물, 텔레비전 송

신탑, 연구용 원자로, 기타 기술시설의 전면에 설치된 알루미늄의 차가운 빛은 반짝반짝 빛나는 에나멜부츠나 당시 유행하던 미니스 커트와 어울렸고, 금속성 직물로 짠 유니폼 같은 옷이나 하나의 스 타일로 정립되었던 우주여행 디자인이라는 하이테크 패션과도 잘 어울렸다.

1960년대는 유인 우주선을 지구 밖으로 보내는 '제머니Gemini프 로그램과 아폴로Apollo프로그램'[13]의 시대였으며, 알루미늄으로 만 든 우주선캡슐과 우주로켓의 시대였다. 또한 이 시대는 냉전의 시대 였고, 알루미늄으로 만든 대륙간 탄도미사일의 시대이기도 했으며, 핵폭탄의 위험이 상존하던 시대였다. 이 시대를 지배한 것은 우주로 의 출발, 현대화, 혁명이었다. 그래서 역사적 건축물은 거대하기만 한 고층건물에 밀려 사라져야 했다. 1960-70년대 현대화 계획은 역 사적 기념물을 보호하는 데 무관심했다. 은색 알루미늄으로 지은 고 층건물의 전면은 역사적 건축물 바로 옆에 위치했을 때 기술의 첨단 성과 진보적 성향이 특히 잘 드러난다. 건축가들은 아주 의식적으로 이런 대조효과를 노리며, 거대한 알루미늄건물을 역사적 건물 옆에 세우는 것을 좋아했다.

1970년대 초반에는 입체성을 강조하는 건축이 대세를 이룬다. 이를 위해 꼭 필요한 것은 쉽게 일정한 형태를 만들 수 있는 유연한 건축 재료였다. 이런 경향은 1973년 완공된 뮌헨의 BMW사옥에서 드러나는데, 이 건물은 곧 이 기업의 상징이 될 거대한 실린더 4개 의 형태를 취하고 있다.

---

13) 제머니프로그램(Gemini-Programm)은 머큐리프로그램이 끝난 다음 미국이 계획한 유 인 우주여행 프로그램이다. 이 프로그램의 목적은 아폴로프로그램을 위한 기술개발이었 다. 이 프로그램에 따라 1965년과 1966년 10번의 유인 우주여행이 이루어진다.

당시 독일에는 알루미늄 주물을 이용해 한 층 높이의 건물 전면을 만드는 기술이 없었다. 그래서 이에 필요한 생산기술을 이미 보유하고 있었던 일본에서 이것을 수입한다. 하지만 1970년대에 지어진 건물들은 단지 입체적이기만 한 것이 아니라 눈에 띄게 화려하기도 하다. 색채성을 강조하는 새로운 경향은 건축 분야에도 몰려왔으며, 그 가운데서 알루미늄은 색의 명암을 주는 데 있어서 밝은 부분을 표현하는 데 가장 좋은 자재였다.

오래된 건물을 개축하는 데 알루미늄이 점차 많이 사용된 것은, 요란하지는 않지만 알루미늄 보급에 적지 않은 영향을 미친다. 1973년 에너지 위기 이후 새로운 단열규정이 제정되는데, 이 규정의 핵심은 단열 기능에 효과적인 창문을 만드는 것이었다. 이처럼 새로운 사용분야는 에너지를 절약할 수 있는 건물 전면 공사는 물론이고, 지금까지 알루미늄이 잘 뚫지 못했던 주택시장에 진출할 수 있는 길도 열어준다.

알루미늄은 건물 개축에 사용되면서 에너지를 절약하는 친환경 녹색 건축자재라는 명성까지 얻는다. 하지만 동시에 음료수 캔이나 가정용 포장재 혹은 인스턴트식품용 접시 등 포장재 분야에서 알루미늄은 생태계를 심각하게 파괴하는 일회용품이라는 비난도 받는다. 그래서 알루미늄 제조회사는 건축자재인 알루미늄의 긍정적인 이미지를 다른 사용분야로 확장하려고 노력하며, 수많은 책자나 강연, 실험 측정, 전시회를 통해 알루미늄의 다양한 장점을 홍보한다.

오늘날처럼 당시에도 알루미늄 제조회사의 주된 주장은 알루미늄이 재활용된다는 것이다. 사용목적에 따라 재생해도 알루미늄의 질은 떨어지지 않으며, 주조해도 1차알루미늄 제조 때 들어가는 것보다 에너지를 더 많이 사용하지 않는다. 2000년 하노버 엑스포에서 그들은 처음으로 알루미늄이 녹색 친환경 재료라는 것을 홍보한다. 재활용 가능한 알루미늄은 유리와 플라스틱, 종이 외에 생태학적 사고전환의 상징인 재활용 환경마크를 단 가장 중요한 건축 재료다. 환경마크를 단 알루미늄은 자연자원을 장기간 조달해줄 '재활용경제'라는 아이디어를 실현한다. 2000년 엑스포에 선보였던 알루미늄으로 만든 태양열 집광판을 이용한 조리도구 역시 자원과 지속가능성이라는 테마에 주의를 환기시킨다. 하지만 이런 노력에도 알루미늄이 확실하게 지속가능한 재료라는 이미지를 심는 데 성공하지는 못한다. 1차알루미늄을 생산하는 데 너무 많은 에너지가 들어가며, 알루미늄 광석을 녹이는 과정에서 지역적, 사회적, 환경적 부작용도 너무 심하다는 환경의식이 있는 소비자들의 거부감과 저항감을 완전히 떨쳐버리지 못했기 때문이다.

어디에도 사용 가능하다

1980년대에 들어서면서 모더니즘 건축에 반대하는 포스트모더니즘 건축이 부상한다. 그 후로 이 모던의 금속은 다시 인기가 사그라지는 듯 보였다. 하지만 겉으로만 그렇게 보였을 뿐이다. 왜냐하면 건축에서 알루미늄 사용량은 꾸준히 늘어나고 있었기 때문이다. 건축은 물류와 교통 다음으로 알루미늄이 중요하게 사용되는 분야였다. 물론 포스트모더니즘의 양식다원주의에서 알루미늄은 더 이상 특정한 건축미학을 대표하는 것이 아니라 정도의 차이만 있을 뿐 모든 양식흐름을 대표한다. "알루미늄은 그 한계를 모른다." 판 데어 로에가 1956년 다시 한 번 건축 재료에 대한 타고난 위협이라 간주 했던 금속이 포스트모더니즘 시대에 와서 최고 전성기를 누리는데, 그것은 바로 알루미늄의 거의 무한정한 변신가능성 때문이다.

건축가들이 알루미늄에 손을 뻗친 것은 무조건 초현대식 최첨단 건물을 짓기 위해서는 아니다. 건축가가 건축 재료를 선택할 때 재료미학이나 기술적 특성, 상징적 코드 등 여러 다양한 이유를 따지기 때문이다. 이것은 1980년대에 지어진 슈트트가르트의 바트 칸슈타트Bad Cannstadt[14] 구 청사의 경우처럼 역사적인 건물들이 주변에 즐비한 가운데 별로 크지 않게 지은 동과 알루마이트 합금의 3각 철골 구조 외관에서도 나타난다. 이른바 유리로 건물 전면을 덮는 '스트럭츄얼 글레이징structural Glazing'공법으로 지은 건물에서는 알루미늄이 눈에 보이지 않지만, 유리 전면 뒤편에 알루미늄으로 만든 보조창틀이 숨어 있다. 이 창틀은 외부에서는 보이지 않지만 단열창과 함께 부착되어 있다. 이와 다른 예는 2004년에 완공된 바르셀로나의 아그바 타워Torre Agbar처럼 재료미학이 웅장하게 전면에 부각되는 경우다. 이 빌딩은 콘크리트로 지은 32층짜리 사무용 빌딩이며 높이가 144미터에 이른다. 알루미늄으로 덮인 전면은 파충류의 피부 같으며, 40가지 이상의 색조로 장식되었고, 이 효과를 극대화하기 위해 그 위를 유리로 덮었다.

　　100년이 넘는 기간 동안 건축가와 디자이너들은 여러 작업과 프로젝트를 진행하며 알루미늄에 아주 다양한 상징을 부여했다. 시대나 콘텍스트와 무관하게 이제 알루미늄은 새로운 건축재료, 현대의 최첨단 재료, 생태학적 건축재료 혹은 순수한 대리보충 재료를 상징한다. 원하든 원치 않든 알루미늄은 여러 다양한 기억과 연상을 불

---

14) 1933년 이전에 Cannstatt, 그 전에는 공식적으로 Kannstadt(1900년경)라 불린 바트 칸슈타트는 독일의 바덴-뷔르템베르크 주의 수도인 슈튜트가르트에서 인구가 가장 많이 거주하며 가장 오래된 구역이다. 이곳은 네카(Neckar) 강 양쪽에 위치하며 로마시대에 건설되었다.

높이가 144미터나 되는 바르셀로나의 아그바 타워. 이 건물의 전면을 두르고 있는 것은 알루미늄이다.
ⓒ D, Iliff, Wikimedia Commons

러일으킨다. 20세기의 여러 건물에 매우 다양하게 사용된 알루미늄
은 많은 이야기 거리를 만들어낸다. 대부분 반짝반짝 빛나는 건축에
관한 이야기지만 신데렐라 동화와 건물철거에 관련한 보고도 이 이
야기의 레퍼토리에 포함된다.

알루미늄으로 날다

수동으로 조종되는 기구氣球인가, 엔진이 달린 글라이더인가, 아니면 헬리콥터 형태의 비행기인가? 이중 무엇이 미래의 주인이 될까? 세계 최초로 장시간 하늘을 날 수 있었던 것은 무엇일까? 하늘을 날고자 하는 인간의 꿈은 19세기 말 경 구체화되기 시작한다. 기구를 선택한 발명가들과 글라이더를 선택한 발명가들 사이의 경쟁도 이때 시작된다.

다비트 슈바르츠의 비행선

비행기가 발명되기까지는 좀더 긴 시간이 필요했지만, 최초로 하늘을 날 수 있었던 것은 '체펠린 비행선'이었다. 하지만 정확하게 따지면, 최초의 비행선은 다비트 슈바르츠David Schwarz호다. 페르디난트 그라프 폰 체펠린Ferdinant Graf von Zeppelin의 성姓인 체펠린이 오늘날까지 비행선과 동의어로 사용되긴 하지만, 원래 이 비행선을 발명한 사람은 오스트리아-헝가리왕국 시절 아그람Agram이라는 지명으로 불렸고 오늘날에는 자그레브Zagreb라 불리는 도시 출신의 유태인 목재상 다비트 슈바르츠David Schwarz였다. 슈바르츠는 기체 역학적인 동체의 형태가 내부구조를 결정한 비행선 시스템을 고안했을 뿐만 아니라, 1895-96년에는 최초로 비행선 전체를 금속으로 제작했다. 이 비행선의 외부 겉면은 완전히 알루미늄으로 만들었다. 이로써 알루미늄이 처음 하늘을 나는 여행에 이용된다.

이미 홀과 에루가 전기분해 방식으로 생산한 알루미늄은 1890년대 초반 처음으로 저렴한 가격으로 이용된다. 하지만 그 누구도 이 신생 재료를 신뢰하지 않았다. 심지어 금속 전문가들조차도 이 금속을 다루어 본 적이 없었기 때문에 알루미늄 사용을 꺼렸다. 예외가 있다면 베스트팔렌 주에서 금속 회사를 경영하던 칼 베르크Carl Berg였다. 그에게는 철과 구리를 가공하는 탁월한 기술이 있었다. 그는 슈바르츠와 함께 알루미늄에 대한 관심을 공유했다. 칼스루에 Karlsruhe 대학에서 기계공학과 설계를 전공했던 베르크는 이 새로운 재료의 장점을 잘 알고 있었으며, 직원들에게 이 금속을 실험해 보도록 권유하기도 했다. 그 결과 그의 회사는 알루미늄 가공에 괄목할만한 노하우를 쌓게 된다. 몇 번의 실험을 거쳐 베르크는 다른 금속을 첨가해 원래보다 경도나 내구성에서 훨씬 뛰어난 알루미늄 합금을 만드는 데 성공한다.

뤼덴쉬트Lüdenschied와 에베킹Eveking에 있는 그의 공장은 최초로 알루미늄 합금을 재료로 식기나 기타 일상용품을 생산하기도 한다. 프로이센 방위성도 이 회사의 단골고객이었다. 1891년 프로이센 군대는 부대 막사에 들어갈 쇠장식을 100만 개나 주문한다. 아마 이 주문이 알루미늄으로 대량생산된 품목 가운데 첫 번째 일 것이다.

당시 알루미늄을 가공할 수 있는 독일 기업을 찾고 있었던 슈바르츠는 베르크로부터 알루미늄으로 비행선을 만들 수 있다는 대담한 비전을 얻게 된다. 1892년 그들은 계약을 체결하고 슈바르츠가 아이디어를 내고, 베르크는 모든 재정 지원과 제작 기술을 맡았다. 3년 뒤 프로이센의 기구 부대가 이용했던 베를린 근교의 템펠호프

1897년 11월 3일 다비트 슈바르츠가 설계하고, 내부의 지주와 구부러진 부분을 알루미늄으로 제작한 이 비행선은 베를린 근교의 템펠호프 들판에서 하늘로 올라갔다.
ⓒ Foto Deutsches Museum

Tempelhof 들판에서 그들은 이 일을 시작한다.

베스트팔렌의 에베킹에 있었던 베르크의 회사는 미리 제작한 알루미늄 동체부분을 베를린으로 보냈으며, 이곳에서 슈바르츠의 지침에 따라 비행선을 조립했다. 그의 발명품이 하늘로 올라가기 열 달 전인 1897년 1월 슈바르츠는 비엔나 여행 도중 사망한다. 그의 미망인인 멜라니Melanie Schwarz는 베르크, 에베킹, 뤼덴쉬트에 있는 그의 엔지니어들과 함께 남편의 유업을 이어갔다.

1897년 11월 3일 슈바르츠의 꿈은 실현된다. 은색 비행선은 베를린의 쇠네베르크Schöneberg 산에서 360미터 상공으로 떠올랐다. 이 비행선의 견고한 뼈대는 알루미늄 지주로 제작되었다. 바깥 면을 약 2밀리미터 두께의 알루미늄 판을 리벳으로 박아 이어 덮었으며, 내부는 수소가스로 채웠다. 비행선은 기수 부분이 원뿔 형태인 실린더 모양으로 공중에 떠 있었다. 이 비행선을 움직이기 위해서 장착

이륙하자마자 기계고장으로 불시착했기 때문에 알루미늄 덮개가 완전히 파괴되었다.
ⓒ Foto Deutsches Museum

한 16마력짜리 다임러Daimler 모터가 전동벨트로 연결된 3개의 프로 펠러를 움직였다. 하지만 가죽으로 만든 벨트가 비행선의 아킬레스 건이었다. 이륙하자마자 벨트가 굴림대에서 차례대로 벗겨지는 바 람에 조정이 불가능하게 되었다. 거액의 보수를 받고 이 비행선을 조 종한 기구 부대 하사관 에른스트 야겔Ernst Jagel은 이 비상 상황에서 급히 기구의 가스를 빼는 당김줄을 당겨 비상착륙을 했다. 야겔은 살 아남았지만, 비행선은 떨어지면서 거의 파괴되었다.

내부가 거의 텅 빈 이 비행선 덮개는 외부압력을 이겨낼 안전장 치가 없었기 때문에 다음 비행에 다시 사용할 수 없을 정도로 완전 히 찌그러졌다. 이렇게 망가진 덮개와 부서진 내부 철골 구조물은 다시 에베킹 공장으로 옮겨졌으며 녹여 재활용된다. 재활용된 알루 미늄은 곧이어 시도된 체펠린의 첫 번째 비행선의 성형구조 재료로 압연된다. 슈바르츠의 첫 번째 비행이 비록 실패로 끝났지만, 알루미늄 비행선 제작 가능성이 충분하다는 것을 입증해주었다. 물론 이 불시착으로 인해 대중과 군대의 관심은 식었으며, 재정적 지원도 바랄 수 없게 되었다.

비행선 여행

슈바르츠의 은색 비행선이 하늘로 솟았다가 다시 땅으로 꼬꾸라지는 것을 홀린 듯 지켜보았던 체펠린도 자신의 첫 번째 비행선 프로젝트가 인정받기까지 몇 년 더 기다려야 했다. 오버슈바벤Oberschwaben 출신 장군이었던 그의 나이가 52세가 되던 해인 1890년 비행선 연구에 매진하기 위해 군복무를 잠시 접는다. 체펠린은 사람이 조종할 수 있고, 가스를 채우며, 엔진으로 구동되는 비행선을 만들 생각에 완전히 빠져 있었다. 1890년 초반 그는 인간이 조종할 수 있는 비행선 설계도를 완성한다. 이 비행선의 콘셉트는 철도와 유사하며 비행기 역사에서 전형적으로 등장하는 말도 되지 않는 수많은 발명품과 위험할 정도로 비슷했다. 1894년 체펠린이 프로이센 육군 참모부 소속 전문 위원회에 이 계획서를 제출하자, 위원회는 즉석에서 이 프로젝트가 쓸모없는 것이라고 선언하고 더 이상 관심을 보이지 않았다. 황제인 빌헬름 2세는 이 계획서를 보고 체펠린을 남독일에서 가장 멍청한 자라고 조롱하기까지 했다.

　하지만 체펠린은 이에 흔들리지 않았으며, 1895년 자신의 발명품을 특허출원 하고, 3년 후에야 비로소 이 특허권을 소급해서 얻는다. 슈바르츠와 달리 체펠린은 비행선 겉면의 재료를 알루미늄이 아니라 촘촘하게 엮어 짠 무명천으로 결정했고 내부의 뼈대는 알루미늄을 택했다. 비행선이 뜨기 위해 꼭 필요한 양력은 수소가스를 주입한 기구에서 얻었는데, 그는 이 기구의 내부를 다시 두 부분으로 나누었다. 후에 기술적으로 실현하는 과정에서 기구 속의 가스가 밖으로 새는 것을 막을 수 있는 재료를 구하는 것이 가장 어려운 문제라는 사실이 드러난다. 무명천 사이를 고무로 막는 방법도 생각했으나 고무는 가스를 막는 능력이 너무 약했고 너무 빨리 망가지며, 더군다나 정전기가 일어날 위험성도 있었다. 정전기는 비행선에 불이 나는 아주 위험한 상황을 초래할 수도 있다.

표면에 금박을 입히는 방법이나 비행선 가장 바깥 표면을 소 맹장으로 덮는 방법이 좋았다. 하지만 소 맹장은 크기가 작기 때문에 비행선 건조를 위해서는 엄청난 수량이 필요했다. 그래서 첫 번째 체펠린 호의 건조와 함께 소 맹장에 대한 수요가 급격히 늘어난다. 1차 세계대전 때 투입된 보통 크기 비행선의 용적은 약 3만8천 세제곱미터로, 비행선 한 대를 건조하기 위해서는 50만 개 이상의 소 맹장이 필요했다. 그래서 전쟁 중에 알루미늄뿐 아니라 소 맹장도 전략물자로 분류되었다. 1920년대 말 경에야 이 소 맹장은 특수하게 방수 처리된 재료로 교체된다.

최초의 비행선을 건조하기 위해 체펠린은 알루미늄에 대해 많이 알고 있던 칼 베르크에게 자문을 구한다. 그리고 1898년 '비행선 개발 주식회사' 창립을 위해 그를 영입한다. 체펠린은 정부나 관련업계가 관심 갖지 않았기 때문에 비행선 개발에 필요한 자금 8십만 마르크를 아주 어렵게 마련한다. 회사가 창립된 해 에베킹과 뤼덴쉬트에 있었던 베르크의 동료들은 체펠린 비행선 1호의 시제품, LZ1호에 들어갈 내부 철골구조물 제작에 들어간다. 이 비행선은 알루미늄으로만 제작되었다. 총 18개의 조립부분 가운데 우선 횡단면이 조립된다. 하지만 곧바로 다시 해체되어 특별히 만든 선상 조립공장이 있는 독일과 스위스 국경지대의 큰 호수 보덴제Bodensee 근처의 만첼Manzel

보덴제 선상 조립 공장 앞 뗏목 위로 뜬 체펠린 비행선 LZ1호. 1900년 7월 2일 최초 비행을 위한 최종 준비 광경 ⓒ Foto Deutsches Museum

로 보내진다. 그곳에서 부품을 완전히 조립해 비행선을 만든다.

1900년 7월 2일 무게가 13톤이나 나가는 이 비행선은 저녁 8시경 최초로 보덴제 상공을 이륙해 8분 동안 당당하게 공중을 날며 구경꾼들 1만2천명을 깜짝 놀라게 만든다. 하지만 조정 중에 몇 가지 문제점이 발생해 물위에 비상착륙 했다. 그 후에 있었던 시험비행은 별 문제 없이 진행되었지만, 체펠린이나 주요 투자자들 모두 기껏해야 시속 5킬로미터에 불과한 이 비행선의 최고속도에 만족하지 못했다. 그 사이 '비행선 개발 주식회사'의 자본은 바닥났고, 새로운 자금을 구하지 못한 체펠린은 회사를 정리하고 첫 번째 비행선을 해체해야 했다.

그래도 그는 결코 포기하지 않는다. 성능이 개선된 비행선을 다시 만들기 위해 그는 1903년 5월 복권을 발행하고 기부를 호소한다. 칼 베르크는 비행선 건조에 들어갈 알루미늄을 다시 공짜로 내주었다. 그리해서 1906년 1월 LZ2호가 하늘로 이륙한다. 하지만 이것이 이 비행선의 최초이자 마지막 비행이 된다. 이 비행선은 강풍에 휩쓸리면서 알프스 산악지역까지 밀려가 알고이Allgäu 지방의 키스렉 Kißlegg에 불시착한다. 이곳에서 비행선을 잘 예인해 내었지만, 한 밤중에 들이닥친 돌풍으로 인해 산산조각난다. 다행히도 3번째 비행선 제작을 시작해도 될 정도로 예산은 충분히 남아 있었다. 같은 해 10월 체펠린은 LZ3호의 시험비행을 시도해 마침내 성공한다. 장장 6년 동안의 실패와 절망 끝에 처음 대성공을 거둔 것이다. 1908년까지 이 비행선은 총 45회, 4천400킬로미터를 비행했다.

이로써 마침내 비행선 여행의 장애물이 허물어졌다. 지상에서 이를 지켜본 사람들은 거의 아무 소음 없이 떠다니는 비행선을 보고 환호했으며 깜짝 놀란 얼굴로 이 비행선의 항로에서 눈을 떼지 못했다. 군인들도 이 새로운 이동수단에 점점 더 관심을 갖게 되었다. 이들은 LZ3호를 구입했을 뿐 아니라, 새로 개발될 비행선이 24시간 동안 계속 비행할 수 있다면 새로운 모델인 LZ4호도 구입하겠다고 약속했다.

LZ4호의 시험비행은 1908년 8월 4일로 예정되었다. 이미 그 전에 언론은 이 비행을 전 국가적 행사로 띄워 대대적인 관심을 불러일으켰다. 새벽 6시 25분 프리드리히스하펜Fridrichshafen에서 남자들 12명이 비행선을 묶고 있던 밧줄을 풀어 던진다. 이 비행선의 항로는 바젤Basel을 거쳐 마인츠와 슈트라스부르크로 갔다가 그곳에서 다시 방향을 돌려 되돌아올 계획이었다. 하지만 만하임Mannheim 상공에서 모터에 고장이 났으며, 라인강 계곡에서 형성된 차가운 기류에 휩쓸렸다. 비행선은 비상착륙을 시도했고, 들판에서 일하던 농부들이 달려와 비행선 구조를 도왔다. 다행히도 모터를 수리할 수 있었고, 가능한 빨리 비행을 재개하기 위해 승무원 5명을 내려놓았다. 해가 지고 한참 지난 밤 11시 비행선은 다시 이륙해 조용히 그리고 안정된 자세로 마인츠 상공을 날았으며, 크게 호를 그리며 돌아 다시 귀환 길에 올랐다.

만하임은 정말 저주스런 곳이었다. 만하임 주변에서 다시 모터에 문제가 발생했다. 이 비행 팀은 겨우 슈투트가르트에 도착했지만, 이곳에서 강력한 역풍을 만난다. 도와줄 사람은 없었다. 비행선은 근처의 에히터딩엔Echterdingen의 들판에 두 번째 중간착륙을 해야 했다. 그 사이 쉼 없이 불어오던 돌풍은 허리케인처럼 강력해졌다. 돌풍은 비행선을 임시로 고정시킨 밧줄을 끊어버렸으며, 비행선을 1천 미터 상공까지 날려버렸다. 이때 비행선 안에는 딱 한명만 타고 있었는데, 그는 가스 밸브가 열리기 시작할 때까지 당김줄을 필사적으로 잡아당겼다. 가스가 밖으로 흘러나왔으며 마침내 비행선의 고도는 다시 낮아졌다. 비행선은 과일나무에 걸렸고, 이때 불꽃이 튀었다. 큰 충돌음이 났고, 수소가스가 새어 나오면서 불이 붙었다. 비행선은 수 십초 만에 완전히 전소되었다. 다행히 비행선에 탔던 조종사는 과감하게 뛰어내려 목숨을 구했고, 다친 사람도 없었다.

이 일에 모든 사람이 경악하고 당황했다. 그 자리에 있었던 사람들 가운데 한 명은 즉시 기부운동을 펼칠 것을 제안한다. 그 사이에 사망한 칼 베르크를 대신해 사위인 알프레드 콜스만Alfred Colsman이 이 운동을 조직하는 일을 맡았다. 이른 바 '에히터딩엔 기부운동'은 유래 없이 반응이 좋아 단 2주 만에 600만 마르크를 모았고, 체펠린은 이 돈을 신형 비행선 개발에 투자할 수 있었다. 그는 '체펠린 비행선 주식회사'를 창설했으며, 알프레드 콜스만이 대표이사를 맡았다. 이밖에도 체펠린은 '비행선 제작 지원 기금'을 모았으며, 이로써 그의 비행선 프로젝트는 재정적으로 확실한 토대 위에 서게 된다.

1914년까지 프리드리히스하펜에서 추가적으로 21대의 체펠린 비행선이 더 건조된다LZ5호에서 LZ25호까지. 이 중 어떤 모델도 똑같은 것은 없다. 개별 부품과 사용 재료는 물론이고 전체 설계도 역시 계속 개량되었다. LZ1호에서는 순수 알루미늄만 사용했지만, LZ2호에서 칼 베르크는 알루미늄에다 아연과 구리를 추가해 강도를 개선했고, 소기의 성과를 거둔다. 1909년 뒤렌Düren 금속회사는 두랄루민이라는 비행선 건조에 탁월한 재료를 시장에 내놓는다. 알루미늄 95퍼센트, 구리 4퍼센트, 그리고 망간과 마그네슘 각각 0.5퍼센트로 이루어진 두랄루민은 비중이 낮으면서도 중량당 인장강도가 높아 거의 강철과 비슷하다.

뒤렌 금속회사와 달리 베르크 사는 1906년 알프레드 빌름Alfred Wilm이 개발한 두랄루민 제조법에 대한 특허권을 갖고 있지 않았다. 그런데도 체펠린 비행선 주식회사는 지금까지 알루미늄을 공급해준 회사에 가능한 오랫동안 신뢰를 지키려 한다. 하지만 1914년 제국 해군성은 앞으로 해군 비행선 건조에 두랄루민만 사용해야 한다는 명령을 내림으로써 베르크 사에 판매금지 조치를 내린다. 이미 1910년 뒤렌 금속회사는 두랄루민 12.75톤을 영국에 수출한다. 영국은 '메이플라이Mayfly'라고 부른 영국 비행선 HMA 1호의 철골 구조물의 재료로 이 금속을 사용한다. 메이플라이호의 건조는 영국의 방산업체인 비커스Vickers가 떠맡는데, 이 회사는 이를 계기로 비행선 건조분야에 뛰어들려고 했다. 하지만 독일어로 '하루살이'라고 번역되는 메이플라이호는 첫 시험비행에서 완전히 파괴되어 프로젝트 자체가 중단된다. 1914년 프리드리히스하펜의 체펠린 비행선 주식회사는 두랄루민을 처음으로 LZ26호의 철골구조물로 사용한다. 이때부터 뒤렌 금속회사의 매출은 몇 배로 늘어난다. 1913년 이 회사는 37톤의 두랄루민을 판다. 전쟁물자로 최대한 생산되었던 1916년에는 엄청난 속도로 늘어나 750톤에 이른다.

전쟁 전으로 돌아가 보면, 군대가 모든 비행선을 전쟁을 위해 동원하고, 알루미늄을 전쟁 이외의 목적에 사용하지 못하도록 결정하기 5년 전, 체펠린 비행선 주식회사는 상업 비행선 운행을 시작한다. 알프레드 콜스만은 국가의 지원을 받아 1909년 11월 16일 세계 최초의 항공사인 독일 비행선 운항 주식회사DELAG를 창립한다. 비행선을 타고 여행한다는 것은 매력적이다. 승객이 비행선 선실의 전망창으로 웅장한 광경을 마음껏 즐기는 동안 승무원이 복숭아 디저트나 캐비어 등 안락한 서비스를 제공한다.

독일 비행선 주식회사의 비행선 제작 공장이 1914년 인도한 비행선 7척은 거의 1천600번의 유람비행과 도시여행을 하며 약 1만8천명의 승객을 수송한다. 비행선 7대 중에 4대가 운행 중 혹은 정비 중에 사고를 당하지만 미국과 영국에서 일어난 대형 비행선 사고와는 달리 인명 피해는 없었다. 1913년까지 독일 비행선 운행주식회사는 뒤셀도르프, 바덴-오오스, 베를린-요하니스탈, 고타, 프랑크푸르트, 함부르크, 드레스덴, 라이프치히를 서로 연결하는 운항노선을 갖춘다. 그러나 비행선 운행이 기상조건에 너무 의존하기 때문에 제국의 여러 대도시를 연결하는 정기노선을 만들어 보겠다는 원래 계획은 실패한다. 독일 비행선 운항 주식회사의 운행은 제정적인 면에서는 큰 성공을 거두지 못하지만 비행선 운행을 홍보하고 회사의 명성을 높이는 데는 성공한다. 동시에 이 운행은 비행선 설계사, 엔지니어, 승무원들이 경험을 쌓는 데 크게 기여한다.

1차 세계대전 동안 독일군은 알루미늄으로 만든 정찰 비행선을 운용했다. 이 비행선의 조종실은 하늘 위에서 구름층을 관통해 수백 미터 아래로 내려졌다. 이것은 정찰활동과 비행선 조종을 적의 눈에 띄지 않게 하기 위해서다.

ⓒ Foto Deutsches Museum

전투비행선

전쟁이 발발하자 비행선에 대한 수요가 갑자기 급증했다. 군대가 독일 비행선 주식회사의 모든 비행선을 요구했을 뿐만 아니라, 새로 대량 주문까지 했다. 체펠린 공장에서 1908년부터 1918년까지 인도한 비행선 총 97대 가운데 89대가 1914년 이후에 제작되었다. 전쟁 초기에 독일군은 비행선을 군사작전에 투입하는 것에 큰 기대를 걸었으며, 비행선을 첨단 신무기로 여겼다. 전쟁이 시작될 시점에 기술적으로 아직 초기 개발단계에 머물고 있었던 비행기와는 달리 비행선에는 폭탄을 많이 실을 수 있었다. 비행선은 비행기보다 더 높이 날수 있었고, 항속거리도 훨씬 더 길었으며, 속도도 거의 같았다. 그밖에도 비행선은 그 자리에서 즉각 뜰 수 있었고, 공중에 더 오래 머무를 수도 있었다. 육군과 해군은 이 비행선을 정찰과 수송은 물론이고 도시 폭격용으로도 이용했다.

1914, 1915년에 무장한 비행선이 뤼티히Lüttich, 엔트워프Antwerpe, 런던, 파리, 깔레 같은 도시를 폭격한다. 프리드리히스하펜에서 제작된 비행선 외에도 쉬테 란츠Schütte Lanz가 발명한 비행선 20대도 전투에 투입되었다. 이 비행선의 내부 구조물은 목재로만 이루어져 있었다. 쉬테 란츠 비행선 역시 군용으로만 제작되었다. 비행선 편대의 폭격은 전쟁기술의 신기원을 열었으며, 이로써 무고한 시민에 대한 공격 역시 늘어나게 된다.

1915년 중반 무렵 이 상황은 변한다. 이제 비행선은 새로 기관총을 장착한 비행기의 위협을 받는다. 비행기에서 빗발처럼 쏘아대는 총알에 비행선 승무원들은 무방비상태로 노출되었다. 연합군은 비행선 편대를 방어하기 위해 1916년 봄 소이탄을 도입하는데, 이로 인해 비행선 대부분은 아주 빨리 피격되거나 이륙하기도 전에 지상에서 공격을 받아 파괴되었다. 이처럼 비행선 운항에서 큰 실패를 맛본 쓰라린 경험 때문에, 그리고 비행기 제작 기술의 괄목할만한 발전으로 인해 1917년 공군은 육군 비행선 운항을 중지시킨다. 전쟁이 끝날 때까지 비행선을 운용한 곳은 해군뿐이었다. 비행기보다 더 오래 비행할 수 있었던 비행선은 해군의 장시간 정찰 임무를 완벽하게 수행해 적들이 설치한 기뢰를 탐색하는 데 혁혁한 전공을 세운다. 1916년 아주 추운 겨울 독일의 여러 섬이 얼음으로 꽁꽁 얼어 완전히 고립되었을 때 이곳 주민들에게 생필품을 공수해 준 것도 이 해군 비행선이었다.

총 89대였던 전투 비행선의 평균 수명은 짧았다. 15년 안에 모든 비행선이 사라졌다. 그 중 절반은 연합군의 공격을 받아 파괴되었고, 나머지는 사고로 잃었다. 엄청난 생산압력과 전쟁수요의 증가로 인해 전쟁기간 동안 비행선 건조는 계속 발전한다. 전쟁 말기에 건조된 비행선은 그 길이가 200미터였고, 적재중량이 40-50톤에 달했으며, 5-6개의 모터로 최고속력 시속 130킬로미터까지 도달했다. 이 속도는 그 당시 모든 기록을 깬 것이다.

비록 수적으로 독일군만큼은 아니지만 연합군도 전쟁기간 동안 비행선을 운용했다. 프랑스에서는 요제프 슈피스Joseph Spieß가 1913년 비행선을 개발하는데, 이 비행선의 구조재는 나무였다. 하지만 슈피스가 만든 시험용 비행선이 프랑스 군대의 기대에 미치지 못 하자 곧장 해체된다. 이에 반해 영국은 전쟁기간과 전쟁이 끝난 뒤 비행선 30대를 제작했다. 독일 체펠린이나 쉬테 란츠 비행선을 모델로 만든 이 비행선은 대부분 군사 작전에 투입되었다. 1930년, 영국은 그때까지 건조된 비행선 가운데 가장 큰 비행선 R101호에 사고가 나 48명이 사망하는 비극을 겪자 비행선 운행을 완전히 포기한다. 미국에서는 1차 세계대전이 끝난 후에 비로소 비행선이 개발된다. 미국 비행선의 건조방식은 대부분 독일 전투비행선 모델을 따르며, 이따금 체펠린 주식회사와 공동으로 개발하기도 한다. 미국 비행선은 결정적으로 중요한 장점이 하나 있는데, 전 세계에서 유일하게 가연성 수소가스 대신 불이 붙지 않는 불활성 헬륨을 이용한다는 것이다.

고공비행

전쟁이 끝나자마자 독일 비행선 운행도 마침표를 찍는다. 연합군이 독일 공군의 무장해제를 요구했고 비행선과 비행기의 건조도 금지시켰다. 베르사유 조약에 포함된 전쟁 배상 목록에는 전쟁에서 격추되지 않은 비행선도 포함되어 있었다. 이 비행선은 모두 전쟁 배상금으로 연합군에 인도되어야 했다. 하지만 1919년 6월 이 조약에 서명하기 일 주일 전 몇몇 해군병사들이 승리자에게 이 비행선을 넘겨주는 것을 막기 위해 독단적으로 비행선을 파괴한다. 이것은 건조 금지령에도 체펠린 사가 1919년과 1920년 소형 민간 비행선 2대를 만들 수 있는 계기가 된다. 이 비행선은 전쟁 배상금으로 연합군 측에 곧장 인도된다. 그 후로 프리드리히스하펜에서 비행선 건조는 중지된다.

1914년까지 독일 비행선 주식회사의 대표이사였고, 1917년 체펠린이 사망한 다음에는 체펠린 사를 이끌었던 후고 에케너Hugo Eckener는 가능한 빨리 여객비행선 운항을 재개, 확대하려고 애쓴다. 연합군의 생산금지 조치가 그에게는 가장 큰 난관이었다. 하지만 1921년 에케너는 프리드리히스하펜에서 비행선 건조를 곧 활성화 할 기회가 왔음을 직감한다. 당시 미국 정부는 독일 해군 병사가 악의적으로 자행한 비행선 파괴 행위에 대해 독일에 32억 마르크의 배상금을 요구한다. 에케너는 그 대신 미국에 새로운 비행선을 건조해 주겠다고 제안한다. 미국인들은 이 기회를 이용하면 독일의 최신 비행선 건조 기술과 알루미늄 생산 기술을 배울 수 있다는 것을 알고 있었기에 기꺼이 이 제안을 받아들인다. 1922년 체펠린 비행선 주식회사는 '전쟁 배상 비행선' 혹은 '미국 비행선'이라고도 알려진 비행선 LZ126호의 건조 주문을 받는다. 에케너의 현명한 작전이 체펠린 주식회사를 경제적으로 살아남게 만들었다. 이 회사는 연합국이 비행선 건조를 금지시켰음에도 프리드리히스하펜에서 비행선 건조를 계속 할 수 있게 되었기 때문이다.

프리드리히스하펜의 설계사와 엔지니어, 조립기사들은 숙련된 기술과 모든 능력을 미국 비행선 건조에 투입한다. 그래서 LZ126호에서 비행선 건조방식은 정점에 도달한다. 1924년 건조가 완전히 끝났을 때 이 비행선은 길이 210미터, 직경 27미터로 그때까지 세계에서 가장 큰 규모를 자랑했다. 또 이 비행선은 겉면에 아주 작은 알루미늄 조각으로 보호막을 입힌 최초의 비행선이기도 하다. 이 은색 보호막은 태양광을 반사해 비행선 내부의 수소가스가 가열되는 것을 방지했다. 물론 비행선을 빛나게 만들어 미적인 면에서도 긍정적인 효과를 발휘했다.

1924년 10월 12일 에케너와 그의 팀은 새로운 비행선을 뉴저지 New Jersey의 레이크허스트Lakehurst로 인도하는 길에 오른다. 이 여정은 모험이었다. 체펠린 주식회사는 회사의 전 재산을 이 대서양 횡단 비행에 걸었다. 이 위험을 보상해 줄 보험회사를 찾지 못했기 때문이다. 하지만 하늘이 도왔다. 이 해외여행은 별다른 고장이나 돌발 사고 없이 순조롭게 진행되었다. 비행선이 레이크허스트에 도착하기 직전 뉴욕 항구 상공을 선회했을 때, 이곳에 있던 모든 소방차와 배에서 사이렌을 울려 비행선의 도착을 환영했다. 총 81시간 17분간 비행 끝에 비행선은 수많은 사람들의 환호성 속에서 레이크허스트에 도착한다. 비행선이 도크에 안전하게 착륙하자 미국 엔지니어들은 맨 먼저 기구의 모든 밸브를 열어 폭발성 수소가스를 가능한 빨리 뺐다. 그래서 7만 세제곱미터 용적의 기구로부터 수소가 빠져나가 레이크허스트의 공기와 뒤섞였다. 이어 빈 기구에 불가연성 헬륨가스를 주입했다. 이로써 마침내 LZ126호는 'ZR-3 USS Los Angeles'라는 이름으로 가장 성공적인 미국 비행선으로 재탄생 했으며, 1932년까지 운항되다가 이후 여러 경제적인 이유로 운행이 중단된다.

LZ126호의 성공에 고무되어 프리드리히하펜에서는 곧바로 LZ127 체펠린공작호를 위한 계획과 사전 준비 작업에 들어간다. 1926년 연합국이 비행기와 비행선 생산 제한조치를 해제하자마자 전후 최초의 비행선 건조작업이 시작된다. 하지만 다시 자본이 부족했다. 에케너는 1908년 '에히터딩엔 기부운동'을 모델로 삼아 1927년 새로운 기부운동을 시작한다. 이것이 이른바 '체펠린-에케너 기부'운동으로, 250만 마르크를 모았다. 이 금액은 새로운 비행선을 만드는 데 필요한 총 건조 비용의 1/3에 해당되었다. LZ127호는 우선 시연용과 실험용 비행선으로 제작된다. 체펠린 사는 이 실험용 비행선을 내세워 전 세계의 해외 여객 운항사를 상대로 홍보전을 펼친다. 1928년 이 비행선은 처음 하늘로 솟아오르며 체펠린 사 항공운항의 전성기가 시작된다. 이 체펠린공작호는 그 다음 해 승객 20명과 승무원 42명을 태우고 약 3주 만에 지구를 일주한다. 이것은 최초이자 전무후무한 기록이다.

1931년 이 비행선의 북극 운행은 이에 못지않게 세간의 이목을 끌었다. 많은 과학자들이 북극권을 탐사하려고 이 여행에 참가한다. 작가인 아르투어 쾨스틀러Arthur Koestler 역시 울스타인Ullstein 출판사의 특파원으로 북극 원정에 동행한다. 그의 임무는 생생한 르포로 많은 독자들에게 이 여행을 소개하는 것이다. 쾨스틀러의 인상적인 묘사와 은유는 모든 사람이 비행선 여행에 푹 빠지게 만드는 데 일조한다. 예를 들어 그가 탁월한 글 솜씨로 고래의 배는 이 세상에서 가장 환상적인 곳이라고 찬미하자, 모든 독자들도 그의 글에 열광했다. 또 그가 지주, 서까래, 밧줄, 늑재肋材가 미로처럼 얽힌 비행선의 철골구조와 강철과 알루미늄이 정글처럼 얽혀 있는 내부구조를, 혹은 뭐라 말할 수 없는 '북극의 하얀색 황무지'를 여러 미사여구로 포장해 그림처럼 생생하게 설명하면 자연스럽게 그의 독자들도 상상을 통해 이 여행에 동참했다.

북극에서 돌아온 후 체펠린공작호는 남아메리카 행 정기노선에 취항해 2주마다 프리드리히스하펜에서 리오 데 자네이로를 왕복한다. 세계 경제에 위기의 그림자가 짙게 드리우고 있었고 항공 교통의 경쟁이 점점 심화되었지만 두 대륙 사이를 왕래하는 승객은 계속 늘어난다. 체펠린공작호의 부담을 덜어주기 위해 에케너는 지금까지의 모든 비행선을 훨씬 능가하는 신형 비행선 건조를 계획한다. 대서양을 오고 갈 이 비행선은 규모도 훨씬 더 커야 했으며 좀더 편안해야 했다.

안전성 역시 더 높여야 했다. 1930년 영국 비행선 R101호가 화염에 휩싸이는 사고를 당한 이후 에케너는 자신이 계획한 LZ128호에는 지금까지 추진 가스로 사용했던 수소가스 대신에 좀더 비싸지만 불이 나지 않는 헬륨가스를 사용하기로 결심한다. 물론 이것은 당시 전 세계적으로 헬륨을 독점하고 있었던 미국의 동의가 필요한 것이었다. 하지만 정치적 이유로 미국은 독일에 이 귀한 가스의 인도를 거부한다. 미국은 1933년부터 권력을 잡은 나치를 신뢰하지 않았기 때문이다. 이 요청이 거절되자 프리드리히스하펜의 설계사들은 설계변경을 할 수밖에 없었다. 헬륨과 수소가스의 추진능력은 서로 다르기 때문이었다. 이런 이유로 이 프로젝트는 LZ129 '힌덴부르크 Hindenburg호'라는 새로운 이름을 얻는다.

힌덴부르크호를 건조하기 위해서는 우선 프리드리히하펜에 새로운 조립동을 세워야 했다. 왜냐하면 이 거대한 비행선은 길이 247.8미터에 직경 41.2미터나 되었으며, 용적이 2십만 세제곱미터로 체펠린공작호의 두 배나 되었기 때문이다. 세계 최초로 동체 내부에 400제곱미터나 되는 큰 홀이 설치된 이 비행선의 객실은 2층으로 나뉘어 있으며 계단으로 연결되었다. 정치적인 이유로 비행선의 외부 꼬리 부분에 나치의 갈고리 십자가 휘장이 부착되어야 했

건조 중인 LZ129 힌덴부르크 호의 두랄루민 철골구조 ⓒ Foto Deutsches Museum

고, 비행선의 기수에는 고딕체로 비행선 이름을 써야 했지만, 비행선 내부는 현대적인 바우하우스 미학이 돋보였다. 객실과 사교실, 산책이 가능한 갑판은 그 기능성과 아름다움, 가벼움으로 승객들을 매혹시켰다. 이것을 설계한 사람은 건축가인 프리드리히 아우구스트 브로이하우스Friedrich August Breuhaus였다. 가벼운 가구들은 모두 알루미늄으로 만들었으며, 콘서트용 그랜드 피아노조차도 알루미늄으로 제작되었다. 찬 물과 더운 물이 나오는 2인용 객실, 기송관 우편 시설, 객실용 전화 등을 갖춘 힌덴부르크호의 편의시설은 일등급 호텔과 맞먹는 수준이다.

처음부터 비행기 기술의 발전에만 관심이 있었지, 비행선 운행에는 무관심 했던 나치는 비행선의 대중적인 인기를 정치적으로 이용한다. 하늘에서 행진곡을 틀고 나치 구호를 외치게 하기 위해 선전선동의 도구로 이용했고, 1936년 올림픽 기간 동안 베를린 상공을 여러 번 선회하게 했으며, 같은 해 당 창건일 기념행사를 대대적으로 벌이는 뉘른베르크 상공에 띄우기도 했다.

비행선 시대의 종식

비행선 운항의 종말은 미국에서 시작된다. 1937년 5월 6일 힌덴부르크호는 63번째 운항 후 레이크허스트에 착륙하는 과정에서 비행선 후미에 갑자기 불이 나 몇 초 만에 불길에 완전히 휩싸인다. 이 비행선에 타고 있었던 97명 가운데 35명이 사망했고, 불에 달구어진 알루미늄 구조물만 남았다. 이 비행선에 새로 라크 칠한 부분에 정전기가 발생해 불이 났을 것이라고 추측할 뿐 이 생지옥 같은 사고가 일어난 원인은 자세히 밝혀지지 않았다.

레이크허스트에서의 이 대형 참사는 비행선의 안전성에 대한 신뢰를 허물어버린다. 수소가스를 채운 비행선으로 여객을 수송하는 것이 금지된다. 사고가 난 지 한 달 후 그때까지 계속 남아 있던 LZ127 체펠린공작호도 검사 결과에 따라 퇴출되고 나중에 박물관 전시용으로 개조된다. 이 이상적인 운송수단의 미래를 늘 고민했던 에케너는 1937년 5월 거의 건조가 끝난 체펠린공작호의 자매 비행선인 'LZ130 체펠린공작2호'에 수소가스 대신 헬륨가스를 채워 넣기를 바란다. 하지만 미국은 나치가 정권을 잡은 독일에 이 가스를 넘겨주지 않는다. 육군 대장이자 항공운항부 장관이었던 헤르만 괴링Hermann Göring이 1940년 마지막까지 남아 있던 두 대의 비행선 LZ127호와 LZ130호를 해체하라는 명령을 내림으로써 비행선 운항의 시대는 마침표를 찍는다. 해체되고 남은 알루미늄 구조물은 군수산업에 공급되고, 프랑크푸르트에 있던 국제 비행선 공항의 비행선홀 두 개는 곧 폭파된다.

전쟁이 끝난 후 비행선은 더 이상 의미가 없어진다. 전쟁기간 동안 비약적인 기술발전을 이룬 비행기의 경쟁력이 이제 비행선을 압도한다. 그사이에 비행기는 비행선보다 속도가 훨씬 빨라졌을 뿐 아니라, 훨씬 더 많은 사람들을 태울 수도 있었다. 오늘날에도 여전히 비행선을 타고 하늘을 나는 사람들을 볼 수 있지만, 그것은 보통 포동포동한 형태의 '기구'일 따름이다. 이 기구에는 내부에 튼튼한 철골구조물도 없고, 오로지 가스의 압력으로만 형태를 유지되며 교통수단이 아니라 광고매체, 즉 날아다니는 광고탑으로 이용된다.

하지만 이에 굴하지 않고 비행선에 대한 인기가 늘 이어지고 있다는 사실은 1990년대에 나온 여러 새로운 프로젝트를 보면 알 수 있다. 이것들은 모두 고정식 또는 반고정식 모델의 비행선 건조를 목표로 하며, 비행선 설계 원칙의 여러 장점을 신뢰한다. 무한정 크게 만들 수 있다는 장점은 아주 무거운 화물을 나를 수 있는 거대한 비행선 건조를 가능하게 한다. 실제로 1996년 칼 프라이헤어 폰 가블렌츠Kalr Freiherr von Gablenz가 창설한 카고 리프트Cargolifter 주식회사는 교량으로 조립될 거대한 크기의 여러 부분품이나 발전 기계와 터널 굴착 기계 및 너무 무겁고 부피가 커서 운송하기 어려운 화물을 지구 멀리 떨어진 지역까지 운반하기 위해 거대한 비행선 건조에 들어간다. 이 비행선의 적재용량은 3천200세제곱미터로 설계되었다. 이 비행선의 시제품 CL160호는 2003년에 나올 예정이었지만 2002년 말에 이 회사는 재정 문제로 파산했다.

비행선의 중요한 장점 또 하나는, 공기보다 가볍고 소음이 별로 없는 친환경 기술이라는 점이다. 1997년 이래로 프리드리히스하펜과 보덴제 상공에는 다시 새로운 비행선이 떠다닌다. 하지만 이것들은 고전적인 비행선이 아니라 NT-비행선이다. 여기서 약어 NT란 '새로운 기술neue Technologie'이라는 뜻이다. 이 반고정식 신기술 설계에는 지난 100년간 비행선에 관해 축적된 모든 경험이 하나로 집약되어 있다. 물론 이 비행선의 내부 구조는 알루미늄보다 더 가볍고 견고한 탄소섬유합성소재로 이루어져 있고 헬륨을 추진가스로 사용한다. 이 비행선은 2001년 독일 연방 항공국으로부터 여객운행 허가를 받고 해외 항공 여행용으로 이용된다. 이 비행선은 진동이 거의 없고 장시간 한 지점에 머무를 수 있기 때문에 하늘에서 광산을 탐색하는 용도로도 사용할 수 있을 것이다. 그러나 대서양을 넘어가는 여객수송은 더 이상 전망이 없다. 바쁘게 살아가는 현대사회에서 하늘에서 팔짱을 끼고 장관을 즐길 시간이 없기 때문이다.

확실한 것은 비행선 덕분에 알루미늄이 항공운항 분야에서 최초로 중요한 판로를 개척했으며, '하늘의 금속'이라는 이름을 얻게 되었다는 것이다. 체펠린 공장은 1900년에서 1937년 까지 비행선 총 129대를 건조했다. 그 구조에 따라 개별 비행선들은 30톤까지 두랄루민을 사용했다. 비행선 운항의 전성기가 끝날 무렵 알루미늄은 이미 비행기산업에서 확고한 기반을 잡았고, 오늘날까지도 비행기산업우주여행에서 없어서는 안 될 재료로 입지를 다진다.

양철 당나귀 혹은 날아다니는 성냥갑?

알루미늄과 알루미늄 합금은 처음부터 비행기 설계사들이 좋아하는 재료는 아니었다. 수많은 비행기 제작자들은 이 '날아다니는 성냥갑'을 우선 나무로 짜고 그 위에 아마포로 덮었다. 물론 몇몇 부품에는 알루미늄을 선호하기도 했다. 라이트 형제 역시 그랬다. 1903년 12월 17일 그들이 나무로 만든 복엽 비행기를 조종해 처음 하늘을 날았을 때, 가솔린엔진만 알루미늄으로 제작했다. 이 엔진의 중량은 110킬로그램에 달했다.

비행기 건조에서 이처럼 나무를 애호하는 추세는 좀더 오래 지속될 것 같았다. 후고 융커스Hugo Junkers가 1915년 얇은 철판으로 만든 J1 비행기로 세계 최초의 금속 비행기를 선보이고, 곧 이어 두랄루민으로 만든 다른 모델들을 계속 내놓은 후에도 여전히 나무로 만든 '날아다니는 성냥갑'은 심심치 않게 보였다. 1차 세계대전 때 항공기 제작 분야에서는 사용하는 재료와 기체 역학적 형태 설계에서 입장이 다른 두 학파가 있었고 각각 다른 방향으로 이론을 발전시킨다. 이른바 '구파舊派'는 전쟁 전에 태동한다. 비록 몇몇 부품은 강관으로 만든 것도 있었지만 이 구파가 만든 비행기는 주로 나무와 천으로 제작되었다. 이 비행기의 날개는 수많은 지주와 버팀줄로 이루어졌는데, 이것들은 기류에 무방비상태로 노출되기 때문에 엄청난 공기저항을 받았다.

이에 반해 '신파新派'는 전쟁기간 동안 독일에서 결성된 그룹으로 특히 후고 융커스와 밀접하게 관련되어 있다. 융커스는 1915년 날개의 버팀줄과 받침대를 제거해 세계 최초로 완전히 금속으로 제작된 비행기를 개발한다. 날개 버팀줄이 없는 구조는 탁월한 기체 역학적 형태로 비행속도를 훨씬 더 높일 수 있고, 나무나 천으로 만든 비행기와 달리 비나 습기를 피해 실내에 보관할 필요도 없었다. 또 전쟁시 융커스의 J1비행기는 오로지 전쟁을 위해 개발된 것 적의 공격으로부터 조종사를 보호해 준다. 독일에서 탄생한 이 새로운 비행기 설계 학파는 처음에 외국에서 회의적인 반응을 얻었다. 하지만 점차 이 두 학파의 이론은 국내외에서 서로 혼합된다. 그래서 1920년대 나무와 천으로 만든 버팀줄이 없는 비행기가 하늘에 나타나고, 동시에 버팀줄로 고정된 알루미늄 비행기도 볼 수 있었다.

후고 융커스는 다른 어떤 독일인들보다 더 열정적으로 금속판을 재료로 쓰는 비행기 설계에 매달렸다. 그밖에도 크라우데 도르니어 Claude Dornier와 아돌프 로르바흐Adolf Rohrbach도 금속 비행기 개발에 성공한다. 도르니어는 물론이고 로르바흐 역시 예전에 페르디난트 그라프 폰 체펠린 밑에서 일했던 비행기 설계사였으며, 이 때문에 알루미늄과 알루미늄판을 가공하는 데 경험이 풍부했다. 두 사람의 관심은 처음부터 오로지 비행기 제작에 있었다. 이에 반해 융커스의 취향은 더 다양했다. 그는 금속 비행기를 만들기에 앞서 여러 다양한 프로젝트를 수행했다. 예를 들어 1890년대 그는 동일 실린더에 피스톤 두 개가 서로 반대방향으로 움직이며 작동하는 엔진을 실험하고, 구동가스의 화력을 연구한다. 1895년에는 대사우Dessau에서 몇 가지 가스 기구를 생산하는 융커스 컴퍼니Junkers & Co.를 창립한다. 그는 특히 이곳에서 순간 온수의 원칙에 기초해 가스 온수기를 발명한다. 분명한 것은 융커스가 얇은 금속판으로 순간온수기를 만들면서 얻은 경험이 그의 금속 비행기 설계에 많은 도움이 되었다는 것이다.

융커스에게 비행기 제작에 관심을 갖도록 만든 사람은 한스 라이스너Hans Reissner다. 둘은 융커스가 1897년부터 교수로 재직했던 아헨Aachen공과대학 동료였다. 세기전환기 이래로 비행기 제작을 연구한 라이스너는 기술적으로 경험이 많고 동시에 사업수단이 뛰어난 동료인 융커스에게 도움을 청한다. 이들은 오리 모양의 단엽비행기를 만들 계획을 세우는데, 주 날개가 뒤에 있고 꼬리 날개가 앞에 배치되도록 설계했다. 하지만 '라이스너-오리'라 불린 이 비행기의 특별함은 주 날개를 덮는 재료로 당시 일반적으로 사용되던 천 대신에 골이 패인 함석을 사용했다는 것이다. 이 함석은 융커스의 데사우 온수기 공장에서 제작되었으며, 하중실험까지 마쳤다. 여기서 실험된 것은 아마 당시 온수기 제작에 일반적으로 사용되었던 얇은 철판으로 추측된다.

그 사이 기체 역학적 날개 형태를 갖춘 금속 비행기를 제작하겠다는 아이디어에 완전히 빠져 있던 융커스는 1913년부터 데사우에서 여러 재료를 가지고 독자적인 실험에 나선다. 그 결과 1915년 12월 국방성에 얇은 철판으로 만든 최초의 금속비행기 J1을 선보인다. J2를 만들 때도 그는 이 재료를 선택하는데, 이 재료를 다룬 경험이 많으며 얇은 철판은 점용접하기에 특히 좋았기 때문이다. 이에 반해 알루미늄 판은 용접에 어려움이 많았다. 독일군은 항공기 분야에서 아직 검증되지 않았던 이 얇은 철판에 대해 완전히 신뢰하지 않았지만 오랜 망설임 끝에 시험용 비행기 6대를 주문한다. 곧 밝혀진 바와 같이 이 '양철 당나귀'는 자체 중량이 너무 많이 나가 이보다 훨씬 가벼운 나무로 설계된 비행기와 상승능력에서 경쟁이 되지 못했다.

1916년 융커스는 3번째 비행기 J3의 재료로 두랄루민을 선택한다. 두랄루민은 이미 1914년부터 비행선 건조에 쓸 만한 재료로 신뢰를 얻고 있었으며, 가볍지만 단단한 성질로 인해 비행기 재료로도 이상적이었다. 물론 두랄루민을 가공하는 것은 얇은 철판을 다루는 것과는 전혀 다른 지식과 솜씨를 요구하기 때문에, 온수기 제작에서 얻은 융커스의 현장 경험은 졸지에 쓸모없는 것이 되었다. 알루미늄 판을 리벳으로 박아 붙이는 것도 고도의 손기술과 집중력을 요구했다. 하지만 체펠린 공작의 선구자적 연구 덕분에 두랄루민 가공 기술은 더 이상 미개척분야가 아니었다.

융커스는 비행기뿐 아니라 비행기 격납고, 주차장, 주택 등 이 경금속을 사용해 지을 수 있는 건물에는 모두 물결골 모양인 이 금속 판의 가볍고 단단한 성질을 이용한다. 그는 1차 세계대전이 끝날 때까지 물결 모양 골함석을 이용해 모두 8대의 비행기를 만든다. 물론 그가 개발한 버팀줄 없는 완전 금속 비행기는 1차 세계대전 때에는 선보이지 못한다. 당시 전 세계적으로 군사용으로 제작된 비행기 총 21만대 가운데 겨우 200대만 융커스의 작업방식으로 만들었다. 하지만 2차 세계대전 때 상황은 완전히 바뀐다. 1930년대 중반부터 버팀줄이 없는 완전 금속 비행기가 대세를 이루게 된 것이다. 1939년에서 1945년 사이에 폭탄과 폭격기, 수송기 제작에서 알루미늄이나 두랄루민의 수요가 급격히 늘어난다. 이로써 알루미늄은 하늘을 나는 금속으로 입지를 굳힌다.

1차 세계대전과 베르사유 조약으로 다시 돌아가 보자. 베르사유 조약은 독일이 비행기를 만드는 것을 엄격하게 제한한다. 1926년까지 군용비행기 생산은 완전히 금지된다. 그래서 융커스의 회사에서

융커스의 F13 비행기는 민항기 가운데 최초로 완전히 금속으로 제작된 비행기다. 이 사진은 1919년 9월 13일 융커스의 비행기 F13 안넬리제(Annelise)가 고도비행 세계 신기록을 세운 다음 찍은 것이다. 알루미늄 판을 용접해 만든 이 비행기는 당시 고도 6천750미터까지 올라갔다. ⓒ Foto Deutsches Museum

는 민간 비행기를 가벼운 금속으로 만들 계획을 발전시킨다. 1919년 설계사로 이 프로젝트에 중요한 역할을 담당했던 오토 로이터 Otto Reuter와 융커스는 받침대가 없는 튼튼한 단엽비행기 F13을 선보인다.

이 비행기의 기체는 두랄루민으로 제작되었고 날개는 여러 개의 날개보로 보강되었다. 이 F13 비행기는 전쟁 상황에서 임시방편으로 구조 변경한 복엽비행기와는 달리, 승객 4명을 태울 수 있고 자체 난방이 가능한 조종실로 특히 유명하다. 또 '하늘의 리무진'이라는 별명을 얻을 만큼 탑승감도 편안했다.

F13 비행기로 융커스와 로이터는 대성공을 거둔다. 이 비행기는 두랄루민으로 기체 역학적 금속 비행기를 제작하는 새 길을 열었다.

1915년 융커스의 G24 비행기의 두랄루민 날개 설계를 위한 하중실험 ⓒ Foto Deutsches Museum

점차 다른 제작자들도 뒤쫓아 왔으며 이들은 알루미늄 합금을 이용했다. 1932년까지 데사우에 있는 융커스의 공장에서는 F13 시리즈가 322대나 제작된다. 거의 10년 동안 이 비행기는 전 세계 비행기 제작의 모델이 되었다. 이미 1919년에 이 비행기는 동유럽으로 가는 국제선에 투입되고 그 후에 곧 27개국 여러 항공사의 여객기와 화물기로도 이용된다. F13 비행기로 인해 항공 여행은 호사스럽다는 인식이 걷히게 되며, 무모한 도전이라는 평가도 불식된다. 대다수 국민에게 이 비행기는 신속한 여행을 가능하게 해주는 새로운 교통수단으로 처음으로 진지하게 인정받게 된 것이다.

1920년대 융커스가 물결 모양의 얇은 철판으로 비행기를 제작하는 데 골몰하는 동안 도르니에와 로르바흐는 각각 이보다 좀더 가벼운 평판 금속으로 비행기를 제작하는 실험을 벌인다. 표면이 울퉁불퉁하지 않은 평판 금속은 무게가 상대적으로 가볍기 때문에 규모는 훨씬 크지만 중량은 더 가벼운 비행기를 만들 수 있었다. 이 비행기는 무엇보다도 승객을 태울 좌석을 훨씬 더 많이 준비할 수 있다는 것이 큰 장점이었다.

1927년 미국인 찰스 린드버그Charles Lindberg가 세계 최초로 뉴욕을 출발해 쉬지 않고 파리에 도착하는 대서양 횡단 비행에 성공해 모든 사람들을 열광하게 만들었을 때, 이것은 국제선 항공기 시대의 시작을 알리는 신호이기도 했다. 우선 여행객들은 비행정을 타고 바다를 건넜다. 비행정은 바다 위에 중간 착륙해 유조선에서 연료를 보충 받을 수 있어, 먼 거리라도 단계적으로 운항할 수 있었다. 또 이 비행정을 조정하는데 비행 조종사 면허는 필요 없이 선장 면허만 있어도 되었다. 엔진이 12개 장착되어 그 당시 세계에서 가장 컸으며 제일 유명했던 도르니어의 전설적인 비행정 Do X는 1929년 7월 12일 처음 하늘로 이륙한다. 이 비행정의 내부시설은 그 당시 비행선과 비교가 되지 않을 정도로 호화로웠으며, 최고의 안락한 서비스를 제공했다. 1931년 Do X는 승객 70명을 태우고 세계 일주에 나선다. 비행기와 배를 혼합한 이 거대한 비행정은 정기노선에 투입될 수는 없었다.

이와 같은 발전에도 1920년대 금속 비행기의 입지를 다지는 데는 많은 시간이 필요했다. 더군다나 나무 비행기 역시 기술적으로 계속 개량되고 있었다. 1920년대 초반에는 이를 위해 해결해야할 문제들도 몇 가지 있었다. 그 중에서도 특히 금속 비행기의 비교적 무거운 날개가 구조적 결함으로 인해 자주 꺾이는 사고가 일어난다. 또 그 당시 합금되었던 두랄루민에서 일어나는 부식 현상 역시 완전히 해결되지 못했다. 1930년대 초 이런 문제점이 완전히 해결되었을 때야 비로소 금속 비행기가 나무 비행기와의 경쟁에서 완전히 이길 수 있었다.

이처럼 나무에서 알루미늄으로 바뀌게 된 것은 순수 기술적 요인 외에도 문화적 이유로도 설명된다. 전통적인 재료인 나무는 전통적인 가구나 마차를 만드는데 이용된 반면, 비교적 젊고 새로운 재료인 알루미늄은 대중의 의식에 새롭고 빠른 교통수단과 연결되는 모던하고 활기찬 라이프스타일을 상징하기 때문이다.

외국에서도 완전 금속 비행기, 혹은 완전 알루미늄 비행기가 대세를 이루게 된다. 1935년 첫 비행에 나선 미국 더글러스Douglas 사의 DC3 비행기는 먼저 알루미늄 합금으로 만든 평판금속으로 설계된다. 하지만 안전성을 이유로 몇 부분을 바깥쪽은 평판이지만 안쪽은 물결 모양인 금속으로 단단히 보강했다.

2차 세계대전 때 군대는 거의 알루미늄 비행기만 사용했고, 이것은 알루미늄의 수요를 급격하게 높여놓는다. 1939년에서 1944년까지 독일이 제작한 비행기는 3만9천807대에 이른다. 같은 기간 알루미늄 생산량은 11배나 증가한다. 2차 세계대전 동안 미국에서도 실제로 군용비행기 3십만5천대가 알루미늄으로 제작된다.

1950, 1960년대 전 세계에서 건조된 민항기 역시 대부분 알루미늄으로 제작된다. 1970년대 중반 비행기에서 알루미늄이 차지하는 무게 비중은 비행기 총 중량의 약 80퍼센트에 달한다. 이 시기에 터진 오일쇼크로 비행기 제작사와 항공사는 에너지를 절약하기 위해 가능한 가벼운 재료를 사용하려고 노력한다. 이때부터 경쟁력을 확보한 경금속이 항공분야에서 확고한 입지를 다진다. 우선 새로운 강철합금과 티타늄합금 및 강화섬유 플라스틱 재료들이 등장한다. 이것들은 가벼울 뿐 아니라 알루미늄에 비해 강도가 세 배나 높다. 물론 이 새로운 재료들은 구입과 유지비용이 알루미늄에 비해 많이 비싸고 일부는 재활용하기 매우 힘들다.

알루미늄의 이 새로운 경쟁 재료들은 현대 민항기의 기체나 날개 부분에 알루미늄합금이 차지하는 비중을 서서히 줄어들게 했다. 오늘날 이 비중은 비행기 한 대당 약 70퍼센트다. 알루미늄 업계는 고성능 합금 기술을 개발함으로써 이 정도 수준이라도 유지하려 하고 있다. 이런 노력의 결정체가 바로 세계에서 가장 가벼운 금속인 알루미늄과 리튬 합금이다. 압착화합물인 유리섬유 강화알루미늄 글래어Glare 역시 이런 신기술에 속하는데, 이것은 알루미늄과 유리섬유, 합성수지를 샌드위치처럼 눌러 융합시킨 것으로 순수 알루미늄보다 약 10퍼센트나 가볍다. 아마 조만간 세계에서 가장 큰 여객기인 에어버스 A380의 기체도 이 유리섬유 강화알루미늄으로 제작될 것이다. 이 비행기 제작자의 말에 따르면 이로써 비행기의 중량이 800킬로그램 이상 가벼워질 것이라고 한다.

이처럼 비행기의 중량을 줄이는 것은 현재 기술적으로 세계에서 가장 앞선 여객기로 평가받는 A380의 개발에서 가장 중요한 목표 가운데 하나다. 물론 알루미늄 제조회사만 특별히 가벼운 재료를 찾는데 몰두하고 있는 것은 아니다. 플라스틱 제조회사들도 이 일에 함께 가담해 튼튼하고 질긴 고성능 폴리페닐렌설파이드PPS 소재를 개발함으로써 신형 에어버스 항공기의 날개를 아주 가볍게 만들 수 있도록 했다. 폴리페닐렌설파이드와 이와 비슷한 고성능 폴리머 소재는 이미 신형 에어버스 항공기 총 중량의 20퍼센트에 달한다. 이것이 의미하는 바는 A380 비행기에는 지금까지 나온 여객기보다 훨씬 더 많은 신형 소재들이 사용될 것이라는 얘기다. 머지않아 이 상황은 더 심화될 것이다. 2008년에는 신형 보잉787 비행기가 시장에 선보일 것으로 예상된다. 비행기 제작자의 말을 빌리면 이 제트기 총 중량의 50퍼센트 이상이 탄소섬유복합재료로 이루어진다고 한다. 이것은 알루미늄 산업에 쓰라린 타격을 줄 것이다.

이제 곧 합성수지플라스틱로만 비행기를 만들 시대가 온다는 말인가? 고성능 폴리머는 하늘의 금속인 알루미늄 시대의 종식을 의미하는가? 이런 질문에 대해 이 소재를 개발하고 있는 엔지니어들은 분명히 '아니오'라고 대답한다. 최소한 지금의 지식수준에서 말하면, 날개나 무거운 엔진이 장착되는 부분처럼 일정한 무게가 요구되는 비행기 부분에는 미래에도 이 무게를 감당할 수 있는 무거운 금속이 필요하다. 순수 복합소재들은 이 부분에 적당하지 않다. 예상대로라면 미래의 비행기에는 알루미늄이 지금보다 덜 사용되기는 하겠지만, 어쨌든 알루미늄은 늘 우리 항공 여행의 동반자가 될 것이다.

알루미늄으로 만든 차를 타다

1930년대 '질버파일은색 화살'이라는 별명으로 불린 메르세데스 벤츠의 그랑프리 스포츠카는 지금도 전설적인 차다. 이 탁월한 스포츠카는 국제 자동차 경주 대회마다 연전연승했다. 알루미늄으로 제작된 은색 유선형 차체는 수많은 사람들의 마음을 사로잡았다. 당시 이 차의 차체에 도장을 하지 않은 것은 순전히 임시방편이었지만 이것이 전설을 만들어 냈다.

질버파일의 탄생

1934년 6월 뉘르부르크 자동차 경주장Nürburgring에서 전설적인 아이펠 경주가 있기 직전까지 모든 것은 순조로웠다. 그런데 메르세데스 경주 팀은 신경이 바짝 곤두서 있었다. 이 팀의 에이스이자 가장 큰 기대를 걸고 있었던 카레이서 루돌프 카라치올라Rudolf Caracciola는 경주가 시작되기 직전 다리에 부상을 입어 대회 출전을 포기해야 했다. 신인이었던 그의 동료 만프레트 폰 브라우히치Manfred von Brauchitsch가 그 대신 핸들을 넘겨받을 예정이었다. 하지만 문제가 생겼다. 하얀색으로 도장한 메르세데스 벤츠 W25가 중량 검사에서 규정된 중량을 초과했기 때문이다. 국제 자동차 경주대회 사무국은 1934년 가벼운 자동차를 장려하며 포뮬러 대회에 참가하는 자동

메르세데스 벤츠 W25(은색화살)가 1934년 6월 15일 뉘르부르크 경기장에서 우승하는 장면. 중량을 줄이기 위해 알루미늄 차체의 도장을 벗겼다. ⓒ Daimler AG

차의 최대 중량을 750킬로그램으로 제한했다. 그런데 저울로 측정한 메르세데스 벤츠 W25의 무게는 751킬로그램이었다. 1킬로그램이 일상생활에서는 그리 큰 문제가 되지 않겠지만, 자동차 경주에서는 대단한 무게였다. 이미 차체 중량을 줄일 수 있는 한 최대로 줄인 경주용 차에서 더 줄일 곳은 없었다. 작은 나사 하나, 스프링 하나, 철판 하나까지도 이 차에서 필요 없는 부분은 단 1그램도 없었다.

"생각을 짜내봅시다. 그렇지 않으면 우리는 곤경에 처합니다 gelackmeiert!" 신경이 곤두선 브라우히치가 기술팀장에게 독촉한 이 말속에 문제 해결의 단서가 들어 있었다. '곤경에 처하다gelackmeiert'라는 말에서 사람들은 '칠하다lackiert'라는 말을 떠올리며 '칠을 벗기면 되겠다.'는 생각을 하게 된 것이다. 실제로 W25 차체의 도장은 충분히 벗길 수 있었다. 그래서 이 팀의 엔지니어들은 차체의 알루미늄 표면이 은색으로 빛나며 완전히 드러날 때까지 차에 달라붙어 사포질을 하며 도장을 벗겨 나갔다. 이 벌거벗은 메르세데스를 타고 브라우히치는 뉘르부르크 자동차 경주장에서 탁월한 성적으로 우승해 사람들을 깜짝 놀라게 했으며, 이 후에도 많은 대회를 석권한다. 이로써 전혀 가공되지 않은 빛을 발산하는 알루미늄 차체는 아주 독특한 미적 효과를 발휘하며 '질버파일'이란 상표가 되고 속도의 상징이 된다.

매혹적인 속도

자동차 설계사들이 제일 먼저 알루미늄에 손을 뻗은 이유는 더 빨리 달리고 싶다는 소망 때문이다. 이 가벼운 금속은 엔진과 차체의 무게를 줄여주고 자동차의 가속능력을 높여주기 때문이다. 뿐만 아니라 알루미늄을 이용하면 연료소비를 줄이고 타이어와 동력장치의 마모도 줄일 수 있다. 하지만 자동차 제작에서 알루미늄의 사용을 옹호하는 이런 경제학적, 생태학적 측면들은 1930년대에야 비로소, 특히 1970년대 이후로 전면에, 부각된다. 이것은 알루미늄과 자동차의 탄생시기가 같았고 둘 다 붙임 많은 시기를 보냈다고 해석할 수 있다. 칼 벤츠Carl Benz가 세계 최초로 자신이 개발한 가솔린 엔진 자동차를 몰고 만하임Mannheim 거리에 나타났던 1886년은 홀과 에루가 알루미늄 제조를 위한 수용전기분해법을 고안한 해이기도 하다. 이후 약 10년 뒤 알루미늄은 저렴한 가격으로 대량생산 된다.

자동차의 진보도 이와 나란히 이루어진다. 1899년 9월 전문잡지인 〈알루미늄 세계The Aluminium World〉는 '말이 끌지 않는 마차 horseless carriages'의 중요성이 날로 부각되고 있다는 것에 관심을 보인다. 이 시점에 알루미늄도 나무와 강철, 놋쇠와 함께 처음 자동차 재료로 등장한다. 이때부터 이 두 분야는 점점 더 뗄 수 없는 관계를 맺게 된다. 자동차 교통의 비약적 발전과 대규모 동력화의 시작은 알루미늄의 소비를 촉진한다.

차체 제작과 특히 엔진 제작 분야는 막대한 수요가 있는 시장이다. 1913년에서 1938년 까지 독일의 승용차와 화물차 생산량은 2만 388대에서 34만848대로 늘어난다. 1920년대 말 경에 벌써 전 세계에서 생산된 알루미늄의 약 40퍼센트가 자동차와 비행기, 선박 생산에 들어간다. 오늘날까지 알루미늄 사용량이 가장 많은 곳은 교통 분야로 그 비중은 43퍼센트다.

자동차산업 초창기에 알루미늄은 주로 차체 재료로 사용되었다. 이때까지만 하더라도 알루미늄은 전통적인 재료인 나무나 강철에 비해 비싸고 가공에도 비용이 많이 들어갔다. 무엇보다도 알루미늄을 솜씨 있게 다룰 숙련된 전문가가 부족했다. 이 때문에 처음에 나온 알루미늄 차체는 주로 스포츠카나 고급 자동차에만 한정되어 사용된다. 알루미늄 차체 제작의 선두주자는 독일 빌레펠트Bielefeld에 위치한 재봉틀과 자전거 제조 기업인 뒤르코프Dürkopp인데, 이 기업은 1899년 국제 모터쇼에서 차체를 알루미늄으로 제작한 소형 스포츠카를 선보여 주목을 받는다. 1907년에 제작된 롤스로이스의 실버 고스트silver Gohst 역시 관람객의 놀라움과 찬사를 불러일으켰다. 상류층을 겨냥한 이 고급차는 은은한 광택이 흐르는 알루미늄 차체를 뽐내고 있었다. 1912년 미국의 피어스 애로우 자동차Pierce- Arrow Motor Company는 알루미늄을 주조해 만든 부품으로 자동차를 조립하기 시작한다. 초기 미국에서 알루미늄 차체를 사용한 또 다른 예는 1923년에 제작된 포머로이Pomeroy로, 이 차의 중량은 전통적인 자동차의 차체 무게와 비교했을 때 겨우 2/3에 불과했다.

이로써 초기 알루미늄 차체는 나무나 강철로 제작된 전통적인 차체보다 훨씬 더 가볍고 경쟁력도 있었지만, 도로에서 장기적으로 사용하기에는 적당하지 않았다. 이 문제는 1920년대 바이에른 자동차가 고급자동차 외에도 견고한 자동차를 만들어 보겠다는 계획을 세웠을 때 나타난다. 이 프로젝트를 맡은 부니발트 쿰Wunibald Kumm은 1924년 소형차 제작을 계획한다. 차체를 알루미늄으로 만들 예정이었지만 시제품 자동차가 내구성과 견고함에서 만족할만한 결과를 보여주지 못해 계획은 곧 취소된다.

이에 반해 경주용 스포츠카는 내구성을 요구하거나 대량생산이 필요한 차가 아니다. 이 차에서 중요한 것은 속도다. 그러므로 경주용 스포츠카 제작에서 알루미늄처럼 가벼운 금속을 신뢰하게 된 것은 당연하다. 1920, 1930년대 도로와 하늘에서는 속도 신기록이 연이어 갱신된다. 속도는 그 시대 사람들을 매혹시킨 새로운 관심거리였다. 사람들 대부분이 그저 지켜보는 관객의 역할에 만족해야 했지만 매우 많은 대중이 이 속도에 완전히 매혹된다. 자동차 경주대회가 연이어 창설되며, 아주 위험한 코스의 경기장도 건설된다. 1921년 모터스포츠 경기장과 자동차 성능시험장 기능을 동시에 갖춘 'AVUS'라는 시설이 베를린에 문을 열고, 1927년에는 독일 아이펠Eifel 지역에 뉘르부르크 자동차 경기장이 새롭게 완공된다.

경주용 자동차를 좀더 가볍고 날씬하게 만들기 위해 자동차 제작자들은 엔진은 물론이고 차체에도 알루미늄을 사용한다. 1934년부터 1937년까지 포뮬러 대회에서 경주용 자동차의 최대 중량을 750킬로그램으로 제한하는 규정을 만든 것도 알루미늄 차체 제작 기술을 계속 발전시킨 한 요인이다. 전설적인 자동차인 '은색화살'의 시대도 이 시기와 일치한다. 이 스포츠카는 알루미늄이 속도와 밀접한 연관성이 있다는 것을 입증한다. 물론 바이에른 자동차가 1934년에서 1940년까지 세 가지 버전으로 생산한 은색 BMW328형 자동차역시 이것을 증명한다. 이 차는 최고 시속 150킬로미터로 당시 세계에서 가장 빠른 자동차로 등극하며 462대나 팔린다. 이 자의 알루미늄 차체는 견고한 강철 프레임 구조로 제작된 당시 거의 모든 경주용자동차와 마찬가지로 유선형 디자인을 택했다.

1930년대 생산된 모든 교통수단의 디자인이기도 한 유선형은 원래 비행선이나 비행기 제작에서 유래한 것이다. 가능한 공기 저항을 줄이기 위해 당시 설계사들은 기체역학 이론에 따라 자동차를 디자인했다. 유선형 디자인의 전형적인 특징은 어디 한군데 툭 튀어나오지 않은 매끄러운 선과 활처럼 구부러진 유연한 윤곽이며, 이것은모서리나 가장자리가 날카롭게 튀어나왔거나 둥글게 솟아오른 전통디자인과는 거리가 멀었다. 그 형태나 재료로 인해 유선형 디자인은다이내믹하고 빠른 속도를 연상시킬 뿐 아니라 기술의 진보와 현대성을 떠올리게 만든다. 강철이나 합성수지도 매끈하게 가공할 수는있지만 가벼움은 알루미늄을 따라갈 수 없었다. 알루미늄 차체로 만든 유선형 자동차나 알루미늄으로 제작된 비행기와 비행선, 기차는1930년대 속도 기록을 모두 갈아치운다.

컨베이어벨트에서 생산되는 알루미늄 피스톤

알루미늄 차체 외에도 알루미늄으로 제작된 기어박스나 엔진 본체도차 무게를 줄이는데 일조한다. 이중에서 제일 먼저 확고한 위치를 차지한 것은 알루미늄 피스톤이다. 이와는 반대로 알루미늄 엔진은 가격이 비싼 편이어서 고급 승용차나 경주용 스포츠카 외에는 거의 사용되지 않는다. 한 가지 예외가 있다면 전설적인 승용차 오펠4/12PS

이다. 이 차는 녹색으로 도장되었기 때문에 사람들이 '청개구리'라고 부르며 놀리기도 했다. 이 청개구리는 독일 최초 컨베이어 벨트 시스템으로 제작된 승용차다. 이 시리즈의 차가 처음 출고된 것은 1924년이다. '누구나 탈 수 있는 차'라는 개념으로 설계되었기 때문에 빈틈없이 꽉 차게 조립된 알루미늄 엔진이 실렸고, 무게 560킬로그램, 출력 12마력으로 최고 시속 60킬로였다.

독일은 물론이고 미국도 20세기 초반이 되어서야 알루미늄 피스톤을 처음 시험하게 된다. 1907년 자우어란트 지방에 위치한 주물 회사인 바세운트젤베Basse & Selve는 항공기 엔진에 들어갈 피스톤을 알루미늄으로 만드는 실험을 한다. 알루미늄은 주철로 만든 전통적인 피스톤보다 가볍고 열전도율도 훨씬 더 좋다는 장점에도 20세기에 들어서야 비로소 대중적인 부품으로 입지를 다진다. 이렇게 된 이유는 여러 가지 기술적 문제 외에도 엔지니어들이 알루미늄에 대해 갖고 있는 불신감이 너무 컸기 때문이다. 그들은 엔진 피스톤에 가해질 열이나 압력, 마찰에 알루미늄이 잘 버틸 수 있을 지 의심했다. 이처럼 피스톤의 재료로 알루미늄이 적당한가 하는 의구심은 세월이 좀더 지난 후에야 해소된다.

알루미늄 피스톤의 가장 큰 장점은 가볍기 때문에 엔진 피스톤의 상하운동에 힘이 훨씬 적게 든다는 것이다. 이로 인해 엔진의 회전수와 출력이 높아지는 반면 연료소비는 줄어든다. 이에 반해 온도상승에 따라 알루미늄이 어느 정도 팽창되는지에 대한 지식이 부족하다는 것이 문제점으로 지적된다. 실린더와 피스톤의 마모를 피하려면 엔진이 뜨겁게 가열되었을 때 실린더와 피스톤 사이의 간격이 충분히 확보되어야 하기 때문이다. 이 간격을 유지하려고 처음에는 실린더로부터 피스톤을 충분히 이격시켜 엔진을 제작했는데, 엔진이 차게 식은 상태에서 피스톤이 심한 소음을 내며 매우 불안하게 작동했다.

알루미늄 피스톤을 처음 자동차에 사용한 것도 경주용 스포츠카 설계사들이다. 1914년 리옹Lyon에서 열린 그랑프리 경주에서는 알루미늄 피스톤을 사용한 다임러 자동차가 우승한다. 1차 세계대전이 터지자 알루미늄 피스톤은 특히 항공기 엔진 분야에서 입지를 다진다. 1920년대 미국에서 알루미늄 피스톤이 대량생산된 것도 자동차의 대중화와 연관된다. 이 때문에 당시 위기에 빠졌던 독일 자동차 업계도 경쟁력을 갖추기 위해 알루미늄 피스톤의 성능 개선에 더욱 박차를 가한다. 곧 독일 자동차 업계는 알루미늄과 규소 합금으로 만든 새로운 피스톤을 개발했으며, 이것은 엔진 소음을 줄여주었을 뿐아니라 피스톤과 실린더의 마모 현상도 없애주었다.

1920년대 말 독일에서도 알루미늄 피스톤이 대량생산된다. 용해 상태의 알루미늄을 주조형상에 완전히 일치하도록 가공된 금형에 주입해 금형과 똑같은 주물을 얻는 정밀주조법인 중력다이캐스팅 기술이 개발되었고, 미국에서 들어온 컨베이어벨트를 이용한 생산 시스템도 자리를 잡는다. 일렉트로메탈Elektronmetall에서 피스톤 하나를 생산하는 데 드는 시간은 원래 30분이었지만 1928년 이후로는 10분이면 충분했다. 1930년대 접어들면서 알루미늄 피스톤은 자전거의 보조 엔진부터 시작해서 자동차와 항공기, 선박 엔진에 이르기까지 거의 모든 내연기관의 엔진에 사용되었다. 당시 나온 연구 결과에 따르면 1935년 유럽에서 생산된 알루미늄 피스톤 양은 1천만 개에 달한다.

명품 알루미늄 차체

알루미늄 피스톤이 경쟁 관계에 있던 회선철灰銑鐵로 만든 피스톤을 시장에서 몰아내는 데는 성공했지만, 알루미늄 차체의 발전은 정체되고 있었다. 2차 세계대전 후에도 알루미늄 차체를 사용한 차는 고급 승용차 외에는 거의 찾아보기 힘들었다. 이에 대한 가장 좋은 예는 메르세데스 벤츠가 1954년에서 1957년까지는 날개 문이 달린 쿠페로, 1957년부터 1963년까지는 로드스터로 출시한 메르세데스 300SL자동차다. 이 차는 원래 순수 경주용 차로 기획되었다. 그래서 300SL이라는 명칭도 '300형 가벼운 스포츠 카300 Sport Leicht'라는 뜻이다. 그래서 엔진과 전동장치에 그 당시로는 아주 높은 비중인 약 50킬로그램의 알루미늄을 사용했다. 쿠페 형 차에 들어간 알루미늄은 90킬로그램이 넘었다. 바이에른 자동차가 1955년 경쟁모델로 내놓은 BMW507 역시 이 정도 수준이었다. 엔진과 차체를 알루미늄으로 제작한 이 날렵한 스포츠카는 총 중량이 1천250킬로그램에 총알 같이 빨랐지만 가격은 2만6천500마르크로 엄청 비쌌다. 1956년에 이 가격이면 좋은 연립주택 한 채나, 원한다면 풍뎅이처럼 생긴 폭스바겐 비틀을 7대나 살 수 있었다.

당시 자동차 대부분이 그랬던 것처럼, 비틀의 차체도 거의 강철로 만들었다. 전쟁 중에 강철을 구하는 것은 힘들었지만, 1950년대 초부터 다시 대량 구매할 수 있게 되었다. 강철의 장점은 우선 알루미늄보다 가격이 저렴하고 별 문제 없이 용접할 수 있다는 것이다. 더욱이 경제기적을 이루고 있던 시절에는 석유 값이 싼 편이었기 때문에 에너지를 절약해야 할 이유도 없었다. 그래서 전후 자동차 제조회사들은 대부분 무겁고 튼튼한 강철 차체를 신뢰했다. 알루미늄 차체는 2차 세계대전 이전에도 그리 많이 사용되지 않았지만, 전후에는 소형 및 중형차 분야에서 완전히 사라졌다.

하지만 예외는 늘 있는 법이다. 전후에 생산된 영국의 네바퀴 굴림 지프인 랜드로버는 당시의 관행을 깨고 알루미늄 차체를 선택한다. 전쟁이 끝난 직후 영국 정부는 급하게 외화가 필요했기 때문에 저렴한 가격대의 자동차를 생산해 수출량을 늘이도록 자동차 업계에 압력을 넣는다. 그때까지 고급 승용차만을 전문적으로 생산했던 로버Rover는 우선 농업용으로 쓸 튼튼한 차를 제작한다. 전후 강철 비축분이 거의 소진된 상태라 고물 전투기에서 나온 두랄루민으로 차체를 만들었다. 이렇게 차체에 두랄루민을 쓰게 된 것은 큰 행운으로 돌아왔다. 알루미늄 차체의 긴 수명이 랜드로버의 상징이 되었기 때문이다.

석유파동으로 인한 사태의 급변

1970년대로 접어들면서 상황은 급변한다. 그때까지 자동차 업계에서 초고속의 상징으로만 알려졌던 알루미늄은 석유파동으로 인해 제기된 자원 절약과 환경보호 논의를 거치면서 새로운 가치를 얻게 된다. 환경의식의 관점에서 보면 강철 무게의 1/3밖에 되지 않는 알루미늄의 가벼움은 이제 석유와 자원의 절약을 먼저 연상시킨다. 조금이라도 중량이 덜 나가면 연료 소모와 배기가스 양을 줄일 수 있어 친환경성을 더 개선시킬 수 있기 때문이다. 여기다 알루미늄 비중이 높은 가벼운 승용차는 원료 절약 효과도 볼 수 있다. 알루미늄의 사용은 경제적인 관점은 물론이고 생태학적 관점에서도 새로운 의미로 부각되기 시작했다.

하지만 1970년대에도 알루미늄이 환경에 미치는 효과에 대해서 논란이 없었던 것은 아니다. 비판가들은 보크사이트를 알루미늄으로 바꾸는 데 너무 많은 에너지가 소비된다는 것에 거부감을 느꼈다. 게다가 알루미늄의 환경 훼손과 광석 채굴이 몰고 온 사회적 결과를 비판하며, 수용전기분해법에서 배출되는 불소이산화물과 이산화탄소에 대해서도 문제를 제기한다.

물론 알루미늄 옹호자들 역시 논리 정연한 논증을 준비하고 있었다. 오늘날까지도 통용되는 계산이지만, 차 제작에서 알루미늄 1킬로그램을 사용하면 강철 약 2킬로그램을 대체할 수 있다. 자동차 무게를 150킬로그램 줄이면 100킬로미터 당 기름 1리터를 아낄 수 있다. 이 계산에 따르면, 알루미늄을 생산하는 데 필요한 에너지는 자동차가 3만5천 킬로미터만 달리면 충당할 수 있다.

오늘날 알루미늄을 옹호하는 사람들도 여전히 이런 논증을 펼치고 있다. 현재 수송 분야에서 사용되는 알루미늄은 약 1억5천만 톤이다. 이로 인해 연간 2억 톤의 연료를 절약할 수 있으며, 이 양은 독일 연간 에너지 소비량의 4배에 해당된다. 운송 분야에서 알루미늄을 사용함으로써 절약하게 된 에너지의 총량은 알루미늄 생산에 들어가는 연간 에너지 필요량의 3배나 된다. 그밖에도 약간의 에너지를 이용하면 알루미늄은 마음대로 재활용할 수 있다는 것도 긍정적인 효과에 들어간다.

교통 분야에서 알루미늄이 생태학적 장점이 많다는 것은 논란의 여지가 없다. 하지만 알루미늄 생산은 너무 에너지 집약적이며, 사회, 환경 친화성도 부족하다. 그러므로 문제는 이런 부정적인 효과를 감내하면서 알루미늄을 이용해 무엇을 생산할 것인가 하는 점이다. 분명한 것은 수명이 짧은 일회용 포장재는 아니라는 것이다. 하지만 우리에게 자동차는 매우 중요하고 유용한 물건 아닌가? 확실한 것은 사람들 대부분이 자동차를 쉽게 포기하지 못할 것이라는 사실이다. 그러니 에너지 소비를 줄이고 오염물질 배출을 줄일 수 있는 가벼운 차를 만드는 것을 그냥 무시할 수만은 없다.

다시 1970년대로 돌아가 보자. 당시 사람들이 가벼운 차로 바꿔 타게 된 것은 환경적인 이유보다는 석유 값이 너무 급격히 오른 이유가 컸다. 늘 그렇지만 지갑 사정은 중요한 구매 결정 요소가 된다. 그래서 1970년대 후반부터 자동차 업계는 좀더 가볍고 좀더 경제적인 차를 개발하는 데 집중했으며, 때문에 알루미늄이 경쟁 원료인 강철보다 두 배나 비싸다는 것도 감수하게 된다. 당시 뜻밖에 치솟은 자동차에 대한 수요는 알루미늄 붐을 조성했고, 이것이 1970년대 초반 이후 매출 위기에 빠져 있었던 알루미늄 업계에 새로운 활력을 불어넣었다.

1970년대 초반 유럽 승용차 회사들은 대부분 엔진 피스톤만 알루미늄으로 만들었던 반면, 그 후로는 자동차 부품에서 알루미늄이 차지하는 비율이 계속 상승한다. 바퀴 테와 기화기, 냉각 장치, 연료 탱크, 실린더헤드 덮개, 기어 덮개, 기어박스 전체, 엔진 본체까지도 이제 알루미늄으로 만든다. 얇은 차체도 마찬가지다. 자동차 회사는 강철이나 다른 원료로 만들던 부품들을 차츰 알루미늄 부품으로 대체해 나간다. 그들의 자동차 기술 개발 원칙은 간단하다. '자동차가 가벼울수록 에너지 효율은 더 높아진다.' 1970년 유럽 자동차 한 대에 들어가는 알루미늄 비중은 30킬로그램 수준이었다. 1980년 이것은 43킬로그램으로 늘어나고, 1990년에는 61킬로그램, 1999년에는 99킬로그램까지 올라간다. 현재는 약 150킬로그램에 달하는데, 이것이 자동차 한 대의 총 중량을 300킬로그램까지 줄여준다.

자동차 생산의 전환점

독일 자동차 제조회사인 아우디Audi는 알루미늄을 단계적으로 도입하는 대신 혁신적인 전략을 추구한다. 1980년대 이 회사는 자동차를 완전히 알루미늄으로만 만들겠다는 목표를 밝힘으로써 자동차 생산에 일대 전환점을 찍는다. 가능하다면 장차 아우디 자동차는 지붕부터 바퀴까지 알루미늄으로 만들겠다는 것이다. 알루미늄을 아우디의 상표로 만들겠다는 이 회사의 새로운 전략 이면에는, 알루미늄의 모든 장점은 강철 재료를 완전히 포기할 때라야 드러난다는 설계사들의 확신이 숨어 있다. 이들의 생각에 따르면, 강철 부품을 알루미늄과 일대일 방식으로 교체하는 것은 원칙적으로 무의미하다. 두 재료는 성질이 서로 완전히 다르기 때문이다.

강철 차대에서 출발해 여기에 알루미늄 철판을 입히는 다른 회사의 일반적인 제작 방법과는 달리 아우디는 알루미늄으로만 된 차체를 선호한다. 1994년 아우디는 고급 승용차인 아우디 A8에 이 차체를 도입한다.

1999년 나온 A2에 적용된 스페이스 프레임 기술[15]은 소형과 중형차 분야에 이용된다. 1990년대 초반에 드러났던 초기의 여러 문제점도 그 사이에 해결된다. 당시 자동차 딜러들은 새로운 알루미늄 차체에 대해 알루미늄은 용접이 잘 안 된다는 불만을 제기했다. 그 사이 다른 자동차 회사들도 아우디의 뒤를 쫓아왔다. 2003년 재규어Jaguar는 차체를 알루미늄으로 만든 신차 Xj를 시장에 선보인다.

---

15) Audi Space Frame(ASF)이란 단조 알루미늄 프레임과 다이캐스트 연결부로 이루어진 스페이스 프레임으로 하중을 견디게 하고, 알루미늄 패널을 프레임에 부착해 차의 실내 공간을 구성하는 혁신적인 자동차 설계기법이다. 아우디는 이 기술로 자사의 자동차를 혁명적으로 가볍게 만들 수 있었다.

차체를 알루미늄으로만 제작한 아우디 A8은 1994년에 나온다. © Audi AG

알루미늄 차체로 차의 중량을 줄인 자동차가 늘어난다는 것은 반가운 일임에 분명하지만, 이 차의 연료절감 효과는 거의 시내 주행에서만 나타난다. 특히 출력이 높은 중대형 차의 운전자들이 가속 페달을 더 세게 밟자마자 이 효과가 사라져 버리기 때문이다. 아우디의 신형 고급 스포츠 카 R8의 차체 역시 알루미늄이다. 이 차는 1930년대 전설적 차 '은색화살'의 신화를 이었으며, 이보다 훨씬 더 빠른 속도를 자랑한다. 여기다 연로 소모량까지 더 줄였다는 것은 긍정적인 부수효과다.

오늘날 자동차 제조회사들 거의 대부분이 원칙적으로 동의하고 있는 사실은 앞으로 자동차는 가벼워야 살아남는다는 것이다. 미래의 자동차는 지금보다 훨씬 더 가벼워야 한다. 하지만 현실은 정반대로 가고 있다. 자동차 기술이 현대화되면 될수록, 그 만큼 편의시설과 안전장비에 비용을 더 많이 들이기 때문이다. 그동안 전자식 창문 개폐장치, 에어컨, 전자식 조종 시스템과 네비게이션 그리고 동승자를 위한 오락설비들이 개발되었다. 이처럼 새로운 기술이 추가되고 값 비싼 장비가 자동차에 들어가면, 그만큼 차의 중량도 늘어날 수밖에 없다. 그래서 자동차 중량은 기술이 발전할수록 점점 더 빨리 늘어나는 추세다. 신형 자동차는 모두 구형 모델보다 더 무겁다. 이것은 폭스바겐 골프Golf에서도 나타난다. 1975년 처음 출시된 골프 시리즈의 첫 차인 Golf I의 중량은 약 750킬로그램이었지만, 2004년 형 Golf V는 약 1200킬로그램이다. 이것은 오늘날 소비자들이 차를 오랫동안 경제적으로 타겠다는 욕심보다는 안락함과 안전성을 더 따지기 때문이다.

가벼운 차는 여러 재료로 만들 수 있다. 차의 경량화에 적합한 재료는 알루미늄 밖에 없다고 절대 말할 수 없다. 그래서 오늘날 신형 자동차 분야에서 재료 전쟁이 격렬하게 벌어지고 있는 것이 이상할 게 없다. 문제는 이 재료를 소비할 수 있는 대규모 시장이다. 알루미늄보다 더 가벼운 마그네슘이 알루미늄의 경쟁자로 부상하고 있지만, 지금보다 강도를 더 높인 신형 강철과 탄소섬유를 강화시킨 플라스틱 같은 합성재료나 압착재료 등도 알루미늄의 라이벌이다. 나중에 누가 승리를 쟁취할지 아무도 모른다. 모든 재료에는 나름대로 장단점이 있기 때문이다. 전문가들은 가벼운 자동차의 미래는 이 재료들을 어떻게 혼합할 수 있느냐에 달렸다고 추측한다.

하지만 다른 재료들을 한 데 모은다 할지라도, 승용차 제작이 알루미늄 사용량을 늘일 수 있는 가장 중요한 분야라는 사실을 바꿀 수는 없을 것이다. 1950년 전 세계의 자동차 숫자는 5천만대였지만, 1997년 5억8천만대, 그리고 현재는 8억대까지 늘어났다. 기후변화

에 관한 정부 간 토론회에 참가한 기후 전문가들은 2050년에는 이 숫
자가 20억대로 늘어날 것이라고 예상했다.

알루미늄으로 요리하다

19세기 말 알루미늄 냄비와 프라이팬, 주전자, 우유 단지를 가져보는 것은 주부들의 소원이었다. 가정집 부엌에 알루미늄이 들어오게 된 것은 새로운 사용분야를 찾아내 기존의 전통 재료를 몰아내기 위한 알루미늄 제조회사의 발 빠른 전략 덕분이었다. 이런 전략은 베스트팔렌 지방의 취사기구 회사의 사례처럼 가공 산업의 협력과 관심을 전제로 한다. 하지만 그 당시 이미 베스트팔렌 철제 식기로 세계시장의 절반을 석권하며 명성을 날렸던 베스트팔렌 식기제조회사가 알루미늄 주방도구의 생산에 관심을 가질 이유는 없었다. 특히 1880년대 철과 달리 알루미늄은 독일에서 생산되지 않았으며, 이웃나라인 스위스에서 수입해야 했다. 그런데 바로 이곳, 즉 스위스 알루미늄주식회사로부터 알루미늄 식기 제조에 대한 제안이 들어온다.

뤼덴샤이트에서 제조된 알루미늄 상품

아버지의 금속가공회사를 물려받아 운영한 뤼덴샤이트Lüdenscheid 출신의 사업가 칼 베르크는 처음부터 이 새로운 금속에 관심이 많았다. 그는 이미 1888년부터 알루미늄합금을 실험했고, 1890년대 비행기 개발의 선구자들에게 알루미늄을 공급했다. 스위스 알루미늄주식회사가 사업파트너로 베르크를 선택한 데는 충분한 이유가 있었다. 우선 이 베스트팔렌의 사업가는 새로운 소재에 대해 개방적이었으며 이에 열광할 줄 알았고, 사업가적 안목도 깊었기 때문이다. 두 번째로 때마침 베스트팔렌의 식기 제조업계가 심각한 위기를 맞고 있었기 때문이다. 자우어란트Sauerland 지역에 몰려 있던 철제식기 전문 생산업체는 세계 경제 위기 이후 1873년에서 1895년까지 독일이 취한 보호관세 정책의 결과로 생존의 위협을 받고 있었다. 미국이 1883년 최고 세율의 관세정책을 도입했기 때문인데, 이것은 1890년 보호주의적인 맥킨리 관세법으로 절정에 달한다. 이로써 독일에서 수입된 강철 완제품에 대해 상품 가격의 40-70퍼센트까지 세금을 물렸다. 이것은 수출 중심의 독일 강철업계에 치명적 타격이었다. 이 분야의 실업률은 급격히 치솟았다. 1891년 한 해만 하더라도 금속업계의 대부분인 12만 명의 독일 노동자들이 새로운 땅에서 새 출발 하기 위해 바다 건너 이민을 떠난다.

그런데 알루미늄 제품은 미국의 높은 관세장벽을 피할 수 있었다. 그 이유는 간단하다. 당시 알루미늄은 거의 실용적이지 않았기 때문이다. 스위스 알루미늄 주식회사는 이 틈을 비집고 들어가 성공을 거두며, 베스트팔렌 강철 식기 업자들에게 강철 식기보다는 앞으로 알루미늄 제품을 만들어볼 것을 권유한다. 1891년 주방기구나 군용 수통, 컵을 만들기 시작한 칼 베르크는 제조과정의 기술적 문제를 다 해결한 뒤 곧장 알루미늄 주방도구를 생산하기 시작한다.

초기에 베르크 직원들은 중앙부가 텅 빈 알루미늄을 선반이나 프레스를 이용해 그릇 모양으로 만드는 방식을 썼다. 하지만 시간도 많이 걸리고 너무 노동집약적이었기 때문에 사출성형 방식으로 바뀌 빠르고 값 싸게 알루미늄 제품을 생산한다. 알루미늄 식기를 넓은 시장에 수출하려면 우선 가격 경쟁력이 있어야 했다. 바로 이런 이유로 이 회사 제품은 과도하게 장식을 달거나 불필요하게 꾸미지 않고 매우 단순하고 실용적이다. 베르크의 성공에 자극받은 자우어란트의 다른 회사들도 그의 제품을 모델로 알루미늄 식기를 만든다. 가장 중요한 시장인 미국에서도 알루미늄 식기를 생산하는 회사가 등장한다.

새로운 식기와 회의적인 주부

하지만 주부들은 지금까지 사용해온 구리와 함석, 주철, 법랑 식기를 당장 알루미늄 식기로 바꾸지는 않는다. 그들은 깃털처럼 가볍고 반짝이는 빛으로 유혹하는 알루미늄 그릇을 아직 믿지 못했기 때문이다. 그럴만한 이유도 있었다. 우선 1890년대에 처음 나온 알루미늄 그릇이 일부 질이 떨어졌기 때문이다. 둘째로 그동안 많이 사용했던 금속에 독성이 있다는 사실을 알고 있던 주부들이 섣불리 새로운 금속으로 바꾸려하지 않았다. 그들은 최소한 이 금속의 무해성이 입증될 때까지 새 식기의 사용을 미뤘다. 구리에는 녹청綠靑이 끼고, 철은 녹이 슬며, 주석은 건강에 해로운 납에 쉽게 오염될 수 있었다. 알루미늄에 어떤 위험이 숨어 있을지 누가 알겠는가?

알루미늄 식기를 맨 처음 시험해 본 사람은 군인들이다. 야전에서 그들은 알루미늄 수통으로 물을 마셨고 알루미늄으로 만든 반합이나 식기도 사용했다. 이 가벼운 식기는 군인에게 매우 유용했다. 그밖에도 1890년대 제국 보건부와 베를린의 프리드리히 빌헬름 보건·화학 연구소에서 실시된 연구결과에 따르면, 알루미늄 식기는 음식 준비에 매우 적합한 재료다. 스위스 알루미늄 주식회사가 내놓은 1896년 주방기구와 가재도구에 대한 연구보고서도 이와 동일한 평가를 내린다. 이 글 서문을 보면 알루미늄은 주방기구와 음료

수 용기로 가장 적합한 금속이다. 알루미늄은 다른 금속에서 발견되는 유독성 화합물이나 화학적 화합물이 형성될 가능성이 전혀 없기 때문이다.

알루미늄 식기는 군대 취사장에서 일반 주방으로 들어오게 된다. 거친 야전에서도 망가지지 않았던 그릇은 가정집 주방에서도 마찬가지였다. 이제는 널리 알려졌지만 이런 긍정적 평가가 처음부터 있었던 것은 아니다. 새 그릇과 오래된 그릇을 억센 솔이나 연마 세제로 마구 닦는 주부들과 하녀들의 우악스러운 설거지 습관으로 인해 알루미늄 식기 표면의 광택은 금방 바래지고, 냄비에는 긁힌 흔적이 깊이 남아 있었다. 지금까지 설거지에 사용된 알칼리성 세척제도 알루미늄의 표면을 공격했다. 사람들이 새로운 식기를 잘못 다루어서 생긴 실망과 분노는 알루미늄 식기의 보급을 방해했다. 이 때문에 곧 제조회사와 상인들은 알루미늄 식기를 판매할 때 올바른 사용법까지 자세히 설명해 주었다.

알루미늄 주방기구가 초기에 성공할 수 없었던 또 다른 이유는 가격 때문이다. 알루미늄 주방기구는 법랑이나 주석 도금한 주석 식기보다 훨씬 더 비쌌다. 하지만 이에 비해 알루미늄 주방기구는 훨씬 더 오래 사용할 수 있었다. 알루미늄 냄비나 찜통은 녹이 슬지 않기 때문이다. 스위스 알루미늄 주식회사의 경우처럼 고급 순수 알루미늄을 재료로 만든 것이라면 절대로 녹이 슬지 않았다.

알루미늄 식기에 이처럼 회의적인 반응을 보인 주부들을 설득하기 위해 알루미늄 제조회사는 알루미늄 냄비는 가볍고 광택이 좋으며 열전도율이 높다는 등 장점을 끊임없이 홍보한다. 알루미늄 냄비는 음식 요리 시간을 줄여주고, 주부의 작업 소요 시간과 연료를 절약해 준다. 그밖에도 알루미늄 냄비는 요리에 금속성 맛을 남기

지 않는다.

알루미늄 제조회사는 과학적으로 권위 있는 연구소에서 내놓은 학술연구 결과를 슬쩍 베껴 만든 소책자와 팸플릿에 전문적이며 학술적인 어투로 알루미늄의 여러 장점을 홍보한다. 사전에 충분히 교육받은 직원들이 전시회나 박람회에 나가 고객이 보는 앞에서 요리 시범을 보이거나 과학실험실에서 행하는 것과 똑같은 엄격한 절차를 거쳐 알루미늄 그릇의 세척실험을 해 보이기도 한다. 이들이 굳이 과학적인 방법을 이용해 홍보하려 한 이유는 객관성과 엄격성을 강조해 잠재 구매자들의 의구심을 완전히 불식시키고자 했기 때문이다. 이처럼 알루미늄의 장점을 홍보하는 데 과학을 끌어들인 또 다른 이유는 집과 가사를 혁신시킬 수 있는 알루미늄의 현대성을 부각시키기 위해서다. 과학과의 친밀한 연관성은 알루미늄에 현대적 성격을 부여했다.

1차 세계대전이 일어나기 전만 해도 알루미늄은 그 당시 식기 재료로 일반적이었던 주석과 양은, 놋쇠, 구리, 철 등과 심한 경쟁을 벌였다. 전쟁기간 동안 알루미늄은 군용물자 생산을 위해 징발되거나 전쟁으로 인해 더 이상 수입할 수 없는 재료의 대체 재료로 사용된다. 생산품목을 바꾸는 것은 이제 다반사가 된다. 기업들은 이제 알루미늄 주방도구 대신 전쟁 물자를 만든다. 이 때문에 전쟁 중에 알루미늄은 일반 시민들이 거의 사용할 수 없게 된다.

실제로 알루미늄 식기는 1918년 이후에나 대량생산할 수 있었다. 군수물자 수요를 채우기 위해 독일은 전쟁기간 동안 자체적으로 알루미늄 산업을 육성했다. 1918년 이후로는 알루미늄의 가장 중요한 구매자인 군대가 빠져나가면서 남아돌게 된 알루미늄이 일반인들에게 공급된다. 여기다 전쟁기간 동안 거의 모든 금속 가공 기업들이 생산품목을 알루미늄으로 전환해야 했다. 독일은 다른 금속의 보급이 거의 단절된 상태였기 때문이다. 이로 인해 많은 기업이 알루미늄을 취급하게 되며, 전쟁 후에도 이 기술을 좀더 다듬게 된다. 최소한 그들이 새로운 돌파구를 찾을 때까지는 말이다. 예를 들면 바이에른 자동차BMW는 전쟁이 끝난 직후부터 자동차와 오토바이 생산에 집중하기 전까지 짧은 기간이나마 알루미늄 식기를 생산한다.

알루미늄은 어디에나 있습니다

바이마르 공화국 시절 지독한 불경기였음에도 알루미늄 가공업만은 호황을 누렸다. 1922년에 나온 빌헬름 베르크Firma Wilhelm Berg의 제품 카탈로그는 357가지 알루미늄 제품을 선보인다. 전후 외환보유고의 부족과 화폐가치의 추락 그리고 점점 더 강조되는 경제자립이라는 정치적 목표로 인해 아직 수입되지 못했던 주석과 양은, 놋쇠, 철과는 달리 알루미늄은 독일에서 대량생산되고 거의 무제한 구할 수 있었다. 전쟁기간 동안 수많은 금속의 임시 대체재로 이용되었던 알루미늄은 물론 좋은 평판을 듣지는 못했다. 국민 의식 속에 대체 재료라는 딱지는 전쟁의 비참함이나 궁핍함이라는 이미지와 밀접하게 연결되었기 때문이다. 사람들은 알루미늄 하면 결핍과 임시방편이라는 이미지를 바로 떠올렸다. 1930년대까지도 사람들의 구체적인 기억 속에 알루미늄은 '고된 시절에 태어난 아이'라는 부정적인 이미지로 각인되어 있었다.

　알루미늄에는 저질 대체 재료라는 딱지도 붙는다. 실제로 전쟁 중에 독일에서 생산된 알루미늄 중 일부는 질적으로 문제가 많았기 때문이다. 이 제품을 몇 번 사용한 독일 주부들은 더 이상 알루미늄 냄비로 스프를 끓이지 않았으며, 이 나쁜 경험이 그들의 머리에 특별히 오랫동안 남게 된다. 시장에서 쉽게 구입할 수 있었던 두께가 얇은 알루미늄 그릇 역시 알루미늄에 대한 부정적 이미지를 만드는 데 기여한다. 이 그릇은 싼 만큼 수명도 짧았다. 알루미늄 냄비로 요리하면 음식물이 아주 쉽게 눌러 붙을 뿐 아니라, 빨리 찌그러져 볼품 없게 변했다. 냄비 바닥 역시 쉽게 구멍이 났다. 당시 주방기구 전문가들이 알루미늄 제품을 구입할 때 꼭 질을 따져봐야 한다고 조언했으며, 그릇 제조회사들은 값 싼 제품이라는 이미지를 탈피하기 위해 알루미늄 냄비의 벽을 두껍게 하고 바닥을 튼튼하게 만들어야 했다.

이때는 절약이 미덕으로 간주되고 주부의 가장 중요한 관심사였던 시절이다. 그릇 제조회사는 이런 사실을 알고 주방기구를 설계할 때 에너지 절약이라는 기준을 충분히 고려했다. 에너지 절약 측면에서 알루미늄을 사용해야 할 이유는 충분했다. 알루미늄은 열전도율이 좋아 연료절약에 도움이 되기 때문이다. 이제 그릇 제조회사는 단순한 알루미늄 조리기구 외에도 에너지 절약을 위해 개발한 특수 알루미늄 조리기구도 출시한다. 그 중에는 증기압력 냄비도 있는데, 이것은 음식을 익히는 시간을 눈에 띄게 줄여준다.

보온통을 이용해 요리하는 것 역시 당시 크게 인기를 끌었다. 이런 용도로 특수하게 제작된 실린더 형 냄비가 시장에 나오는데, 이 냄비의 뚜껑은 완전히 밀폐되어 잠긴다. 주부들은 이 냄비에 요리 재료를 넣고 불에 잠깐 끓인 다음 단열이 잘 되는, 대부분 나무로 만든 보온통 속에 넣어둔다. 그러면 그 속에 들어 있는 요리는 더 이상 에너지를 사용하지 않고도 계속 익는다. 작은 냄비를 큰 냄비 위에 탑처럼 쌓아올려 많은 양의 요리를 동시에 준비하는 요리법도 보온통을 이용한 요리법과 마찬가지로 인기가 높았다. 이렇게 하면 연료를 절약할 수 있기 때문이다. 빌헬름 베르크 사는 이를 위해 특별

Leichtmetall

ÜBERALL

Leichtmetall

Wir liefern alles Halbzeug aus Aluminium-
Legierungen und Reinaluminium für den
Fahrzeugbau.

VEREINIGTE LEICHTMETALL-WERKE ᵍᵐᵇʰ HANNOVER

1936년 하노버의 종합 경
금속 회사의 광고판

히 제작한 서로 다른 사이즈의 알루미늄 세트를 출시한다. 이 냄비
는 접합원을 따라 위 아래로 탑처럼 포갤 수 있게 제작되었다. 이렇
게 여러 개의 냄비를 쌓아올려 모든 요리를 한 군데 불판에서 할 수
있게 된다.

　주부들이 알루미늄 그릇을 구매하는 이유는 단지 효율성과 절약
징신 때문만은 아니다. 바이마르 공학국 시절은 전통 사회구조와 생
활방식이 서서히 해체되는 시기였다. 산업화와 기술의 발전 그리고

일자리 감소와 여성해방운동의 시작은 일상생활에도 분명히 영향을 미친다. 합리성과 효율성을 추구할수록 그만큼 사람들의 시각도 전통으로부터 멀어지고 새로운 것과 미래를 지향하기 마련이다. 많은 분야에서 이 미래는 알루미늄으로 창조될 것처럼 보였다. 하늘, 거리, 철도, 건축 분야를 가릴 것 없이 여기저기에 알루미늄이 등장한다. 1936년 한 종합 경금속 회사의 광고판에도 "알루미늄은 어디에나 있습니다."라는 문구가 등장한다. 이 광고에서 알루미늄의 현대성은 곧 이동성을 의미하며, 내일의 세계는 자동차와 배, 기차, 비행기 등에 의해 열릴 것이고, 이것들은 모두 번쩍이는 알루미늄으로 제작될 것이라고 암시한다.

그릇 분야에서 주부들의 마음을 빼앗은 것은 바로 알루미늄의 광택과 가벼움이다. 알루미늄 그릇은 진보와 현대성을 상징하며 안락한 삶을 약속해 주고, 구리나 철로 만든 무거운 주방기구를 들고 주방에서 힘들게 일하는 시절과의 작별을 의미했다. 알루미늄의 이런 이미지는 광고와 홍보 책자의 효과로 인해 공고해지는데, 이 광고는 한 쪽에 등이 휜 요리사가 무거운 구리냄비를 들고 고생하는 그림을 보여준다. 과거와 현재 주부들의 이 가혹한 운명 맞은편에는 다가올 새 시대 주부의 행복한 모습이 제시된다. 그녀는 미소를 지으며, 가벼운 알루미늄 주방기구와 그릇을 힘들이지 않고 가볍게 다룬다. 프라이팬 뒤지게, 국자, 호두까개, 레몬즙기, 계란통, 빵바구니 등 알루미늄으로 만든 새로운 주방기구는 알루미늄으로 만든 기존의 다른 조리도구와도 잘 어울렸다. 이 도구의 디자인은 대부분 심플하고 기능적이다. 이 디자인에서 중요한 것은 모든 가정에서 널리 사용하는 저렴한 가격의 대량생산품이라는 사실이다. 실제로 1945년까지 독일에서 나온 알루미늄 주방기구나 그릇은 실용성과 편의성 그리고 기능성이 뛰어났다. 이런 특징이 알루미늄에 현대적 성격을 부여한다.

마케팅 도구로서 디자인

독일에서 산업디자이너들에 의해 전문적인 제품디자인이 이루어진 것은 2차 세계대전 이후에나 가능했지만 이런 발전은 미국에서 먼저 일어난다. 상품의 미학화가 그랬듯이, 개인 소비 용품의 대량소비도 미국에서 먼저 시작된다. 대규모 동력화와 가사노동의 기계화를 특징으로 하는 소비사회의 형성은 미국에서는 이미 1920-30년대 한창 진행되고 있었다. 따라서 산업 디자인 역시 여기서 먼저 전문화된다. 산업디자인은 광고와 마케팅 수단으로 이미 1930년대 미국에서 매우 중요한 역할을 했다. 이 시기 미국 산업디자이너들은 일상용품을 주도면밀하게 꾸미고 이 속에 문화적 의미를 실어보려고 했다. 독일 국민에게 소비재의 현대성은 유용성이나 간편함과 연관된 반면, 미국 소비자들은 제품의 외관이나 모양을 현대성과 연결시켰다. 그러므로 미국에서 현대성은 디자인과 밀접하게 관련된다.

　미국 알루미늄 식기 제조회사의 판매전략 및 홍보 전략에는 이런 상황이 분명하게 반영되어 있다. 알루미늄 식기가 도입되던 초기 단계인 1890년에서 1914년 사이에 미국의 생산회사와 중간 상인, 판매인들은 우선 주부의 전문지식에 호소한다. 그들은 광고를 통해 무엇보다 그릇의 재료가 되는 알루미늄의 장점, 즉 가볍고 열전도율이 좋으며 내부식성이 탁월하다는 성질을 강조한다. 초기 미국의 알루미늄 식기 광고 역시 과학의 권위를 빌린다. 이런 광고문의 전형적인 특징은 전문적이며 객관적인 어조다. 학술연구 결과도 종종 인용된다. 이런 형식의 광고 전략은 동시대의 합리화와 과학적 추세에 따라 '가정 관리인household manager'의 기능을 맡은 주부들의 새로운 역할에 초점을 맞춘 것이다. 이에 따라 과학적 광고 및 판매 전략은 과학적 가계관리라는 생각과 밀접하게 연결되는데, 이것은 전문 가정주부라면 시간과 노동력을 절약하는 가재도구의 구입을 반드시 해야 할 일로 여기게 만들었다.

　미국 알루미늄 그릇 시장은 세기전환기에서 1차 세계대전 사이에 급격히 성장한다. 알루미늄은 가정에서 일상적으로 필요한 여러 물건에 들어가면서 완전히 자리 잡게 된다. 이에 따라 알루미늄 제품을 생산하는 회사도 1914년에서 1920년까지 세 배나 불어난다. 회사들끼리 경쟁이 치열해지며 주부의 감정에 더욱 호소하는 판매기법이 개발된다. 가사를 효율적이며 합리적으로 처리하는 것은 주부의 최대 의무이며, 그밖에 가족에게 쾌적하고 조화로운 환경을 만들어 줄 의무 역시 주부에게 새롭게 부과된다. 이 점에서 제품 디자인이 중요한 영향을 미친다. 디자이너들은 제품을 아름답게 만들어 제품의 중요성을 유용성에서 장식 목적으로 옮겨놓는다. 새 디자인으로 만든 알루미늄 제품은 점점 주방에서 거실로 옮겨와 장식용이나 다른 용도로 사용된다. 디자인과 결합되며 알루미늄 제품이 사용자의 심미안과 사회적 지위를 나타내 주는 새로운 기능을 떠맡게 된 것이다.

　순수 유용성에서 장식용으로 점차 그 용도가 변경되면서 알루미늄으로 만든 물품의 숫자도 엄청나게 불어난다. 전통적인 알루미늄 냄비나 프라이팬 외에도 1930년대 미국의 거실에는 쟁반, 치즈 요리 접시, 칵테일 쉐이커, 촛대, 혹은 과일접시나 쟁반 등 새로운 알루미늄 제품이 등장한다. 알루미늄이나 그릇 제조회사는 레이몬드 뢰비Raymond Loewy, 라차드 뉴타Richard Neuta, 뤼렐 길드Lurelle Guild, 러셀 라이트Russel Wrigt와 같은 혁신적 디자이너들로 하여금 제품을 새롭게 디자인하게 해 매출을 신장시킨다. 이 분야의 새로운 성공 콘셉트는 알코아Alcoa사의 전문 잡지 〈알루미늄 소식Aluminium Newsletter〉에서 읽을 수 있다. 우선 소비자들이 무엇을 원하는지 알아내고, 곧이어 좋은 디자이너에게 이 일을 맡겨 실용적이면서도 심미적인 관점에서 이 문제를 해결하도록 하고, 마지막으로 그 결과물을 제품에 연결시킨다. 그 당시 가장 유명한 산업 디자이너였던 앙리 드뤼퓌스Henry Dreyfuss는 1930년대 중반 이제 곧 다가올 '새 디자인re-design'의 시대에 열광한다. 세계는 아직 이 시대가 다가올 것을 모르고 있었지만, 앙리 드뤼퓌스는 이 시대가 오면 알루미늄이 수 없이 많은 제품의 기본 재료가 될 것이라는 걸 잘 알고 있었다. 차를 끓이는 주전자처럼 일반적인 살림용품은 이렇게 현대의 값 비싼 디자인 아이콘으로 돌변한다. 1930년대와 1940년대 초반에 나온 수많은 알루미늄 살림용품은 그 사이 수집가들이 가장 열망하는 품목이 된다.

플라스틱, 귀금속과의 경쟁

미국의 참전은 이런 발전이 제대로 시작되기도 전에 끝남을 의미했다. 1941년 미국 국가 방위위원회는 알루미늄식기제조회사협회알루미늄제품연합회에 알루미늄을 식기나 가재도구의 원료로 사용하는 것을 금지한다고 통보한다. 이에 따르면 앞으로 모든 경금속은 비행기나 동력운송수단, 배의 생산에 들어가야 한다. 하지만 이런 조치도 전쟁 중 알루미늄 제품이 다른 곳에서는 유래를 찾아볼 수 없을 정도로 호황을 누리며, 몇 년 안에 5배나 성장하는 것을 막지는 못한다. 1938년 미국 알루미늄 산업은 알루미늄 약 13만 톤을 생산하고, 1944년까지 70만4천 톤으로 늘린다. 하지만 엄청난 전쟁물자 수요로 인해 이 가운데서 민간시장으로 들어가는 것은 거의 없었다. 그래서 전쟁이 한창일 때 알코아의 경영진들은 종전 후 이 엄청난 생산수준을 유지할 수 있을까, 그렇게 하려면 어떻게 해야 할까 고민하기 시작한다.

전후를 대비한 그들의 전략은 알루미늄 소비시장을 일상영역에까지 확대하는 것이다. 1945년 중산층으로 시장을 확대할 기회는 과거 어느 때보다 좋았다. 전쟁 중에 재고를 남김없이 소비한 다른 금속과는 달리 알루미늄은 재고량도 많았고, 가격도 비교적 괜찮았기 때문이다. 그래서 알루미늄은 전쟁 중에 파괴된 집이나 건물의 재건 공사, 귀향 군인들을 위한 임시 막사 건설, 주택개발과 재개발 현장, 다양한 포장재, 가구 디자인, 수송수단의 재료, 산업용 전기전도체, 우주여행 프로젝트에 들어가는 재료 등 아주 다양한 분야에 발을 들여놓는다. 미국의 알루미늄 소비는 전후에 바로 붐을 이루며, 알루미늄 산업도 초호황을 누린다. 생산 회사는 1950-60년대 생산량을 꾸준히 늘린다.

전후의 이런 경기 상승은 특히 알루미늄에 대한 지식과 이를 다루는 경험이 전보다 몰라보게 발전한 덕분이었다. 전쟁 중 알루미늄을 군사기술에 사용하면서 얻은 지식은 1945년 이후 민간 기술에 응용된다. 이때 알루미늄 합금 영역에서 이룬 발전은 특히 중요하다. 이로 인해 1945년 이후 알루미늄은 더 이상 대량생산 제품에 들어가는 저렴한 재료로가 아니라, 점점 하이테크 재료로 탈바꿈해 항공기나 우주선은 물론이고 최첨단 스포츠용품에도 사용된다.

알루미늄 제조회사의 홍보활동은 쉼 없이 계속 되고, 알루미늄을 새롭게 사용할 수 있는 분야를 계속 고민한다. 특히 전쟁 전에 이루어졌던 산업디자이너들과의 협력을 계속 확대한다. 알코아는 물론이고 전쟁 때 새로 창립된 회사인 카이저와 레이놀즈도 회사 내에 디자인부서를 신설한다. 이 부서의 주요업무는 회사 밖에서 활동하는 디자이너들과 접촉을 유지하며, 그들로 하여금 알루미늄과 알루미늄 합금에 대해 관심 갖게 만들고, 이 재료를 사용하거나 가공할 경우 그들을 전폭적으로 지원하는 것이다. 그리해 알루미늄은 1950-60년대 가구와 램프, 가재도구와 같은 일상용품이나 산업용품 디자인에 확고하게 자리매김 한다.

한 가지 예외가 있다면, 그것은 가정용 그릇을 포함한 대표적인 가재도구 분야다. 여기서 알루미늄은 전쟁 전에 누렸던, 현대적이라 누구나 갖고 싶어 하는 재료라는 명성을 더 이상 누리지 못한다. 1950년대 초반 전쟁 중 무기 연구 과정에서 개발된 여러 가지 새로운 원료나 소재들이 등장하기 때문이다. 이 새로운 재료는 이제부터 알루미늄과 경쟁하게 된다. 이제 광택이나 강도에서 훨씬 더 탁월한 특수강이 주방기구나 식기, 포크에 들어가는 재료로 알루미늄을 능가하게 된다. 이에 반해 열쇠, 깡통, 술잔, 접시 등과 같은 평범하고 일상적인 가정용품들은 점차 다채로운 색깔의 플라스틱으로 제작되는데, 플라스틱은 1950년대 완벽한 가정생활의 상징이 된다. 미국 주부들은 이제 더 이상 하얀 알루미늄을 꿈꾸고 동경하지 않는다. 반대로 알루미늄은 주방도구와 가재도구에 들어가는 재료로 점차 그 매력을 잃어 간다.

서독 가정의 부엌 찬장에서 알루미늄이 줄어든 것은 1960년대 말이 되어야 본격적으로 시작된다. 그 전까지 알루미늄은 경제기적의 혜택 덕분에 가장 큰 성공을 맛본다. 왜냐하면 서독 국민의 디자인에 대한 의식은 아직 미국만큼 강하지 않았고, 유용성과 편의성 그리고 가격이 중요한 구매 이유였기 때문이다. 경제기적 시기에 나온 광고는 수명이 긴 알루미늄 제품을 구입하면 매우 경제적일 것이라고 약속한다. 전자레인지에서 바로 식탁으로 올려놓을 수 있는 알루마이트양은 냄비는 주부들이 해야 할 설거지 양을 줄여주었다. 서독 국민들이 야외 캠핑의 재미를 알게 될 쯤 알루미늄은 가벼운 포크와 접시, 잔 그리고 냄비 재료로 들어간다.

알루미늄 주방도구나 그릇이 누리던 호경기도 1960년대 말 무렵 갑자기 꺼진다. 녹슬지 않는 특수강으로 만든 냄비가 새로 유행했기 때문이다. 이 냄비는 알루미늄처럼 내부식성이 좋고, 특히 항산화 능력이 탁월했다. 알칼리 소재로 가공하건 산성 소재로 가공하건 특수강 제품은 알루미늄과 달리 식기세척기로 설거지해도 아무 문제가 없었다. 점점 늘어만 가던 맞벌이 주부에게 이것은 매우 중요한 구매기준이 된다. 알루미늄과의 전쟁에서 특수강이 승리할 수 있었던 또 다른 요인은 알루미늄의 독성에 대한 옛 소문과 전쟁 전부터 있었던 알루미늄 식기 사용에 대한 건강상의 우려가 다시 되살아났기 때문이다. 과학적으로 전혀 확인된 바 없는데도 이런 우려는 주방기구 분야에서 알루미늄의 명성을 손상시킨다.

그렇지만 알루미늄이 주방에서 완전히 사라진 것은 아니다. 특수강이나 플라스틱도 약점이 있었기 때문이다. 특수강은 열에 취약하다. 그래서 특수강으로 된 두 개의 층 사이에 샌드위치처럼 알루미늄을 넣어 냄비 바닥의 열전도율을 현저하게 개선시킨다.

일상의 금속

공장에서 대량생산된 지 120년 만에 알루미늄은 거의 모든 생활영역에 사용된다. 알루미늄은 기술, 일상생활, 예술 등 아주 다양한 영역들에 연결되어 우리가 더 이상 의식적으로 기록할 수 없을 정도로 널리 사용된다. 비행기를 타고 휴가 가면서 누가 지금 하늘을 날고 있는 비행기가 알루미늄으로 만들어졌다는 사실을 떠올릴까? 다채로운 색으로 도장된 자동차를 보면서 누가 그 밑에 은색 알루미늄 철판이 감춰져 있다고 생각할까? 다른 금속에 비해 연륜이 짧은 재료지만 알루미늄은 오늘날 철 다음으로 중요한 금속이다. 그러나 이것은 알루미늄 제조회사들이 기껏해야 19세기 말이 되어서야 꿈꿀 수 있었던 상황이다. 1900년에 그들이 전 세계에서 생산한 알루미늄은 5천700톤에 불과했지만, 그 사이 이 수치는 약 3천300만 톤으로 늘어난다.

원래 다른 금속의 대체 재료였던 알루미늄은 이미 오래 전에 이 딱지를 떼고 해방된다. 그 동안 알루미늄은 건축과 디자인, 예술 분야에서 자신만의 고유한 미적 가치를 갖게 된다. 이제 알루미늄은 건물의 형태와 기능을 결정하는 데 중요한 고려 요소가 될 뿐 아니라 건물의 미적 기품에도 중대한 영향을 미친다. 다양한 분야에 이용할 수 있고, 쉽게 용도 변경할 수 있는 특징 때문에 알루미늄은 여러 분야에서 중요한 의미와 상징적 가치를 얻어왔다. 알루미늄은 탄생 초기 귀하고 값 비싼 재료에서 이제 현대적 삶의 일상 재료로 탈바꿈했다.

알루미늄이 건축과 일상생활, 수송 분야에서 자리 잡게 된 역사를 살펴보면 알루미늄의 보급이 초기에는 매우 주저하며 이루어졌다는 것을 알 수 있다. 이 모든 분야에서 가공업자와 소비자들의 무관심 내지는 회의적인 반응은 물론이고 기술적 장애를 극복하는 것도 중요했다. 두 번의 세계 대전을 치루면서 끓어오른 군대의 폭발적인 수요도 알루미늄 생산량을 지속적으로 늘리게 만들고 알루미늄의 보급을 촉진한다. 하지만 동시에 새로운 사용분야를 찾아 안정적 시장을 확보해야 한다는 시급한 과제도 안게 된다.

1945년 이후 알루미늄은 점차 일상 영역에 자리 잡게 되어 이제 더 이상 없어서는 안 될 금속이 된다. 물론 알루미늄이 널리 보급된 나라는 오늘날까지도 서구 산업국가로 제한된다. 현재 프랑스, 이태리, 독일, 일본, 캐나다 그리고 미국의 소비자들은 1년에 알루미늄 20-30킬로그램을 소비한다. 반면에 아프리카와 인도, 중국, 브라질의 1인당 알루미늄 사용량은 5킬로그램에도 미치지 못한다. 선진국 문턱에 진입한 나라들에서 이 수치는 뚜렷이 변하기 시작한다. 지금 분명한 것은 인도와 중국의 폭발적인 알루미늄 수요가 매출을 눈에 띄게 올리고 있다는 것이다.

그런데 알루미늄에 대한 수요가 지속적으로 상승하는 한편, 전 세계적으로 에너지 부족현상이 일어나고 있다. 여기서 우리는 어쩔 수 없이 알루미늄이 일상의 금속이라는 지위를 미래에도 계속 유지할 수 있을까라는 질문을 던질 수밖에 없다. 알루미늄 가격이 에너지 가격의 급격한 상승과 함께 빨리 치솟는다면 어떻게 될까? 알루미늄의 수요가 떨어질 경우 알루미늄은 어떤 영역에 사용될까? 알루미늄 사용을 포기할 수 있는 영역은 어떤 것이고 포기할 수 없는 영역은 무엇인가? 지금 분명하게 말 할 수 있는 것은 이 금속을 지속가능하게 이용하려면 지금보다 더 세심하고 주도면밀하게 다루어야 한다는 것이다.

Chapter 3

전기에 의존하는 산업

독일에서 알루미늄의 미래는 있을까? 에센Essen에 위치한 트리메트 알루미늄 주식회사Trimet Aluminium AG 이사인 마르틴 이페르트 Martin Iffert는 마법사의 수정 구슬이 수중에 있다면 대답은 문제없을 것이라고 슬쩍 비꼬듯 말한다. 하지만 이런 예언 도구가 없이도 그는 답을 정확하게 알고 있었다. "우리는 계속 생산해 낼 것입니다. 다른 회사들이 더 이상 알루미늄 생산을 원하지 않고 공장 문을 닫아도, 우리는 공장 규모를 더 확장할 것입니다."

2006년 10월 에센 시의 보르벡Borbeck 구에 위치한 회사 정문에서 걸어서 약 10분 정도 떨어진 곳에서 이 회사로 가는 길을 묻자 한 노인이 의아해하며 머리를 흔들었다. "트리메트라고요? 그런 회사는 없습니다. 한 번도 들어본 적 없는 회사에요." 그는 이 회사가 알루미늄을 생산하느냐고 묻고, 예전에 그런 공장이 하나 있기는 했지만 오래 전이라고 말했다. 이 회사에 대해 아는 사람은 거의 없었다. 심지어 여기서 가장 큰 민간기업인 이 회사가 위치한 에센에서도 그랬다. 트리메트 사의 에센 공장에는 남녀 사원 650명이 24시간 내내 1차 알루미늄[16]을 생산하고 있다. 얼마 전에 인수한 함부르크공장과 나머지 관련부문영업 부문, 재활용 부문, 자동차 부문에 종사하는 사원을 합하면 이 회사는 독일 전역에 약 1천 700개의 일자리를 창출한다. 트리메트는 대기업에 속하지 않으면서도 독일 전역에서 건실하게 활동하는 몇 안 되는 중견 기업인데도 말이다.

하인츠 페터 쉴터Heinz Peter Schülter는 이 회사의 소유주이자 대

---

16) 보크사이트에서 생산된 알루미늄

표이사다. 그는 수십 년 전부터 금속, 그 중에서도 특히 알루미늄을 거래했다. 1985년 그는 금속을 거래하는 회사인 트리메트를 창립한다. 당시까지만 해도 이 회사는 금속을 거래하는 순수 상업회사였다. 9년 후인 1994년 그는 한 때 스위스에서 가장 큰 알루미늄 기업인 알루스위스로부터 더 이상 채산성이 없었던 에센-보르벡의 알루미늄 공장을 인수한다. 쉴터는 과감하게 1차알루미늄 생산에 도전한다. 물론 보르벡 공장에 설치된 전해장치는 대부분 작동을 멈춘 상태였고, 그 중 일부는 이미 해체된 상태였다. 전 소유주가 전해준 정보에 따르면, 전기비용이 너무 많이 나가 이미 오래 전부터 채산성이 없었다. 하지만 쉴터의 생각은 달랐으며, 4년 후에 전해장치 360개를 다시 완벽하게 가동시켰다. 그 사이 그는 이 공장을 흑자 기업으로 전환시킨다. 그의 직원들은 여기서 연간 알루미늄 16만 톤을 생산한다.

하지만 그는 이것으로 만족하지 않는다. 2007년 말 트리메트는 독일에서 가장 큰 알루미늄 제조업체로 성장한다. 2006년 12월 쉴터는 주인 잃은 공장 하나를 또 인수했기 때문이다. 이번에는 함부르크에 소재한 알루미늄 회사인 함부르크 알루미늄HAW[17]인데 이곳은 이미 그 전에 노르스크 히드로Norsk Hydro[18], 알코아Alcoa[19], 아막Amag[20] 등 세계적인 알루미늄 회사들도 포기한 회사였다.

명목상 이 회사도 채산성이 없기는 마찬가지였다. 쉴터는 이런

---

17) Hamburger Aluminum-Werk(함부르크 알루미늄)
18) 오슬로에 위치한 노르웨이 알루미늄 생산회사
19) Aluminum Company of America
20) Austria Metall AG(오스트리아 알루미늄 그룹)

사실에 크게 신경 쓰지 않았다. 그리고 그는 옳았다. 예전 함부르크 알루미늄의 전해장치 270개 모두 다시 알루미늄을 생산하게 되었기 때문이다. 에센 공장과 함께 트리메트는 연간 1차알루미늄 3십만 톤 이상 을 생산하는데, 이것은 전 세계 알루미늄 생산량의 약 1퍼센트에 해당된다.

하지만 쉴터와 이페르트가 이 알루미늄 회사에 투자했을 때 그들은 과연 어떤 기대를 걸었을까? 독일에 있는 거대 알루미늄 기업들도 이미 오래 전에 하나로 합병했으며, 수요가 있건 없건 간에 알루미늄 생산은 이미 오래 전부터 채산성이 없었기 때문이다. 그 이유는 충분히 납득이 간다. 알루미늄 생산에 가장 중요한 비용요소는 전기에너지다. 하지만 전기에너지의 가격이 서유럽 다른 나라에 비해 독일이 훨씬 비싸다는 것은 부인하기 어렵다. 이 때문에 독일 알루미늄 기업들이 완전히 망하게 되었다는 것이 알루미늄 생산 회사 대부분이 가진 불만이었다.

그래서 독일 알루미늄 회사는 수십 년 전부터 공장 문을 닫는다. 유럽 알루미늄 산업의 요람인 스위스에서조차 2006년 캐나다 기업인 알칸이 118년 동안 하루도 빼놓지 않고 알루미늄을 생산한 마지막 전해장치를 철거했다. 이런 상황은 독일에 있어 완전히 실망할 정도는 아니지만 매우 우울한 소식임에 틀림없다. 1986년만 하더라도 독일은 9개 공장에서 73만8천 톤의 1차알루미늄을 생산했다. 하지만 2007년 초반 이 가운데 4개만 남았고 생산량도 59만 톤에 불과했다.

이 분야의 많은 전문가들도 1차알루미늄 생산 공장의 세계적인 대이동은 이제 시작단계에 불과하다는 우울한 전망을 내놓는다. 이것은 비단 독일에만 적용되는 것이 아니라 거의 모든 서유럽에도 적용된다. 2010년까지 현재 생산능력의 1/5이 사라질 것이다. 실제로 오늘날 대기업은 서유럽 지역에 투자하는 대신 카타르나 오만 같은 중동 지역에 투자해 큰 공장을 짓고 있다. 아이슬란드와 인도, 베네수엘라, 혹은 시베리아 역시 알루미늄 공장이 들어설 경쟁력 있는 장소로 선호된다. 알루미늄 공장이 전기요금이 싼 나라로 이동할 것이라는 사실은 벌써 오래전부터 예상되어온 일이다.

그렇다면 독일은 더 이상 알루미늄을 생산하지 않을 것인가? 독일의 비싼 전기요금이 에너지를 많이 사용하는 알루미늄 전기분해 방식에 얼마나 불리할까? 이것은 물론 새로운 질문은 아니다. 전기요금이 비싼 독일에서 알루미늄 산업이 생존능력이 있을까 하는 의구심은 벌써 오래되었기 때문이다. 이 의심은 알루미늄 산업의 성립 과정과 밀접히 연관되어 있다. 알루미늄의 역사가 90년이 넘는 독일에서 이 산업이 곧 망할 것이라는 예상은 늘 있어왔기 때문이다. 그런데도 알루미늄 산업은 독일에서 계속 고속성장을 해왔다. 1939년과 1940년에 독일은 알루미늄 생산량에서 세계 1위에 오른 적도 있다. 그 사이에 상황은 분명히 변하긴 했지만, 독일의 상황은 그리 나쁜 편은 아니다. 온갖 암울한 전망에도 지금까지 살아남은 예는 비단 이 부문만이 아니기 때문이다. 노르트라인-베스트팔렌 지역에 조성된 알루미늄 생산 단지는, 주로 알루미늄 제련소, 선상압출 공장, 압연 공장으로 구성되어 있지만, 유럽에서 가장 규모가 큰 알루미늄 클러스트다.

이로부터 나온 결론은 무엇인가? 독일 알루미늄 산업의 전망은 언제나 가늠하기 어려웠다. 하지만 지금보다 더 불확실한 상황은 아마 없을 것이다. 이를 좀더 정확하게 검토하려면 독일 알루미늄 산업의 발전사로 눈길을 던져보는 것도 좋을 것 같다. 그러면 독일 알루미늄 사업이 장기간 걸어온 길이 좀더 분명하게 드러날 것이며, 현재 진행되고 있는 논란을 잠재울 것이다. 여기서 분명하게 알 수 있는 사실은 알루미늄 산업 발전의 핵심 열쇠는 그 발전단계와 상관없이 늘 전기에너지였다는 것이다.

알루미늄 산업의 구조

알루미늄 생산의 아킬레스건

전기 없이는 알루미늄도 없다. 이것은 1년 365일, 24시간 내내 해당되는 말이다. 전해장치에 일단 한번 전류가 흐르면 아주 극단적인 비상상황이 아니면 전기 공급이 중단되지 않기 때문이다. 알루미늄은 중단 없이 계속 생산된다.

알루미늄 공장의 전해장치로 들어간 전기는 두 가지 기능을 한다. 첫째, 전기는 전해조를 데운다. 용해 시에 생긴 전기저항으로 인해 전기에너지의 약 40퍼센트가 열로 변하는데, 이것이 적정 작업 온도인 섭씨 950도를 유지하도록 해준다. 그러므로 전해장치는 고온에서 작동된다. 해마다 똑같이 고온을 유지하기 위해서 많은 에너지가 필요하다. 전기가 나간다는 것은 모든 알루미늄 제조회사에 큰 고통이며 악몽이다. 전기가 계속 공급되지 않는다면 전해장치가 식어버릴 것이기 때문이다. 전문용어로 이것은 '전해장치가 결빙된다.'고 한다. 전기가 나간 상태로 서너 시간까지는 괜찮지만, 그 이후로는 용해액이 소금처럼 굳어버린다. 전해조 내에 수정 같은 단단한 물질이 생기며, 이것은 전해장치를 마비시켜 막대한 손해를 끼친다. 통상 이 경우 6개월 동안 생산차질이 빚어진다. 2006년 여름 아이슬란드에서 실제로 이런 사고가 터진다. 5시간을 넘어 9시간이 지나도 아이슬란드의 알루미늄 공장에는 전기가 들어오지 않았다. 이것은 너무 긴 시간이었다. 이 공장이 입은 손해는 수억 유로에 달했다.

하지만 전해장치에 들어 있는 산화알루미늄을 은색 빛깔의 금속으로 만들어 내는 것은 열에너지만은 아니다. 낮은 온도에서 산화알루미늄을 용해시키기 위해 첨가하는 용융제를 녹이는 데 이용되는 열에너지 외에도 전기의 전기화학적인 작용이 필요하다. 이것은 산화알루미늄을 전기분해한다. 설탕이 커피에 녹듯이 우선 하얀 산화알루미늄분말이 용융제를 녹여 만든 액체 속으로 흘러들어간다. 이렇게 전해장치 안에서 산화알루미늄은 용해되고, 이것은 이온, 즉 전기를 가진 작은 단위로 변한다. 용해 시 이것들은 자유롭게 부유하다가 전하에 따라 양이온 혹은 음이온이 된다. 알루미늄 이온은 원자가전자原子價電子, valence electron가 +3이므로, 중립적 금속원자인 이것을 분해해 내기 위해서는 전자 3개가 필요하다.

이 과정은 단순하면서도 멋지다. 하지만 여기에 근심거리가 있다. 에너지가 너무 많이 소비된다는 것이다. 알루미늄 전기분해가 에너지 집약적 산업분야로 분류될 정도로 이 과정에는 에너지가 너무 많이 들어간다. 알루미늄 공장이 전기회사의 가장 큰 고객이 된 것은 그래서다. 전기사용량에서 이 분야의 대기업들과 비교해 보았을 때 트리메트 같은 중견기업은 귀여운 새끼 애완동물에 불과하다. 하지만 에센의 이 공장조차도 전해장치 360개를 가동하면서 전기에너지를 연간 25억 킬로와트 먹어치우는데, 이 양은 독일에서 8번째로 큰 도시 에센의 전체 전기 소비량과 맞먹는다.

알루미늄 회사에 있어 전기에너지는 생산비의 30-40퍼센트를 차지할 정도로 중요한 원료다. 이것은 알루미늄 생산에 가장 큰 비용요소다. 그러므로 알루미늄 제조회사가 전기요금 인상에 민감하게 반응하는 것은 당연하다. 전기 요금을 최소한으로 올려도 생산비용이 엄청나게 상승하기 때문이다. 트리메트의 경우 전기요금이 킬로와트 당 1센트만 올라가도 생산비용은 연간 2천500만 유로나 상승한다. 이 업계에서 전기에너지는 늘 해결하기 어려운 숙제이며 알루미늄 생산의 아킬레스건이다. 이것은 전기분해 방식을 통한 알루미늄 생산 초기 상황을 살펴보아도 잘 드러날 것이다.

쓸모없는 쓰레기

1886년 철강공장의 막내아들이었던 게오르크 네어Georg Neher는 특허신청서에 전기분해방식으로 매일 1천 킬로그램의 알루미늄을 생산할 수 있을 것으로 예상된다고 썼다. 당시 철강 산업으로 번창했던 스위스 노이하우젠Neuhausen 지방의 라인 폭포Rheinfall [21]에서 시작된 이 계획은 단순히 공장 하나를 새로 세우겠다는 것이 아니라 새로운 산업분야를 만들겠다는 야심찬 것이었다. 1886년 말 이것은 전대미문의 생산량이었으며, 전통적인 생산 방식을 고수하는 생산업자들의 연간 생산량과 맞먹는 양이었다. 이들은 30년 이상 뒤쳐진 드빌Henry Saint-Claire Deville의 화학적 생산 방법으로 알루미늄을 만들었다. 드빌의 방법은 어렵고 비용도 많이 들어갔다. 출발원료가 너무 비싸고 추출물도 얼마 되지 않았다. 따라서 최종 생산물 역시 소량이었으며 가격도 비쌌다. 매일 1천 킬로그램을 생산할 수 있다면 그것은 엄청난 사건이며 그때까지 유래가 없는 일이었다.

물론 이를 위해서는 충분한 양의 전기가 필요하다고 네어는 쓰

---

21) 스위스 샤프하우젠(Schaffhausen) 주에 위치한 중부 유럽에서 가장 큰 폭포(라인강 폭포라고도 함)

고 있다. 이때부터 옛 철강공장 시절 라인 강 오른쪽 지역에서 라인 강으로 흘러들어오는 물을 가두기 위해 나무로 건설한 기존의 둑을 콘크리트로 다시 쌓고 그 길이도 125미터나 더 연장하는 프로젝트를 진행하게 된다. 이 조치로 저수량을 세 배나 끌어올릴 수 있고, 이렇게 확보한 수력에너지는 각각 1천 마력의 힘을 지닌 터빈 15개를 돌릴 수 있을 것으로 예상되었다. 1880년대 1만5천 마력은 엄청난 규모의 에너지였다. 그때까지만 해도 전기산업은 아직 걸음마 단계였고, 전 세계에서 이와 비교할만한 발전소 건설 계획도 없었다.

하지만 샤프하우젠Schaffhausen 주 정부는 이 일을 발표하지 않았다. 이미 여론이 폭풍처럼 들끓고 있었기 때문이다. 주민들은 이 둑이 건설되면 중부 유럽에서 가장 큰 라인 폭포의 물이 무지개 대신 전기를 생산하느라고 다 말라버리게 될 것이고, 이 때문에 앞으로 외국 관광객들이 더 이상 찾아오지 않을 것이라고 걱정했다. 그들은 라인 폭포가 수천 년간 물보라를 일으키며 떨어졌던 곳에 앞으로는 보잘 것 없는 실개천만 흐를지도 모르고, 모든 계획은 거짓말이며, 새로운 금속이라고 해봤자 기껏 쓸모없는 쓰레기 같은 것일 따름이라고 생각했다. 주 정부는 라인 폭포의 자연 경관을 지키기 위해 싸운 주민들의 강력한 압력에 무릎을 꿇는다. 1887년 1월 주 정부는 네어의 신청을 거절하며 라인 폭포를 두고 벌인 싸움은 1회전에서 결정난다. 그것은 전기분해 방식으로 알루미늄을 생산하는 것과 괴물 같은 수력발전에 대해서도 반대한다는 것이다.

물론 나중에 밝혀진 것이지만 기술적 관점에서도 이 결정은 옳았다. 이 계획의 토대가 된 취리히의 약사 크라이너 피르츠E. Kleiner-Fiertz 박사가 고안한 제조방법은 기술적으로나 경제적으로 완벽하지 않았기 때문이다. 이 방법은 오로지 그린란드에서만 나는 값 비싼 빙정석이라는 광물을 원료로 한다. 피르츠 박사에 따르면 알루미늄을 함유한 이 빙정석을 아크용광로에 녹여 전기분해하면 알루미늄으로 분해된다. 이 방법은 엄청나게 많은 전기를 잡아먹을 뿐 아니라, 원료 자체가 비싸고 워낙 채굴량이 적기 때문에 처음부터 생산비용이 너무 비쌌다. 샤프하우젠 주 정부가 네어의 허가신청을 거부한 뒤, 피르츠 박사는 자신이 고안한 방법을 네어에게 보낸다. 영국의 어떤 회사가 이 방법에 대한 특허권을 구입해 랭커셔Lancashire에 공장을 세운다. 하지만 이 방법은 결함이 많으며 산업화하기에는 부적합하다는 것이 곧 밝혀진다.

피르츠 박사는 1880년대 알루미늄을 대량생산하기 위해 전기분해 방식을 연구한 수많은 사람 중 한 명이다. 이 아이디어는 이미 오래 전부터 유행하고 있었다. 오늘날 배터리의 전신인 볼타전지의 발명으로 인해 쓸 만한 전원이 나오게 된다. 이것이 전기화학의 위대한 시대를 최초로 연다. 여러 분야의 자연과학자들이 눈에 보이지 않는 자연력인 전기를 가지고 실험을 시작한다. 그중에서도 특히 영국의 자연과학자인 험프리 데이비 경은 이미 19세기 초반 전류를 이용해 여러 가지 금속을 분해해 내는 방법을 알아낸다. 데이비 경의 설명에 따르면, 화학적 결합체들은 전기적 본성을 띠고 있는데, 이것은 왜 이것들이 전류에 의해 분해될 수 있는지를 설명해 준다. 하지만 그는 나트륨과 칼륨, 바륨결합체를 전기분해하는 데는 성공했지만 알루미늄염을 분해하는 데는 실패한다. 알루미늄의 결합에너지는 너무 강한 반면, 이를 분해할 전지의 에너지는 너무 약했기 때문이다.

전기기술의 발전과 함께 전기분해 방식으로 알루미늄을 얻으려는 시도도 점점 늘어난다. 1866년 발전기가 개발되면서 희망하는 전압의 전기를 언제라도 생산할 수 있게 된다. 그 후 아주 성능 좋은 발전기가 발명되면서 싼 가격에 전기를 생산할 수 있는 길이 열린다. 새롭고 멋진 전기화학적 알루미늄 생산방법이 개발되는데, 그 중에서 염소알칼리 전기분해법은 화학 산업과 야금학에서 전통적으로 내려온 방법들을 혁신한다. 1876년 전기 조명이 시작된 것과 같은 시기에 함부르크에서는 최초로 전기분해식 구리정제시설이 문을 연다. 2년 후 빌헬름 지멘스Wilhelm Siemens는 아크 용광로를 만들어 고온에서 광석을 녹일 수 있게 만든다. 전기분해 방식으로 알루미늄을 생산하는데 도사리고 있던 몇 가지 난관들도 극복되는데, 대학연구원, 엔지니어, 아마추어 발명가그중에는 피르츠 박사도 포함들이 실험실이나 창고에서 전기분해 혹은 전기화학적 방법으로 알루미늄을 만드는 여러 새로운 방법을 고안해 냈기 때문이다.

그 후 현대 알루미늄 산업을 일으키고 오늘날까지도 여전히 이용될 알루미늄 생산방법이 1886년 동시에 두 번이나 개발된다. 이 두 방법은 시기적으로 거의 비슷하지만, 서로 독자적으로 개발되는데, 프랑스 에루와 오하이오Ohio 출신의 홀이 각각 미국과 프랑스에서 거의 동일한 수용전기분해법을 특허출원한다. 둘 모두 출발원료는 산화알루미늄이었다. 문제는 여기에 있었다. 순수 산화알루미늄은 섭씨 2천도 이상에서만 녹기 때문에 이 방법은 수익성이 떨어졌다. 홀과 에루는 약 섭씨 1천도의 빙정석 용액을 이용해 이 산화물을 녹임으로써 이 문제를 해결한다. 이때부터 그들은 알루미늄을 전기분해 방식으로 분리해 낸다. 여기서 중요한 점은 그들이 전류를 용액 속으로 흐르게 했다는 것이다.

홀은 1888년 이 특허를 이용해 피츠버그리덕션컴퍼니Pittsburger Reduction Company를 창립하는데, 20세기 초반 이 회사에서 알코아 그룹이 탄생한다. 이에 반해 에루는 스위스의 철강회사인 네어쬐네

홀과 에루의 수용전기분해 과정

찰스 마틴 홀과 폴 에루가 새로운 알루미늄 생산 방법을 특허출원한 것은 이미 120년
도 넘었다. 서로 아무 것도 모른 채 그 둘은–한 사람은 미국에서 다른 한사람은 프랑
스에서–1886년 전기분해로 알루미늄을 생산하는 방법을 개발하며 알루미늄을 경제
적으로 생산할 길이 열린다. 두 발명가 사이의 특허권 분쟁은 곧 정리되며 전 세계적
으로 알루미늄을 대량생산할 길도 열린다. 홀과 에루의 방법으로 인해 알루미늄 가격
은 급격히 떨어지고, 이로써 알루미늄은 일상금속으로 공급된다.

오늘날도 여전히 알루미늄 제조공장은 이들의 방법을 사용한다. 이 기술은 그 사이
눈에 띄게 개량되고 개선되었지만 전류를 통해 산화알루미늄을 금속성 알루미늄으로
분해해 낸다는 기본 원칙은 예전과 동일하다. 전기화학적 전환은 내부에 탄소를 바른
철제원통, 즉 전해장치에서 이루어진다. 전기분해과정에서 이 전해조는 화학반응이
일어나는 통이자 동시에 음극이 된다. 이 음극에서는 알루미늄이온의 화학 반응이 일
어난다. 이에 반해 위로부터 전해질용액 속으로 잠기는 탄소전극이 양극의 기능을 한
다. 이 반응을 위한 원료 하얀 산화알루미늄은 섭씨 2천도 이상의 매우 높은 융해점을
가진다. 따라서 이 원료를 녹이기 위해 매우 많은 비용이 든다. 이 문제를 해결하기 위
해 홀과 에루는 산화알루미늄을 빙정석용액, 즉 나트륨–알루미늄–불소 화합물 속에
서 녹이는데, 이 용액은 섭씨 약 1천도에서 산화알루미늄을 녹인다. 그 다음 그들은 이
용액 속으로 직류전기를 흘려보내 산화알루미늄을 알루미늄과 산소로 분해한다. 금속

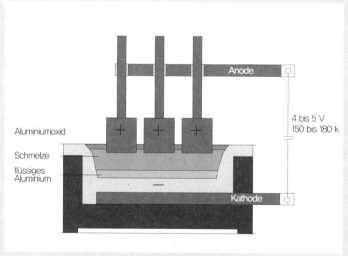

알루미늄 생산을 위한 전해장치 개념도 ⓒ 독일 알루미늄 산업 총 연맹

용액이 전해조 바닥에 침전하는 동안 가스 형태의 산소는 양극의 탄소와 함께 반응해 일산화탄소가 되고, 이것은 그 다음 대부분 이산화탄소로 연소된다.

이 반응은 다음과 같은 화학식에 따라 간단하게 진행된다. $2Al_2O_3+3C \rightarrow 4Al+3CO_2$ 산화알루미늄 분자 2개는 탄소 원자 3개와 함께 반응해 알루미늄 원자 4개와 이산화탄소 분자 3개가 된다. 여기서 분명해지는 것은 전기분해를 통한 알루미늄 생산과정에서 알루미늄뿐 아니라 탄소도 생성된다는 것이다. 이 과정에서 최소한 탄소전극을 이용할 때 온실가스가 필연적으로 함께 발생할 수밖에 없다. 이 양극은 전기화학적 전환 시 소모되는데, 3주에서 4주마다 교체해 주어야 한다. 여기서 나온 결론은 산화알루미늄이 수용전기분해의 유일한 원료가 아니라 양극을 만들어내는 많은 양의 탄소를 함유한 코크스도 중요한 원료라는 것이다. 여기다 많은 양의 전류도 필요한데, 그것은 산화알루미늄 속의 산소가 이 금속에 단단히 결합하고 있기 때문이다. 알루미늄 1톤을 생산하기 위해 필요한 원료는 평균 보크사이트(여기서 2톤의 산화알루미늄이 나옴) 4~5톤, 석유코크스 0.5톤 그리고 전기에너지 13.5~15메가와트다. 1메가와트면 1천 킬로와트다. 1킬로와트로는 냉장고 한 대를 약 3일 동안 틀 수 있다.

전해조가 들어가 있는 로는 중단 없이 가동된다. 한쪽에서 일정한 간격으로 산화알루미늄이 들어오는 동안, 다른 쪽에서는 전해조 바닥에 모인 알루미늄 용액을 펌프로 다시 빨아낸다.

J. G. Neher Söhne & Co와 손을 잡는데, 이 회사는 1886년 사업허가를 신청했다가 거부되었는데 알루미늄에 대한 관심을 계속 가지고 있었다. 기계회사인 외르리콘Oerlikon과 에셔Escher, 비스Wyss & Co의 후원을 받으며 그는 네어의 폐쇄된 철강공장에서 1887년 자신의 연구를 계속할 실험시설을 짓는다. 여기서 1888년 기업연합체인 스위스 알루미늄 주식회사AIAG가 창설된다. 20세기 중반 이 회사는 알루스위스Alusuisse라고 회사 명칭을 바꾼다.

스위스 알루미늄 주식회사는 알루미늄 산업과 전기산업의 이해를 하나로 모은 대규모 기업연합체다. 이 기업연합체 아래 프랑스와 스위스, 독일 기업이 한솥밥을 먹고 있다. 외르리콘과 에셔, 비

라우펜-노이하우젠에 위치한 스위스 야금 주식회사의 터빈과 발전기 시설. 1888년 설치된 이 기계는 당시 세계에서 가장 큰 직류 발전기였다. ⓒ Bildarchiv Alcan Technology & Management AG

스 외에도 특히 아에게AEG의 에밀 라테나우Emil Rathenau와 독일을 대표하는 여러 은행도 관여하고 있는데, 특히 이 은행들은 이 회사 창립에 필요한 자본을 대준다. 전기분해방식으로 알루미늄을 만드는 것이 특별히 자본집약적이라는 사실은 스위스 알루미늄 주식회사의 어마어마한 주식자본에서도 반영된다. 이 회사의 주식자본을 환산해보면 1천250만 마르크로 아에게의 주식자본을 가볍게 넘어선다. 스위스 알루미늄 주식회사라는 한 지붕 아래 거대한 전기시설의 건설과 운용 그리고 전해조에 공급될 전류를 획득하는데 필요한 경험들이 하나로 모이게 된 것이다. 네어가 1년 전 샤프하우젠 주 정부에 신청했던 것보다 훨씬 작은 발전시설만으로도 스위스 알루미늄 주식회사 제련소에 전기를 공급하는 것은 문제없었다. 종발 터빈 Jonval Turbine[22]과 600마력짜리 발전기 두 개면 충분했다. 이 발전기는 라인 폭포의 경관을 필요이상으로 헤치지 않았다. 유일하게 훼손

---

22) 1843년 프랑스의 엔지니어 Nicolas J. Jonval이 특허권을 따낸 수력터빈

1890년 샤프하우젠의 라인 폭포 근처에 있었던 스위스 알루미늄 주식회사. 이곳에서 세계 최초로 수용액 전기분해 방식으로 생산하는 알루미늄 공장이 들어선다. 이 생산방법은 오늘날에도 여전히 전 세계에서 일반적으로 이용된다. ⓒ Bildarchiv Alcan Technology & Management AG

한 게 있다면, 옛날 목조 제방댐을 콘크리트 제방으로 대체했다는 것뿐이다. 샤프하우젠 주 정부는 이 요구를 주저하지 않고 들어주었다.

주 정부가 이 요구에 동의한 것은 예상 밖의 일이었다. 회사가 계획한 600마력짜리 발전기는 그 당시 세계에서 가장 큰 직류 발전기였고, 기술적으로도 혁신적인 것이었기 때문이다. 노이하우젠에서 이 시설을 건설하는 동안 〈스위스 건설신문〉은 이처럼 엄청난 강도의 전류를 생산하는 시설은 지금까지 그 누구도 만든 적 없었다고 자랑스럽게 보도한다.

대형 중기계를 이용해 알루미늄을 생산하는 방식이 새 시대를 열었다. 현대의 금속 알루미늄을 생산하기 위해 필요한 것은 유럽에서 가장 큰 폭포에서 떨어지는 엄청난 수력에너지였다. 실제로 스위스 알루미늄 주식회사의 이 거대한 발전기는 가동된 지 3년 만에 600만 킬로와트를 공급해 알루미늄 16만9천 킬로그램을 생산할 수 있게 만들었다. 독일의 모든 발전소가 같은 해에 700만에서 1천만 킬로와트를 생산한 것과 비교할 때, 어마어마한 양이다. 직류발전기를 가동시키는 대형 터빈 제작과 이 기계를 지속적으로 가동할 수 있게 관리하는 것은 관련 기계·전기산업 분야의 여러 회사에게는 신천지였다. 이 발전소를 모델로 삼아 후에 여러 발전소가 건설된다. 에셔나 비스는 노이하우젠에서의 성공 덕분에 전 세계에서 수많은 댐 건설을 수주하는데, 그 중에는 미국의 나이아가라 발전소와 라인펠트 지역의 하천 댐 공사도 있다.

스위스 알루미늄 주식회사라는 한 지붕 아래 알루미늄 산업과 전기산업이 함께 일하게 된 것은 양측 모두에게 큰 이익이었다. 한편으로 알루미늄 생산을 위해 필요한 엄청난 양의 전력 수요는 전기를 이용하는 중기계의 발전을 가속화시키며, 이로 인해 전기산업의 매출과 성장을 촉진시킨다. 아마도 홀과 에루의 전기 집약적 생산방식을 기초로 알루미늄 산업이 일어나지 않았다면, 전기산업도 막대한 양의 전기를 안정적으로 생산·공급하지 못했을 것이다.

하얀 석탄, 검은 석탄

19세기 말 수력은 '하얀 석탄'이라고 불렸다. 전보다 월등하게 싼 가격으로 전기를 공급할 수 있게 된 것은 이 하얀 석탄 덕분이다. 알루미늄 생산비용에서 가장 큰 비중을 차지하는 것은 전기다. 스위스 알루미늄 주식회사를 창립한 후 에루는 알루미늄 산업은 원료를 획득할 수 있는 곳이 아니라 싼 가격으로 수력을 이용할 수 있는 곳에서만 발전할 수 있으리라고 예언한다. 알루미늄 생산의 경제성은 알루미늄으로 가공하는 데서 생기며, 여기서 원료는 부차적 문제일 따름이다. 오늘날과 마찬가지로 당시에도 원료가 전기분해 공장까지 오기 위해서는 먼 길을 거쳐야 했다. 남프랑스는 보크사이트의 가장 중요한 조달처다. 알루미늄 광석은 이곳에서 독일로 운반되는데,

여기서 루드비히하펜Ludwighafen에 있는 기울리니Giulini 형제 회사와 브레슬라우의 골드슈미덴Goldschmieden에 있는 화학기업 베르기우스Bergius & Co에서 산화알루미늄으로 선광選鑛되어 다시 전기분해 공장으로 공급된다. 수용액 전기분해 과정에서 꼭 필요한 보조재인 빙정석은 오로지 그린란트에서만 났다. 당시 이 광석의 독점권을 가지고 있었던 덴마크 회사가 이것을 전 세계에 공급했다.

에루의 전망은 1차 세계대전까지는 맞아 떨어진다. 1914년까지 알루미늄 제조회사들은 거의 예외 없이 수력을 이용하기 편한 장소에 공장을 세운다. 스위스의 발리스Wallis, 사보이엔Savoyen, 노르웨이의 산악지대, 스코틀랜드의 산악지방, 라인 폭포, 나이아가라 폭포 등에 알루미늄 공장이 들어선 것도 이런 이유에서다. 독일은 산업이 고도로 발달하고, 알루미늄 가공 산업이 번영해 알루미늄 수요가 유럽에서 가장 많았는데도 1차 세계대전 때까지 알루미늄을 생산하지 못한다. 독일에는 검은 석탄이 어마어마하게 매장되어 있었지만, 수력은 그렇지 못했다. 그래서 독일인들은 스위스에서 알루미늄을 수입하며, 알루미늄 생산은 값 싼 하얀 석탄, 즉 수력에너지가 충분할 때만 경제성이 있다는 당시 지배적 도그마를 따르게 된다.

전시경제 체제에서의 보호 산업

1917년 4월 21일 독일 재무부. 정부와 민간 경제를 대표하는 5명의 고위 인사는 공증인 율리우스 샤히안Julius Schachian이 입회한 가운데 새로운 회사 창립에 관한 결정을 내린다. 그들은 독일 알루미늄 생산 시설의 설립과 운영 그리고 이 시설에서 만든 제품의 판매를 논의했고 '연합 알루미늄 주식회사Vereinigte Aluminum-Weke Aktiengesellschaft', 약어로 'VAW'를 설립한다. 얼마 후 이 회사는 유

1916년 독일 국방성 전쟁물자국은 알루미늄 재고를 늘이기 위해 알루미늄으로 만든 물건을 모아줄 것을 호소한다.
ⓒ Foto Deutsches Museum

럽에서 가장 큰 알루미늄 공장 가운데 하나가 된다. 이 공장이 설립되면서 알루미늄 산업은 독일에서 안정적으로 자리 잡게 되며, 전쟁 때는 물론이고 그 후로도 계속 이어져 1915년 알루미늄을 오로지 전쟁 수행을 위해서만 생산한다고 명시한 목표를 넘어선 것이다.

1914년 1차 세계대전이 발발했을 때 전략가들은 독일에서 독자적으로 알루미늄을 생산하는 것이 필요하다는 사실을 금방 알아챘다. 전쟁 중에 외국의 알루미늄 수입선이 차단된다면 매우 위험한 비상상황이다. 유탄발사기, 야전식기, 엔진 부품, 비행선, 곧 나오게 될 비행기, 기타 군수품이 모두 알루미늄으로 제작되었기 때문이다. 그밖에도 알루미늄은 탄약 제조는 물론이고 전기산업에서 매우 중요한 구리를 대체할 전략물자로 기대를 모으고 있었다. 당시 구리는 매우 귀한 금속이었는데, 전쟁 전 독일은 수요의 90퍼센트를 수입에 의존했다. 이제 수입선이 차단될 테니 이를 대체할 새로운 금속을 찾아야 했다.

알루미늄은 원래 구리보다 비싼 금속이지만, 구리보다 가볍고 이것이 결정적으로 중요하다. 비교적 전도율이 좋다. 그래서 알루미늄은 전기 케이블이나 전선을 생산하는 데 안성맞춤이다. 전쟁 중에 구리는 더 이상 수입할 수 없었지만, 중립국인 스위스로부터 알루미늄을 들여오는 것은 여전히 가능했다. 하지만 많은 독일인들은 이 정도 수입량만으로는 전쟁으로 인해 가파르게 치솟고 있는 수요를 감당할수 없을 것이라고 확신했다. 그밖에도 이렇게 중요한 원료를 수입에만 의존한다는 것이 전시에는 너무 위험했다.

국민에게 알루미늄을 모아달라는 국가적 캠페인조차도 이 난감한 상황을 바꾸지 못했다. 그래서 정부는 전쟁 수행을 위해 필요한 금속인 구리, 알루미늄, 주석, 함석 등으로 만든 물건을 징발하기 시작한다. 하지만 이 조치의 성과 역시 미미했다. 그래서 독일 전역의 공장과 창고, 상점, 가정에 있는 모든 알루미늄을 대상으로 국가적인 재고조사를 실시했다. 이 조사의 최종보고서에 따르면, 독일에는 알루미늄이 4천 톤 유통되고 있었다.

조사결과는 1914년부터 1918년 사이에 금속 업무를 담당했던 군수회사인 전쟁금속주식회사Kreigsmetall, AG로 하여금 즉각 행동에 나서도록 만들었다. 단기간에 소규모 알루미늄 공장이 3개나 설립된다. 첫 번째 공장은 베를린의 룸멜스부르크Rummelsburg에, 두 번째는 쾰른의 호렘Horrem에, 그리고 3번째는 비터펠트Bitterfeld에 들어선다. 이 공장들은 가능한 빨리 가동되어야 했기 때문에 장기적 안목으로 시설을 계획하지 않고 당장 급한 불을 끄기 위해 문을 열게된다. 그래서 공장을 지을 때 많은 것들이 즉흥적으로 결정되었다. 전기분해를 위한 전용 발전소 건설은 너무 긴 시간이 필요했기 때문에 생각할 수도 없었다. 그 대신 필요한 전기를 공공 전력망에서 끌어왔다. 룸멜스부르크 공장은 도시전력망으로부터 전기를 끌어왔는데, 이것은 시민들의 전력 사용에 큰 부담이 되었다. 이 세 개의 공장은 전쟁이 탄생시킨 산물이며, 존재는 철저하게 비밀에 붙여졌다. 공식적으로 이 공장의 생산 품목은 고급 아연이어서 생산된 상품은 'F. Z고급아연'라는 가짜 이름으로 배송되었다. 이 위장술은 성공을 거두어 전쟁이 끝난 후 비터펠트 역의 관리들조차도 이 'F. Z'가 실제로 알루미늄이었다는 사실을 최근까지도 몰랐다고 진술했다. 독일에서 생산된 많은 양의 알루미늄이 이 역에서 유통되었으며, 그 양은 1916년에 1만2천 톤에 달했다.

하지만 급증한 수요에 비해 이 양은 뜨겁게 달구어진 바위 위에 떨어진 물 한 방울 같았다. 그래서 1916년 말 전쟁금속주식회사는 군대를 위해 가능한 빨리 생산량을 올려줄 것을 이 세 공장에 요구한다. 하지만 국방성은 이와는 전혀 다른 규모의 '힌덴부르크 계획'을 수립하고 있었다. 공장 세 개를 더 지어 1년에 알루미늄 3만6천 톤을 생산할 수 있는 규모를 갖춘다는 것이다. 그것은 엄청난 규모였다. 이에 들어간 예산 역시 엄청났다. 그래서 정부와 민간경제가 함께 이 금액을 부담하는 국가와 민간 합자사업으로 기획되었다. 세 공장 모두 민간경제 부분의 직원들이 공무원과 함께 일했다. 이들의 업무는 명확하게 구분되었는데, 공무원들이 이 공장의 자금을 담당한 반면, 민간기업은 기술과 지식 그리고 경험을 지원했다.

완공 후 이 공장이 이익을 낼 수 있을 지는 아무도 몰랐다. 하지만 어떤 상황에도 공장은 계속 운영될 것이라는 것만은 분명했다. 전쟁 첫 해의 알루미늄 부족 현상에서 전쟁 참모부가 얻은 교훈은 독일은 독자적인 알루미늄 생산시설이 꼭 필요하다는 것이었다. 그것이 어떤 희생을 치르더라도 달성해야할 목표였다. 그래서 앞으로 신설될 세 개 공장에 전기를 공급할 독자적인 전력공급 시설을 건설하기로 결정한다. 연합 알루미늄 주식회사의 라우타Lauta 공장과 그레펜브로이히Grevenbroich에 위치한 에르프트Erft 공장이 완공된 후, 이 공장들은 그때까지 사용하지 않던 화력발전소를 이용한다. 이 공장들의 위치가 독일 중부에 위치한 라인강 왼쪽 갈탄 매장지역 한 가운데인 것도 그런 이유에서다. 이 계획은 전쟁 수행을 위해 절대적으로 중요했다. 그래서 수력에너지를 값 싸게 이용하는 것이 알루미늄 생산의 중요한 조건이라는 전쟁 전에 수립된 확고부동한 원칙도 깨지게 된다. 그렇지만 당시 군부가 계획했던 3번째 대형 공장인 오버바이에른 퇴깅Töging에 위치한 인Inn 공장은 수력에너지를 기초로 하도록 계획되었다.

그밖에도 1916년 힌덴부르크 계획은 신설 공장들이 다른 산업 분야의 지원 없이도 운영되도록 계획되었다. 우선 산화알루미늄이나 탄소전극의 공급을 목표로 했지만 장기적으로는 보크사이트까지도 목표로 했다. 이 프로젝트 가운데 가장 규모가 크고 야심찬 연합 알루미늄 주식회사의 라우타 공장에서는 이 원칙을 공장 시공 콘셉트 단계에서 이미 실행에 옮겼다. 발전소, 산화알루미늄과 탄소전극 생산 공장 및 전기분해시설까지 알루미늄 생산을 위한 모든 요소들이 나란히 반영되었던 것이다. 이것은 세계적으로도 유래가 없는 새로운 시설이었다. 이 공장은 보크사이트를 구해서 독자적으로 산화알루미늄을 생산할 계획이었다. 최소한 헝가리와 다른 동맹 국가들에서 보크사이트를 수입할 수 있을 때까지는 말이다. 하지만 라우타 공장은 더 이상 외국에서 수입한 보크사이트에 장기간 의존할 수 없게 되었다. 이것은 독일이 필요로 하는 금속의 부족분을 지속적으로

메워보려 했던 의도에 반하는 상황이었다. 회사의 정관에서 분명히 밝히고 있는 것처럼, 이 회사의 최우선 과제는 알루미늄 생산에 들어가는 모든 원료를 국내에서 조달하고, 이 원료의 구입을 특히 전쟁기간에 확실하게 보장해 주는 것이다. 이 정관이 분명히 말하고자 하는 바는 독일은 가능한 빨리 보크사이트 수입을 중지해야 한다는 것이다. 그렇다면 어디서 산화알루미늄을 얻을까?

이 문제 해결의 열쇠는 독일의 점토였다. 알루미늄을 함유한 점토를 거의 무한정 매장하고 있는 광상鑛床이 독일에는 몇 군데 있었다. 연합 알루미늄 주식회사는 곧 그 가운데 두 군데를 사들인다. 점토를 함유한 흙에서 우선 산화알루미늄을 얻고, 이로부터 알루미늄을 획득하고자 하는 의도는 1917년에 참신하고 새로운 아이디어는 아니었다. 그 사이에 금속은행과 야금회사들 그리고 독일과 함께 연합 알루미늄 주식회사의 주식을 소유하고 있었던 화학기업 그리스하임Griesheim과 엘렉트론Elektron은 약 10년 전에 이미 이 방법을 집중적으로 연구했다. 하지만 실험실 테스트에서는 좋은 결과가 나왔지만, 중공업 규모의 공장에서는 아직 완전히 검증되지 않은 상태였다. 경제성 역시 아직 결론이 나지 않았다. 하지만 전쟁이라는 특수 상황에서 이윤을 따지는 것은 부차적 문제였다. 군사 목적이 최우선이었으며, 군대의 관심은 첫째 즉시 알루미늄을 생산하는 것이고, 둘째 가능한 지속적으로 알루미늄을 생산하는 것이며 여기에 덧붙여 자급자족을 이루는 것이었다.

이런 목표는 라우타 공장의 산화알루미늄 공장 건설에도 반영되는데, 이 공장의 건설을 책임진 엔지니어들은 두 가지 방식으로 알루미늄을 생산할 수 있도록 공장을 설계한다. 이 공장은 당시 일반적으로 통용되었던 보크사이트를 원료로 사용하는 소결물 방식[23]으로 가동될 뿐 아니라, 독일의 점토를 이용해 생산하는 방법으로도 가동되었다. 알루미늄 생산을 위해 필요한 것은 보크사이트나 점토 외에도 탄소전극과 보조 재료인 빙정석이다. 독일은 이 두 가지도 자체 생산하도록 계획했다. 연합 알루미늄 주식회사가 창립된 1917년 인공 빙정석을 화학적으로 합성할 수 있다는 희망찬 실험결과도 나온다.

엄청난 규모의 라우타 공장을 건설하는 것은 독일의 지상과업이었다. 발전소와 전해조, 산화알루미늄 공장은 가능한 빨리 건설되어야 했다. 이 새로운 시설은 도시는 물론 도로로부터도 멀리 떨어져 있었기 때문에 도로와 철도, 상수도와 주택을 건설하는 것도 매우 중요했다. 이것은 어마어마한 계획이었지만 단 1년 안에 완공해야 했다. 비용은 얼마든지 들어도 좋았다. 독일은 1억2천500만 마르크 이상 들어갈 총 비용을 대야했다.

1917년 3월, 이 계획의 실현은 아득해 보였다. 건설노동자들이 작업에 들어가기 시작해 나무를 베고 숲을 완전히 개간했다. 엄청난 넓이의 땅이 파헤쳐졌다. 작업을 좀더 빨리 진척시키기 위해 국방성은 1917년 4월 이 사업에 특별한 권한을 부여한다. 그것은 이 계획을 촉진하거나 난관을 제거하는 데 연관된 모든 일은 군대를 위한 것이므로 가장 시급하게 처리되어야 한다는 명령이다. 그러므로 공장 건설에 필요한 일이라면 무엇이라도 경찰의 허가 없이 할 수 있었다. 1년 후 관할 관청과의 지루한 협상 끝에 이 공장은 영업허가를 받는다. 공장이 건축되는 동안 자재와 기계의 보급이 자주 중단되었고, 숙련된 인력도 늘 모자랐기 때문에 국방성이 개입해 여러 나라

23) 알루미늄 원료를 녹는점에 가까울 정도의 높은 온도로 가열해 얻는 덩어리 모양의 물질

의 전쟁포로들을 건설 현장에 투입시켜 강제노동을 시킨다. 공사현장에 투입된 인력은 한때 1만3천 명까지 불어났으며, 그 가운데 약 3천 명이 전쟁포로였다. 이들의 숙소와 보급품도 큰 골칫거리였다.

전쟁이 거의 끝나가던 1918년 10월 마침내 라우타 공장에서 첫 제품이 나온다. 하지만 이 공장이 완공되기까지는 아직도 많은 시간이 필요했으며, 기껏해야 계획된 규모의 1/3 정도만 완성되었다. 8년 후인 1926년 전 세계에서 가장 큰 알루미늄 회사 알코아의 사장인 아서 데이비스Arthur Davis는, 전쟁이 끝난 후 중단된 이 프로그램을 그 사이 다시 재개해 완공한 후 이 공장을 방문한다. 그는 예전에 이 공장에서 느꼈던 조급함과 부족함, 궁핍함, 임기응변의 흔적을 더 이상 찾아보지 못했다. 그는 스텝기후 지역 한 가운데 건축학적 양식미를 갖추고, 게다가 근로자들을 위해 이렇게 아름다운 집과 녹지시설까지 갖춘 완벽한 공장은 본적이 없다고 인정한다.

정부 주도의 통합

1918년 무자비한 살육이 자행되었던 전쟁이 끝났다. 하지만 경제는 완전히 붕괴되었다. 그리고 혼란과 카오스, 소요의 시간이 이어졌다. 1919년 6월 28일 독일 대표단은 베르사유 조약을 체결한다. 전후 짙게 깔린 경기침체의 덫에 걸린 것은 전 유럽이 마찬가지였다. 알루미늄 산업이 아직 걸음마 단계에 머물렀던 독일도 이 시기가 비관적이기는 매한가지였다. 전쟁에서 승리한 연합군은 자국에 산더미처럼 쌓인 알루미늄 고철과 군수물자 재고를 독일로 수출했으며, 이로써 독일 알루미늄 가격은 형편없이 떨어졌다. 하지만 독일에서 알루미늄 수요는 좀처럼 살아날 기미를 보이지 않았다.

알루미늄이 전쟁의 금속이란 것은 확실하다. 알루미늄 생산량은 독일뿐 아니라 이 전쟁에 참전한 모든 나라에서 1914년에서 1918년까지 눈에 띄게 급증했다. 전 세계적으로도 이 4년간의 알루미늄 생산량은 8만4천 톤에서 18만 톤으로 매년 두 배 이상씩 급증했다. 이 중 거의 대부분이 군수산업으로 흘러들어갔다. 하지만 1918년 전쟁이 끝나고 평화가 찾아오자 알루미늄 제조회사는 전쟁 중에 급속하게 늘어난 알루미늄 소비가 그대로 유지될 가능성은 거의 없을 것이라고 확신했다.

알루미늄 산업에 있어서 거의 맨바닥이었던 독일은 유럽에서 알루미늄을 가장 많이 생산하는 나라로 성장했다. 새로 지은 공장의 생산능력은 이미 국내 수요를 채우고도 남을 정도로 충분했다. 그러나 이 계산은 독일 시장에서 예전에 확보했던 강력한 경쟁력을 다시 획득하기 위해 필사적으로 노력했던 스위스나 다른 국가들을 고려하지 않은 것이다. 값 싼 수력에너지, 풍부한 경험, 전쟁 전부터 좋은 관계를 맺으며 거래해 왔다는 점, 고급 알루미늄을 생산했다는 것, 게다가 다른 곳에서는 알루미늄 공장이 대부분 문을 닫는 상황에서도 여전히 알루미늄 생산시설을 갖추고 있었다는 점에서 이들 나라는 유리한 고지를 점하고 있었다. 이 상황에서 값 비싼 화력발전에 의존했던 신생 독일 알루미늄 산업이 평화 시에도 이 외국 기업과 겨룰 경쟁력이 있을지는 아무도 몰랐다. 게다가 화력발전의 가격이 치솟고 있었다. 어쨌건 힘겨운 경쟁이 눈앞에 다가왔다는 것만은 확실했다.

외국 경쟁기업들은 그레펜브로이히Grevenbroich에 있는 에르프트 공장은 물론이고 아직 완공되지 않은 라우타 공장까지도 살아남기 어려울 것이라고 평가했다. 석탄에서 교류 전기를 생산하는 첫 단계에서 돈이 너무 많이 들어갔다. 전기분해 작업은 반드시 직류전기를 이용해야 하기 때문에 이 교류 전기는 곧바로 직류 전기로 변환

되어야 한다. 완공 후 수력발전을 이용할 예정이었던 인Inn 공장 조차도 건설 초기에 벌써 이익을 낼 수 있을지 의심 받았다. 공장 건설에 너무 많은 비용이 들어갈 것이기 때문이다. 독일 알루미늄 산업은 어떤 방법으로도 성공할 수 없는 골치 덩어리였다. 경제적 관점으로만 본다면 이 산업은 도저히 유지될 수 없었다. 알루미늄 생산에 들어갈 것으로 예상되는 연간 5억6천만 킬로와트의 전기를 다른 분야로 돌리고, 그 대신 외국에서 알루미늄을 수입하는 편이 훨씬 이익일 것이라고 조언하는 전문가도 있었다. 그들은 물었다. 독일은 왜 바보처럼 독자적으로 알루미늄을 생산하려고 하는가?

독일 알루미늄 산업의 경쟁력을 믿지 않았던 독일 재무부 역시 이와 동일한 견해였다. 독일 재무부가 자체적으로 행한 계산에 따르면 알루미늄을 독자적으로 생산하는 것은 분명 손해다. 재무부는 이렇게 위험한 프로젝트에 앞으로 예산을 투입하지 않을 것이라고 결정하며 라우타 공장과 인 공장을 계속 짓는 것이 불투명해 진다. 이 두 공장의 운명은, 전시경제 체제라는 특수 상황에서 특별히 우대받았던 이 온실식물에 앞으로 국가가 계속 도움의 손길을 내밀 것인가에 전적으로 달렸다. 금속의 자급자족이라는 전쟁 전에 세운 콘셉트를 고집하던 산업경제부는 이 공장을 지원할 준비가 되어 있었다. 그런데 지원은 알루미늄 공장이 계속 존립해야만 가능한 일이다. 그러므로 수익성은 부차적인 문제였다. 마침내 알루미늄 공장을 국유화한다는 조건으로 재무부 역시 지원에 동의한다.

1919년 라우타 공장이 이 경우에 해당된다. 그때까지 이 회사의 주식 일부를 소유하고 있었던 민간기업 컨소시엄은 정부의 결정에 굴복해 라우지처Lausitzer의 공장에서 완전히 철수한다. 이로써 연합 알루미늄 주식회사는 완전히 국영기업이 되고, 그 후 곧 에르프트 공장과 아직 완공되지 않았던 인 공장까지 합병된다. 이에 반해 전쟁 중에 급하게 지은 룸멜스부르크와 호렘의 공장은 원래 의도대로 빈틈없이 건설된다. 협상용으로 민영 기업으로 남게 된 비터펠트의 공장을 제외하고 독일 정부는 이제 모든 알루미늄 산업을 상악하게 된다.

전후 매우 힘들었던 시기를 넘기기 위해 연합 알루미늄 주식회사 이사회는 이 분야에 보호무역 정책을 펴 줄 것을 정부에 요청한다. 이를 계기로 이미 1917년 초에 공포되었던 연방 법령이 계속 효력을 유지하게 된다. 이 법령은 독일에서 알루미늄 공장이나 산화알루미늄 공장을 신설할 때는 반드시 당국의 허가를 받도록 규정함으로써 국내외 경쟁으로부터 이 기업을 보호해 주었다. 하지만 독일은 수입 알루미늄에 대해 관세를 메겨달라는 요청은 받아들이지 않았다. 그 대신 독일 알루미늄 회사에 우선 공급권을 보장해 준다. 이로써 독일 알루미늄 산업에는 평화 시에도 처음부터 매우 유리한 특별법이 적용된다. 1923년 산업기업 연합 주식회사VIAG의 창립과 함께 이 특별법은 회사 조직의 새로운 틀이 된다.

산업기업 연합 주식회사의 과제는 모든 국영기업을 통합 관리하는 것이다. 창립규약은 알루미늄, 질소, 전기 등 3대 핵심 산업을 회사의 주요 사업영역으로 규정하고 있다. 이 세 개의 산업은 계속 국가가 소유한다. 산업기업 연합 주식회사의 창립을 계기로 행해진 조직 개편으로 알루미늄 부문은 전용 에너지 공급원을 더 이상 가질 수 없게 된다. 예전에 연합 알루미늄 주식회사가 소유했던 모든 발전소가 이제는 산업기업 연합 주식회사의 전기 부문에 속하게 되었기 때문이다. 이것은 독일 알루미늄 산업이 외국의 경쟁 업체들과는 달리 더 이상 전용 에너지 공급원을 갖지 못하게 되었다는 것을 의미한다.

하지만 이로 인해 발생할 위험성은 특별히 크지 않았다. 왜냐하면 우선 산업기업 연합 주식회사 내부적으로 장기간 전기 공급계약이 체결되어 있었기 때문이다. 둘째, 알루미늄과 전기 분야는 조직상으로는 서로 분리되어 있었지만 국가 소유였기 때문에 긴밀한 협조체제를 갖추고 있었다. 여기서 나오는 시너지 효과는 민간기업에 간접적으로 국고를 지원하고 있다는 비난을 받을 정도였다. 이 비난이 터무니없지는 않으며, 심지어 산업기업 연합 주식회사는 세제 지원까지 받는다. 이것은 더 많은 시기와 질투를 불러일으켰다. 하지만 이런 질투도 국영기업인 산업기업 연합 주식회사를 민영화시키지는 못한다. 이 상황은 1986년과 1988년 민영화 될 때까지 계속 이어진다.

황금기 1920년대

1차 세계대전 직후에 팽배했던 알루미늄에 대한 비관론은 빗나갔다. 예상과 달리 알루미늄 소비량은 잠시 주춤거렸을 뿐 계속 상승곡선을 그린다. 알루미늄은 전쟁기간 동안 주로 군수산업으로 흘러들어간 반면, 바이마르 공화국 시기에는 자동차와 선박, 화물기차, 비행기 등 주로 교통 분야에 이용되다가 전선과 식기, 캔, 라디오, 청소기, 기타 가재도구 등 점차 새로운 시장을 개척해 나간다.

바이마르 공화국 시절에도 독일은 유럽에서 알루미늄을 가장 많이 소비하는 나라였지만, 전쟁 전과는 달리 이제는 유럽에서 알루미늄을 가장 많이 생산하는 국가이기도 했다. 독일 알루미늄 산업은 미국 다음으로 2위였다. 불안한 예언에도 1920년대 독일 알루미늄 산업은 전성기를 누린다. 경제성을 의심받았던 연합 알루미늄 주식회사가 처음 흑자를 낸 것도 이 황금시대 중간쯤이었다. 이런 사실은 그때까지 뒤집을 수 없는 것으로 생각했던 도그마를 뒤엎을 수 있는 증거가 된다. 알루미늄은 이제 수력발전뿐 아니라 갈탄을 이용한 화력발전으로도 얼마든지 이익을 낼 수 있게 되었기 때문이다.

갈탄의 발열량은 원래 보잘 것 없다. 그래서 갈탄을 운송하는 것 역시 경제성이 떨어진다. 하지만 현장에서 바로 전기를 생산할 수 있다는 장점이 있다. 당시 특히 라인강 유역의 갈탄 광산 지역과 독일 중부 지방의 발전소를 개축하는 사업에 정부가 대대적으로 나선 것은 우연이 아니다. 연합 에너지기업이 창립되기 시작한 1920년대 화력 발전소 숫자는 눈에 띄게 늘어난다. 이에 따라 총 발전량에서 갈탄과 석탄을 이용해 얻은 화력발전의 비중도 약 75퍼센트에 이른다. 반면 수력은 14퍼센트, 가스는 약 10퍼센트, 그리고 석유를 이용한 발전은 약 1퍼센트에 머무른다.

반면에 독일 남부지역은 수력에너지를 이용했다. 이곳에는 알프스 산맥에서 흘러내려온 수자원이 풍부했기 때문이다. 이 수자원을 기초로 1925년 초 오버바이에른 지방인 퇴깅에서는 인 공장의 전기분해 설비를 가동시킨다. 예상대로 이것은 수익성이 충분한 것으로 드러났다. 갈탄에서 열에너지를 얻는 데 드는 비용은 1925년 라우타 공장에서 1킬로와트 당 1.5페니히였다. 이에 반해 인 공장에서 동일한 양의 수력에너지를 얻는데 드는 비용은 0.85페니히에 불과했다. 하지만 화력에너지를 이용해 전기를 생산해야 하는 이유도 있었다. 화력발전에서 나온 전기는 1년 내내 밤낮 없이 고르게 이용할 수 있어 전기분해 시설을 24시간 쉬지 않고 가동할 수 있게 해주기 때문이다. 하지만 수력발전에서는 상황이 달랐다. 계절에 따라 이용계수의 편차가 심했다. 갈수기인 겨울이 특히 문제였다. 스위스와 사부아 알프스의 수력발전소 관계자들에게 이것은 매우 골치 아픈 문제

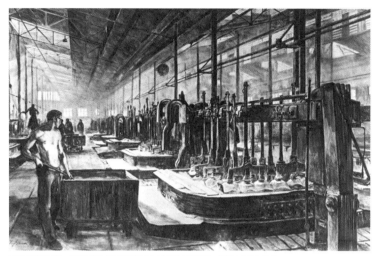

1925년 알루미늄 전기분해 설비를 가동한 퇴깅의 알루미늄 공장 보일러실 © Foto Deutsches Museum

였다. 겨울이면 송전량이 40-50퍼센트까지 줄어들었다. 추가적으로 필요한 겨울용 전기를 비싼 값을 주고 구입하거나 값 비싼 양수발전 설비를 갖춘 보충용 수력발전소를 지어야만 이 갈수기를 넘길 수 있었다. 보충용 수력발전소에서는 여름에 저수지에 가능한 많은 양의 물을 모아두었다가 이것으로 겨울에 전기부족분을 메워나갔다. 인 공장은 이런 값 비싼 추가설비가 필요없었다. 1920년대 이 공장은 에너지를 오로지 수력발전으로만 충당할 수 있는 유럽에서 유일한 알루미늄 공장이었다.

독일 알루미늄 산업이 유럽에서 가장 단단한 산업으로 자리 잡을 수 있게 된 것은 첫째 전혀 뜻 밖에 알루미늄에 대한 수요가 폭증했기 때문이고, 둘째 갈탄 전기를 이용한 공장의 가동이 경제성이 높았기 때문이다. 그밖에도 생산효율을 개선시킨 합리화 기술과 생산성 향상 대책 등을 들 수 있다. 물론 이 산업의 부흥을 책임진 국가의 직·간접적 보호 정책도 한 몫을 했다. 이와는 반대로 연합 알루미늄 주식회사에게 독일은 늘 해결하지 못했던 원료 공급 문제를 해결하라고 압력을 넣는다. 1917년 연합 알루미늄 주식회사 창립규약문의 한 문장을 보면 이 기업은 조만간 독일 점토를 원료로 사용해야 한다고 되어 있다. 라우타 공장에서 꾸준히 진행된 실험 덕분에 점토에서 산화알루미늄을 만들어내는 것도 가능하다는 것이 입증되기는 했다. 하지만 경제성이 떨어졌으며, 이 때문에 장기 목표로 남길 수밖에 없었다. 이것은 연합 알루미늄 주식회사가 확실한 보크사이트 공급원을 구해야 한다는 것을 의미했다.

잠시 동안이나마 독일에 매장된 몇 안 되는 보크사이트 광산인 포겔스베르크Vogelsberg 지역에서 나오는 헤센보크사이트Hessenbauxit에 많은 희망을 걸기도 한다. 하지만 여기서 채굴된 보크사이트에는 결정적인 결점이 있었다. 알루미늄 함량이 너무 적고, 규산 함량이 너무 높아 산화알루미늄으로 가공하기 매우 어려웠다. 이 보크사이트는 더 이상 연구개발할 필요가 없을 정도로 품질이 형편없다는 것이 곧 입증된다. 예전에 전쟁기간 중 연합 알루미늄 주식회사가 원료로 도입했던 헝가리 비하르Bihar 산맥에서 나온 보크사이트 역시 만족스럽지 않았다. 이 보크사이트는 화학적 결합력이 너무 강해 선광하는 데 매우 어려웠으며, 비용도 많이 들어갔다. 마침내 연합 알루미늄 주식회사는 헝가리 보크사이트 트러스트에 참여하는 행운을 잡는다. 이 트러스트에서 생산한 헝가리-루마니아 보크사이트는 당초 기대를 훨씬 뛰어넘어 더 이상 바랄 게 없을 만큼 안정적으로 원료를 공급해 준다. 광활한 면적의 라우타 공장에 앞으로 보크사이트가 산더미처럼 쌓이게 될 것이다. 그리고 이곳이 연합 알루미늄 주식회사의 원료 창고가 될 것이다.

나치즘 하에서 누린 전성기

대체 재료 알루미늄

1929년 뉴욕 주식시장이 붕괴된다. 주가는 곤두박질쳤고, 세계 경제는 비틀거렸다. 가혹한 전쟁배상금을 미국 융자금에 전적으로 의존했던 독일과 오스트리아에 이 상황은 특히 가혹했다. 1932년 독일에서는 600만 명이 실업수당을 타야 했다. 국내 알루미늄 소비량은 40퍼센트 이상 급격히 떨어진다. 1929년 약 2만6천 톤의 알루미늄을 생산한 연합 알루미늄 주식회사는 1933년까지 연간 생산량을 1만1천 톤까지 감축해야 했다. 경제가 움츠러들수록 사회적 긴장 역시 더욱 첨예해지고, 이런 상황은 극우 정당인 국가사회주의 독일노동자당NADAP[24]이 득세할 수 있는 유리한 환경을 만들어준다. 이 당의 당수인 아돌프 히틀러Adolf Hitler가 1933년 정권을 잡으며, 국가사회주의 경제정책을 내놓는다. 이에 따르면 독일은 경제적 자립과 전쟁수행 능력을 갖추어야 한다. 이를 위해 독일이 어떤 길을 가야할지 4개년 계획이 발표된다.

여기에는 알루미늄에 대한 내용이 많이 들어 있다. 알루미늄은 히틀러의 자주 경제 정책과 군비증강 정책에서 연료의 합성과 석탄

---

24) Nationalsozialistische Deutsche Arbeiterpartei

에서 고무를 만드는 것 같은 다른 대형 프로젝트와 함께 매우 중요한 역할을 담당한다. 특히 구리처럼 전적으로 수입에 의존하는 금속의 수입을 꼭 필요한 양으로만 제한하기 위해 국가사회주의자들은 처음부터 수단과 방법을 가리지 않고 알루미늄 사용을 강요했다. 새로 정권을 잡은 권력자들은 1차 세계대전 때 연합군의 무역봉쇄로 주요 원료의 수입선이 단숨에 끊어져 궁지에 몰렸던 경험을 늘 잊지 않았다. 전 세계가 점점 더 네트워크를 이루어 상호 의존하며 살아가던 시절에 나치는 '원자재 자립경제'라는 시대착오적인 강령을 들고 나온다. '자급자족', '자립생산', '대체'라는 선전문구들이 1933년부터 이런 새로운 방향을 확정한다.

1934년 초 국가사회주의자들은 이른바 '신 경제법'을 만들어 발효시킨다. 제국경제부는 '비철금속류에 관한 규정', 즉 산업원료와 반제품의 거래를 엄격하게 통제하는 두툼한 법령집을 발표한다. 이 속에는 중요 금속에 한해 사무실의 종이집게 하나까지 마음대로 사용하지 못하도록 엄격히 규제하고 있다. 이 규정에 따르면 일반인들이 구리를 사용하는 것은 거의 완전히 금지되었다. 구리는 액자나 기념패는 물론이고 광고용품이나 사무용품 등 일상적인 용도로 사용할 수 없었다. 이 금지규정을 어기면 비철금속 감시소가 가차 없이 처벌했다. 이 관청은 이런 규정위반행위를 '부도덕한 행위'로 보는 것이 아니라 '원자재 절도행위', 즉 형사적인 책임을 물을 수 있는 범법행위로 보았다. 1938년 이 업무를 담당하는 국가위원회 위원인 파울 찜머만Paul Zimmermann은 이런 범법행위에 대해 검찰은 가차 없이 소환 조사하고, 원자재 절도라는 판단이 서면 관용을 베풀지 말라는 명령까지 내린다.

이로써 감시관청은 구리, 니켈, 납, 아연 혹은 주석 같이 수입에 의존하는 금속의 사용을 제한한다. 하지만 국내에 있는 '대체 재료'로도 이 금속을 절약할 수 있게 된다. 알루미늄과 강철은 이 교환대체 프로그램에서 중요한 역할을 한다. 이밖에도 유리와 세라믹, 플라스틱, 나무, 불가피할 경우에는 아연도 대체 재료에 들어간다. 예를 들어 수도꼭지의 경우 지금까지 사용했던 놋쇠를 앞으로 알루미늄으로 대체하도록 했다. 다른 분야에서도 알루미늄의 사용은 의무사항은 아니지만 역점을 두고 추천되었다. 이렇게 해 나치의 원자재 이데올로기는 지금까지 거의 사용되지 않은 분야에 알루미늄이 들어갈 수 있게 도와주는 역할을 했다. 1933년과 1945년 사이에 알루미늄은 아주 새로운 영역에서 무혈입성하게 되는 기회를 잡는다.

독일의 금속

나치 사상가들은 가공업계와 소비자에게 알루미늄에 대한 철학을 쉽게 주입하기 위해 이 대체 재료에 이데올로기라는 색깔을 입힌다. 1차 세계대전 때 대체품목으로 나온 것들은 대부분 품질이 좋지 않았기 때문에 1930년대 독일 국민들에게 '대체 재료'라는 개념은 부정적 이미지로 확고하게 자리 잡았다. 그래서 무엇보다 중요한 것은 이와 같은 나쁜 평판을 바꾸고, 국민의 불신을 잠재우는 것이었다.

이를 위한 수단으로 이용된 것이 인종주의 이데올로기가 가미된 민족주의적 재료이데올로기다. 이것은 한편으로 독일 기술자들은 아리안족의 피가 흐르고 있기 때문에 특별한 재능과 타고난 천재성을 소유하고 있다는 생각에서 출발한다. 다른 한편으로 나치 이데올로그들은 금속에 민족주의적 성격을 부과한다. 알루미늄과 마그네슘, 아연은 가장 중요한 '독일의 금속'으로 미화되고 신성시된다. 하지만 마그네슘과 아연은 독일에 매장된 광석에서 완전히 혹은 상당

부분 얻을 수 있었지만, 보크사이트 광산이 없는 독일은 보크사이트를 100퍼센트 수입에 의존해야 했다. 그래서 알루미늄에 '독일의 금속'이라는 명칭을 부여하는 것은 특히 부조리해 보인다.

베를린 알루미늄 연구센터 막스 하스Max Haas 박사가 1934년 힘주어 설명한 것처럼 이것은 결코 부조리하지 않다. 동시대인들이 하스를 '알루미늄의 괴벨스'라고 부른 것은 공연한 것이 아니다. 그가 이렇게 주장하는 근거를 보면, 알루미늄 총 생산비용에서 원료인 보크사이트를 수입하는 데 드는 비용은 단지 7퍼센트에 불과하다. 그러므로 독일제 알루미늄에는 독일의 노동력이 93퍼센트나 들어 있는 것이다. 이 국가사회주의자의 시각에서 보면, 아주 적은 7퍼센트만 제외하면 알루미늄은 국내에서 생산된 제품이며, 이 때문에 알루미늄은 즉각 '국산재료'로 간주되어야 한다. 하지만 1933년 국내산 점토를 이용하려고 애쓰던 연합 알루미늄 주식회사 내부에서는 100퍼센트 독일의 원료와 노동력으로 만들 수 있을 때까지 '독일 알루미늄'이란 주장은 할 수 없을 것이라고 생각한다. 국내산 원료로 전환해야할 수백 개의 품목이 산업계와 국민에게 적극 홍보되었고, 이것들은 적국의 무역봉쇄와 전쟁이 일어날 경우 국가를 지킬 중요한 원료로 그 의미가 포장되었다. 하스 역시 독일 금속 대표팀에서는 알루미늄과 마그네슘이 승리를 결정지을 가장 중요한 공격수이자 미드필더라고 소리 높여 선전했다. 알루미늄 생산의 모든 과정에는 이처럼 국가사회주의적 원료개념이 빈틈없이 주입되어 있었다.

알루미늄으로 무장하다

그래서 1933년부터 1945년까지 독일 알루미늄 산업이 전성기를 누렸다. 연합 알루미늄 주식회사와 비터펠트 알루미늄 공장은 군수품 생산을 위해 꼭 필요한 시설이었으며 나치의 계획경제와 전쟁경제 체제 하에서 막대한 이익을 낸다. 권력자들과 연합알루미늄주식회사 사이의 긴밀한 협력은 양측 모두에게 만족할만한 성과를 안겨준다. 1933년에서 1937년 사이에 이 회사는 생산량을 10배나 꾸준히 늘인다.

새롭게 부각된 알루미늄의 주 사용분야는 이미 1934년부터 주목을 끈 비행기 산업이었다. 그밖에 철도 건설이나 폭스바겐 자동차의 생산도 엄청난 양의 알루미늄을 집어삼켰다. 이로 인해 1937년에서 1938년 사이 연합 알루미늄 주식회사의 알루미늄 생산량은 40퍼센트나 늘어난다. 전체 생산량의 60퍼센트는 제국이 가져갔다. 나머지 대부분은 구리 재고량이 엄청나게 줄어들어 지상용 전선과 고압케이블 생산을 위해 어쩔 수 없이 알루미늄을 사용해야 했던 전기 산업이 가져갔다. 1935년 전기 산업은 싫든 좋든 알루미늄 사용량을 두 배로 늘려, 이 금속을 가장 많이 소비하는 분야가 된다.

1939년 독일의 알루미늄 생산량은 연간 19만5천 톤까지 올라가는데, 이것은 전 세계 생산량의 28퍼센트에 해당된다. 이로써 독일은 과거 알루미늄 생산의 후진국에서 세계 최고의 알루미늄 생산국이 된다. 당연히 알루미늄의 괴벨스인 하스도 이런 사실을 나치 선전을 위해 최대한 이용할 줄 알았다. 전쟁이 터지자 그는 독일이 이제 1인당 알루미늄 소비량에서 미국을 확실히 앞서게 되었다고 자랑스럽게 선언한다.

이처럼 지나치게 많은 소비량이 알루미늄 생산 속도를 올렸다. 알루미늄에 대한 나치의 욕심을 채워주기 위해 연합 알루미늄 주식회사와 비터펠트 공장 직원들은 밤낮 없이 일해야 했다. 기존의 알루미늄 제련공장과 산화알루미늄 공장은 시급히 확장되거나 새로운 시설을 신축했다. 이것은 생산능력을 높였을 뿐 아니라, 잠재적인 경쟁자들로 하여금 이 사업에서 손을 떼게 만들기도 했다. 1939년에 시작된 나치의 전쟁은 알루미늄 수요를 계속 뜨겁게 달아오르게 만든다. 당시 독일 알루미늄 산업의 한 해 생산량은 1940년 총 21만1천 톤의 알루미늄을 생산하겠다는 나치정부가 세운 계획에 조금 못 미치는 수준이었다. 이것은 결코 만족할만한 양이 아니었다. 알루미늄을 향한 나치의 욕망은 점점 더 커졌기 때문이다.

　1939년에서 1944년 사이 독일이 만든 비행기는 8천295대에서 3만9천807대로 5배나 성장한다. 방위산업청 장관으로 있으면서 폭탄과 폭격기, 수송기의 원료가 되는 알루미늄의 생산을 강력히 독려한 사람은 처음에는 괴링Göring이었고, 그 다음에는 슈페어Speer였다. 폭탄과 적의 레이더망을 교란하기 위해 비행기에서 대량 뿌려진 전파방해용 쇳조각 제작에도 알루미늄이 들어갔다. 이렇게 군대에서의 수요는 계속 높아진다. 1940년 2년 안에 알루미늄 생산량을 28만9천 톤으로 늘이겠다는 제2차 4개년 계획이 나온다. 하지만 독일이 소련을 침공한 날인 1941년 7월 23일 이 숫자는 다시 수정된다. 괴링은 한 해 100만 톤이나 되는 엄청난 양의 알루미늄을 생산하자는 새로운 목표치를 제시한다. 하지만 독일 알루미늄 산업은 이 과제를 포기할 수밖에 없었다. 1942년 겨우 26만4천 톤 밖에 생산할 수 없었기 때문이다.

　전쟁이 지속됨에 따라 보크사이트 재고량도 바닥을 드러내기 시작한다. 연합 알루미늄 주식회사가 아무리 노력해도 독일의 점토로부터 이렇다할만한 양의 알루미늄을 생산해 내는 것은 불가능했다. 이를 위해 이 회사는 1937년 라우지츠에 황산알루미늄 공장을 짓고 그 해 바로 생산하기 시작한다. 하지만 굿타우Guttau 지방에서 나온 점토를 원료로 알루미늄을 생산하려 한 이 공장의 시도는 결국 실패로 돌아간다. 이 점토에는 규산은 너무 많은 반면 산화알루미늄 함량이 낮아 알루미늄 추출량이 매우 적었으며, 그에 비해 생산비용은 너무 비쌌기 때문이다. 이 공장은 전쟁이 끝날 때쯤 문을 닫으며 이와 함께 독일에서 나는 원료로 알루미늄을 뽑아내겠다는 오랜 숙원도 포기한다.

보크사이트 부족현상을 타계하기 위해 나치는 점령지역을 무자비하게 수탈한다. 여기서 프랑스는 독일이 특별히 관심을 가진 나라였다. 프랑스는 유럽에서 가장 크고 질 좋은 보크사이트 광산이 있을 뿐 아니라 수력에너지도 풍부했기 때문이다. 연합 알루미늄 주식회사는 크로아티아와 슬로베니아 그리고 그 사이 점령한 오스트리아에서도 보크사이트를 채굴하는데, 이때 이 회사는 군대와 나치의 근로조직인 토트Todt[25]의 도움을 받는다. 하지만 1940년에 점령한 노르웨이에서 나치가 세운 계획은 이와는 다른 양상을 띤다. 그것은 노르웨이에서 현재 그리고 앞으로 생산될 알루미늄은 모두 알루미늄 부족에 시달리고 있는 독일 항공운송청이 사용한다는 계획이었다. 이 거대한 프로젝트는 '노르웨이 알루미늄 채굴 계획'이라는 이름으로 실행된다. 나치는 기존 시설 외에도 대규모 산화알루미늄 공장, 수력발전소, 전기분해시설을 노르웨이의 피요르덴Fjorden에 새로 지을 계획을 세운다. 이에 따르면 노르웨이의 알루미늄 생산량은 24만3천 톤으로 급격히 늘어나며, 이것은 전쟁 전의 7배에 해당되는 엄청난 양이다. 이 프로젝트로 나치는 노르웨이의 풍부한 수력에

---

25) 나치의 근로조직인 토트는 군대를 모델로 조직된 건설근로 조직체다. 이 이름은 단체의 지도자인 Frtiz Todt의 이름을 따서 만들었다. 군대처럼 무장한 채 특히 독일이 점령한 지역의 건설현장에 투입되었다.

너지를 마음껏 이용해 매우 저렴한 가격으로 알루미늄을 생산할 수 있을 것이라 기대했다.

하지만 노르웨이의 실제 알루미늄 생산량도 설정된 목표치에 훨씬 미치지 못한다. 그 이유는 한편으로 수많은 유관 기관들에서 나온 관료주의적 대책들이 서로 충돌해 계획의 실천을 방해했기 때문이며, 다른 한편으로는 대규모 전기분해 시설에 들어갈 산화알루미늄을 충분히 생산하지 못했기 때문이다. 노르웨이에서는 1941년부터 보크사이트 채굴량이 줄기 시작한다. 같은 해 12월 부득이하게 노르웨이 알루미늄 채굴 계획은 원래의 절반으로 줄었다가 1942년 중반에 재차 줄어든다. 할 수 있는 노력을 다했지만 노르웨이에서의 생산량은 곧 1939년 수준으로 떨어진다.

연간 사용가능한 알루미늄 양은 전쟁이 터지고 2년 뒤부터 벌써 정체되었다. 이 양이 줄어들지 않은 이유는 고철과 폐 알루미늄을 녹여 재활용하는 양이 늘어났기 때문이다. 전쟁 때면 늘 그렇듯이 고철은 매우 중요했다. 이제 사람들은 쓸 만한 고철을 다시 열심히 모으기 시작했다. 그때까지 1차알루미늄만을 생산했던 연합 알루미늄 주식회사는 처음에 이처럼 고철을 다시 녹여 재활용하는 사업을 꺼렸다. 하지만 이 회사는 무기와 탄약 공급을 담당하는 정부 산하의 전문 기업이었기 때문에 라우타 공장과 에르프트 공장에 대규모 용해 시설을 세우지 않을 수 없었다. 전쟁기간 동안 라우타 공장의 용해시설에서만 800명에서 2천500명 사이의 전쟁포로가 맹독성 연기 속에 고철 비행기를 해체해 녹이는 작업에 강제 동원된다. 하늘에서 비행기가 격추당하는 숫자가 늘수록 그만큼 용해작업도 더 늘어갔다. 하지만 이 재료들은 이질적인 성분으로 오염되어 있었고, 이 원료의 질을 평가할 적당한 기준이 없었기 때문에 재활용된 알루미늄의 질은 좋지 못했다. 이로 인해 해가 갈수록 재활용 금속에 대한 불신은 깊어만 갔다.

전기를 향한 열망

나치시대 막대한 양의 알루미늄을 생산할 수 있었던 것은 적지 않은 전기 생산량 덕분이었다. 1936년 스위스의 알루미늄 전문가 프라이스베르크M. Preiswerk는 "알루미늄만큼 전기에너지를 많이 필요로 하는 생산품은 없다."고 말한다. 알루미늄 1킬로그램을 생산하는데 필요한 전기에너지는 20킬로와트의 직류 전기를 30년 동안 사용하는 양과 맞먹는다. 프라이스베르크에 따르면, 알루미늄 생산을 위해 필요불가결한 것은 충분하고 값 싼 전기에너지다.

나치도 이런 사실을 잘 알고 있었으며, 이에 따라 전기 생산을 촉진시켰다. 1934년부터 1939년까지 전기 공급은 두 배나 늘어난다. 그렇지만 이 시기 전기 공급량은 늘 수요를 따라잡지 못했다. 알루미늄 생산뿐 아니라 합성고무나 합성연료 생산 4개년 계획 같은 다른 대형 프로젝트들도 어마어마한 양의 에너지를 잡아먹었기 때문이다. 연합 알루미늄 주식회사 한 회사의 전기수요만 하더라도 1938년에서 1939년까지 두 배로 증가한다. 이 회사 이사회에서 나온 이야기에 따르면, 알루미늄 공장을 계속 세우라는 4개년 계획의 요구를 실현할 수 없는 이유는 꼭 필요한 전기가 확보되지 않기 때문이다.

자매회사인 연합 알루미늄 주식회사가 전쟁 수행을 위해 꼭 필요한 기업이며, 알루미늄 수요도 계속 늘어날 것이라는 사실을 잘 알고 있었던 산업기업 연합 주식회사는 전기수급 계획을 자기 쪽으로 몰아줄 것을 정부에 강력히 촉구한다. 정부가 경영권을 쥔 이 회사는 나치정권의 이해에 따라 운영되었다. 이와 함께 에너지 수급 계획도 점차 국가의 영향권 속에 들어간다. 나치정부는 이 회사에 전폭적인 지원을 아끼지 않는데, 국가재정에서 산업기업 연합 주식회사의 공장시설을 짓는 데 자금을 지원해줄 정도였다. 연합 알루미늄 주식회사가 1938년 거의 4억5천만 킬로와트의 전기를 확보할 수 있었던 것도 모두 정부의 영향력 덕분이다. 전쟁으로 인해 1942년 이후 독일의 전기 공급은 악화된다. 처음에는 민간부문만 고통을 당했지, 군수산업은 상대적으로 고통을 덜 받았다. 전쟁이 지속될수록 산업을 위해 민간 전기사용량은 그만큼 더 제한을 받았기 때문이다. 국민들은 전해조가 식지 않도록 어둠 속에서 생활해야 했다. 하지만 연합군이 발전시설을 폭격하자 마침내 산업 시설에 대한 전기 공급조차도 차단된다.

알루미늄 생산에 있어 중요한 것들은 나치가 세운 다른 경제계획에서도 우선시 되었다. 나치의 권력자들은 이와 연관된 결정을 가장 중요한 정책으로 삼았다. 이것은 그들이 경제 원칙에 근거해서 정책을 짠 것이 아니라, 자주경제와 같은 정치적 목표를 우선시 했다는 것을 의미한다. 그들은 알루미늄 생산을 어떤 희생을 치루더라도 달성해야할 목표로 여겼다. 이 때문에 알루미늄 산업과 에너지산업은 특히 많은 특혜를 누렸는데, 이 두 분야는 산업기업 연합 주식회사라는 한 지붕 아래 통합된다. 그러므로 1940년 독일 알루미늄 산업이 세계 최고의 알루미늄 생산국이라는 자리에 오른 것도 자체 노력 덕분이라기보다는 정치권의 의지와 국가의 강요에 의해서였다.

기복이 심했던 전후 독일시대

보호 시대의 종말

1945년 독일의 항복은 독일 알루미늄 산업이 국가에 의해 보호받던 시대가 끝났음을 의미했다. 전시 경제 체제에서 특혜를 누리며 충분히 보호받았던 연합 알루미늄 주식회사가 앞으로 펼쳐질 자유 시장 경제 체제라는 험난한 환경에서도 성장할 수 있을지는 아무도 몰랐다. 1945년 출발 상황은 아주 어려웠다. 지금까지 알루미늄의 주 고객이었던 군수산업이나 군대가 더 이상 예전처럼 든든한 버팀목이 되지 못했기 때문이다. 알루미늄이 민간부문에서 이와 비슷한 정도로 이용될 수 있을지도 아직 알 수 없었다. 더군다나 생산시설 대부분이 폭격으로 마비되거나 파괴된 상태였다. 예전에 연합 알루미늄 주식회사의 가장 중요한 시설이었던 라우타 공장은 이제 러시아군 점령지역에 들어가게 되었다. 이 공장은 몰수되어 인민의 재산으로 넘어간다. 예전에 오스트리아에 있던 연합 알루미늄 주식회사의 공장들을 손에 넣는 것도 요원했다. 종전 후 이 회사는 원래 생산 시설 가운데 약 60퍼센트를 잃어버린다.

연합국이 군수산업에 대해 생산 금지령을 내렸기 때문에 독일 알루미늄 제조 공장은 종전 후 첫 해부터 손이 묶이게 된다. 1차알루미늄 생산은 완전히 금지되지만 비행기에서 산더미처럼 나온 고철을 녹여 재활용하는 것은 허용되었다. 이렇게 재활용된 알루미늄은 대부분 식기산업의 재료로 흘러들어간다. 이로써 식기산업은 포격으로 가재도구를 잃은 국민들과 피난민들의 수요를 충당한다. 이에 반해 알루미늄 전기분해 시설은 1948년까지도 사용금지 되었다.

두 손 놓고 놀지 않기 위해 알루미늄 공장은 다른 일거리를 찾아야 했다. 그래서 일부는 화물차를 수리하거나 인산염 비료, 지붕용기와 혹은 건재석까지 생산한다. 심지어 남아 있는 산화알루미늄을 이용해 인조보석을 만들기도 하며 공장은 예전과는 전혀 다른 모습으로 변한다. 용광로로 통하는 길에는 곡물 포대들로 가득 찼고, 예전에 보크사이트를 저장하기 위해 이용했던 창고에는 이제 염분성 화학비료 포대와 다채로운 색깔의 염료통들이 무대기로 쌓여 있었다. 1949년 마침내 알루미늄 생산 금지조치가 완화된다. 이제 아직 남아 있는 보크사이트와 산화알루미늄으로 연간 8만5천 톤까지 알루미늄을 생산하는 것이 허용된다. 그리고 1951년 연합국은 알루미늄을 무제한 생산해도 좋다고 허락한다.

같은 해 연합 알루미늄 주식회사에는 다른 문제가 발생한다. 이 회사는 산업기업 연합 주식회사의 자매회사로 계속 남아 있었지만, 모기업인 산업기업 연합 주식회사는 1945년 이후 영국 군정 밑으로 들어갔다가 이제 조만간 해체될 예정이었다. 1949년까지 이 거대 기업의 미래는 불투명했다. 이 해에 연합국은 제3제국의 재산을 연방 재산으로 귀속시키기 시작하며, 이와 함께 앞으로 어떤 기업을 해체시킬 것인지를 사실상 최종 확정한다. 하지만 산업기업 연합 주식회사는 에너지를 생산하고 또 소비하는 기업으로 분류되어 위기를 모면한다. 1951년 이 기업은 걱정했던 것처럼 해체되는 대신 견실하게 명맥을 유지하게 된다. 이 회사는 예전 주력 상품인 전기, 알루미늄,

질소를 계속 핵심 사업으로 추진하는데, 이 때문에 산업기업 연합 주식회사 내부에서 알루미늄 생산은 예전처럼 전기생산과 긴밀하게 연결된 상태를 유지할 수 있었다. 연합 알루미늄 주식회사 입장에서는 결과적으로 이런 상황변화가 큰 이득이 된 셈이다. 예를 들어 1954년 산업기업 연합 주식회사는 알루미늄 산업이 안정적인 전기 공급에 의존하고, 화학 산업보다 가격변화에 더 민감하게 반응한다는 이유로 남독일 석회질소 공장에 공급되던 전기를 이용할 권리를 연합 알루미늄 주식회사에 넘겨준다.

생활수준이 높아질수록 알루미늄 소비도 늘어난다

독일이 이룬 경제기적은 알루미늄 산업에 거의 20년간 호황을 선물한다. 전쟁 직후의 궁핍은 1951년 극복된다. 이후 독일 경제는 장기간 고도성장을 이룬다. 1950년대 말까지 서독은 미국 다음으로 세계 제2의 경제대국이 된다. 서독이 이런 고도성장을 이루게 된 직접적인 원인은 1950년에 시작된 한국전쟁 때문이다. 이 전쟁 이후에 계속 이어진 한국의 위기는 투자재에 대한 엄청난 수요와 수출 붐으로 독일경제를 기습한다. 1950년에서 1963년까지 산업생산은 185퍼센트나 성장하는데, 이것은 어떤 나라도 따라올 수 없는 성장세였다.

알루미늄 소비량은 전체 경제성장률보다 훨씬 더 빨리 늘어났다. 이것은 이 분야가 넉넉잡아 예상한 수치보다 훨씬 높았다. 1950년대 초반에서 1960년까지 세계 알루미늄 소비량은 두 배로 늘어날 것이라고 전망하는 경제전문가들도 있긴 했지만, 현실성이 아주 희박한 예측이라는 분위기였다. 그런데 이 예상조차도 훨씬 뛰어넘는다. 1960년 세계 알루미늄 소비량은 420만 톤으로 이것은 1951년을 기준으로 했을 때 131퍼센트나 늘어난 것이다. 더군다나 서독의 소비 성장률은 도저히 믿을 수 없는 284퍼센트에 이른다. 같은 기간 2차알루미늄 소비량 역시 두 배로 늘어나 1960년 서독의 알루미늄 총 소비량은 48만3천 톤에 달한다. 미국의 1인당 소비량이 10.7킬로그램, 스위스는 9.7킬로그램, 영국은 8.9킬로그램인데 반해 독일의 소비량은 7.7킬로그램이었다. 1960년대 중반 이 수치는 더욱 늘어난다. 이로써 알루미늄은 지금까지 가장 많이 소비되었던 비철금속인 구리를 추월한다.

모든 사람들의 예상과는 달리 알루미늄은 경제기적의 시기에 중요한 사용분야를 새로 개척한다. 지금까지 알루미늄에 대해 불신하고 거부했던 산업과 수공업 분야에서 이제는 확신을 가지고 열렬히 이 새로운 금속을 계속 사용한다. 이것은 특히 1933년에서 1945년 사이에 나치가 이들 분야에 '독일의 금속'을 사용하고 여러 곳에 대체 재료로 가공하라고 강요했기 때문이다. 이때 이들 분야는 알루미늄을 다루는 지식을 축적하고, 그때까지 회피했던 이 재료에 대해 처음으로 긍정적인 경험을 하게 된다. 알루미늄의 가벼움은 이 금속을 가사도구와 포장재, 건축, 교통 분야에 적합한 원료로 만든다. 종전 후 지속된 건설업의 호황은 알루미늄 사용량을 계속 늘게 만든다. 경제기적 시기에 찾아온 마이카 붐1950년에 자동차 50만대가 거리를 달렸다면, 1960년에 이미 400만 대가 거리를 질주한다.과 항공 교통 수요의 비약적 증가는 알루미늄 수요를 더욱 끌어올린다. 서독 가정에서 점점 다양하게 등장하는 가전제품과 성장기에 접어든 포장재 산업, 마지막으로 동서 냉전 시대의 군비경쟁은 전쟁 중에 팽창했던 알루미늄 생산 능력이 계속 늘어날 수 있도록 만든다. 알루미늄 생산 공장은 1965년 전 세계적으로 총 650만 톤의 1차알루미늄을 시장에 내놓는다. 5년 후 알루미늄 생산량은 이미 1천만 톤을 넘어선다. 생활수준이 향상되면서 알루미늄 수요도 계속 올라간다.

물론 국제 알루미늄 시장 역시 전쟁기간과 생산금지 시기에 근본적인 변화를 겪는다. 독일뿐 아니라 미국, 캐나다, 영국 같은 다른 나라도 전쟁기간 동안 알루미늄 생산량을 급격히 늘려놓았다. 그래서 불과 몇 년 전까지만 해도 상상할 수 없었을 생산시설을 갖춘다. 예를 들어 1938년 미국의 1차알루미늄 생산량은 약 13만 톤에 불과했다. 그런데 이 수치는 1943년에 이미 83만5천 톤으로 증가했다. 1951년 세계에서 생산된 약 180만 톤의 알루미늄 가운데 110만 톤이라는 어마어마한 양이 미국이나 캐나다에서 생산된다. 전 세계적으로 보았을 때 1950년대 초반부터 북아메리카의 알루미늄 생산량은 남아돈 반면, 서유럽의 생산량은 비약적으로 늘어난 수요를 더 이상 따라 잡을 수 없을 지경이었다. 생산량과 소비량의 차이가 특히 심했던 서독은 전 세계에서, 특히 북아메리카에서 남아도는 알루미늄을 팔기에 가장 좋은 시장이 된다. 서독은 자석처럼 다른 나라의 알루미늄 공장을 끌어들이고, 알루미늄을 점점 더 많이 수입한다.

1960년대 독일 시장은 수입 알루미늄으로 흘러넘친다. 이 시대의 일반적 특징은 알루미늄 산업의 국제화다. 이제 알루미늄은 국경을 넘나들 뿐 아니라, 북아메리카나 서유럽의 외국 기업이 서독으로 들어와 공장을 짓기도 한다. 이 기업은 서독의 알루미늄 가공산업과 점점 더 긴밀하게 손을 잡기도 한다. 카이저 알루미늄화학Kaiser Aluminum & Chemical Corporation, 레이놀즈 금속Reynolds Metals Company 같은 미국 업체, 알칸 알루미늄 혹은 프랑스 기업인 페쉬네Péchiney 등이 서독에서 알루미늄을 생산하기 시작한다. 이들 회사가 알루미늄 산업에 구조적 변혁을 몰고 오는데, 그것은 수직 계열화된 다국적 기업의 탄생이다. 보크사이트의 채굴부터 산화알루미늄 생산을 거쳐 최종 제품에 이르기까지 알루미늄의 모든 가공단계들이 하나의 대기업에 의해 관리 통제된다.

1970년대 초반까지 알루미늄 업계의 '빅 식스'라고 불리는 6개 대기업이 국제 시장을 지배한다. 1964년 이들 기업은 서방의 1차알루미늄 생산량의 약 82퍼센트를 장악한다. 캐나다의 알칸, 스위스의 스위스 알루미늄 주식회사1962년부터는 알루스위스, 프랑스의 페네쉬, 미국의 알코아와 카이저, 레이놀즈, 이 6개 기업은 가격을 담합한 채 알루미늄을 팔았지만, 일부분 가격 덤핑으로 국제 경쟁에 불을 지피기도 한다. 서독에서도 빅 식스의 존재감은 막강했으며, 독일 알루미늄시장에서 불붙은 경쟁도 대부분 이들끼리 벌인 것이다. 이런 현상은 독일 알루미늄 가격이 국내에서 생산되는 실제비용이 아니라 외국의 경쟁가격에 따라 결정되게끔 만든다.

독일에서 가장 큰 알루미늄 기업인 연합 알루미늄 주식회사는 1950년대에 목표를 다시 설정해야 했다. 이 회사는 어쩔 수 없이 세계에서 가장 큰 기업이 되겠다는 생각을 접어야 했다. 물론 최소한 예전에 독일에서 누렸던 최고의 지위를 되찾고자 하는 마음은 있었다. 하지만 날로 늘어가는 소비량에 보조를 맞추기 위해서는 생산시설 확충에 대대적으로 나서야 했다. 그러려면 우선 보크사이트 보급이 충분하게 안정적으로 보장되어야 하고, 싼 값에 쓸 수 있는 막대한 양의 전기가 있어야 했다. 물론 이것은 연합 알루미늄 주식회사에만 해당되는 것은 아니다. 엄청난 수요로 인해 날로 성장하는 알루미늄 사업에 뛰어들 생각을 하고 있던 다른 기업도 이 문제에 골몰한다. 원료인 보크사이트에 관한 한, 이들 기업은 질 좋은 보크사이트가 대량으로 매장되어 있는 곳을 찾아 해외로 나선다. 그래서 유럽 알루미늄 제조회사들은 1950년대 적도 주변의 나라에 매장된 질

좋고 풍부한 보크사이트 광산을 개발하기 시작한다. 알루미늄 업계의 '빅 식스'가 아이티, 도미니카 공화국, 브라질, 시에라리온, 가나, 기니, 말레이시아, 인도네시아, 오스트레일리아에서 채굴하는 것을 선호한 반면, 연합 알루미늄 주식회사가 선호한 보크사이트 채굴 지역은 수리남과 인도, 오스트레일리아, 기니였다. 1960년 서구 산업국가들이 획득한 보크사이트의 절반이 이들 나라에서 수입한 것이다. 이로써 연합 알루미늄 주식회사의 원료공급 문제는 안정적으로 해결된다. 하지만 이보다 훨씬 더 어려운 문제는 서독의 알루미늄 공장에 싼 값에 전기를 안정적으로 공급하는 것이다.

국내외 시장에서 주도권을 잡기 위해서는 값 싼 에너지를 안정적으로 확보하는 것이 꼭 필요하다는 것은 이미 1950년대 초반부터 확실해졌다. 경쟁은 전쟁처럼 극심했다. 대부분 외국에서 수력에너지를 기반으로 생산된 값 싼 수입 알루미늄이 이제 국내 시장을 장악하고 독일 알루미늄 제조회사를 위협했다. 자립경제의 기치 아래 국가가 적극적으로 보호해 주던 좋은 시절은 지나갔다. 이제 신생 공화국 서독을 지배하는 것은 자유로운 시장경제의 규칙이었다.

연합 알루미늄 주식회사는 바이에른의 인 공장에서만 값 싼 수력에너지를 이용했다. 그 밖의 공장은 서독의 다른 알루미늄 공장과 마찬가지로 주로 라인강 왼쪽에 위치한 광산에서 채굴한 갈탄에서 전기를 얻는다. 갈탄에서 나오는 에너지는 질적으로 석탄보다 떨어지며, 이 때문에 값은 저렴했지만 오랫동안 저질 연료라는 오명을 쓰고 있었다. 나치도 갈탄을 기본원료로 이용했지만, 전기 생산을 위해서는 에너지 효율이 뛰어난 석탄을 이용했다. 하지만 1950년대 초반 갈탄의 가치가 높게 평가되기 시작하면서 바이스바일러1Weisweiler I, 프림머스도르프2Frimmersdorf II, 포르투나3Fortuna III 같은 새로운 갈탄발전소가 연이어 건설된다. 1957년 석유와 수입 석탄 가격이 급격히 떨어지면서 독일 석탄광산의 매출 위기가 일어나고, 루르 지방의 광산에 1천만 톤이 넘는 연료가 재고로 쌓이자 갈탄전기가 처음으로 붐을 이루게 된다.

연합 알루미늄 주식회사 역시 이 에너지원에 의존한다. 저렴한 에너지를 장기간 공급받기 위해 이 회사는 전용 전력기지를 확보하려고 노력하며, 장래에 자기 광산에서 채굴한 갈탄으로 전기에너지를 생산하기 위해 1955년과 1956년 라인강 유역의 갈탄광산을 매입한다. 이런 과감한 투자는 라인–베스트팔렌 전기회사RWE와 동업으로 이루어진다. 라인–베스트팔렌 전기회사는 연합 알루미늄 주식회사를 위해 단지 갈탄만 공급해주는 것이 아니라 프림머스도르프의 라인–베스트팔렌 전기회사의 갈탄 발전소 안에 있는 연합 알루미늄 주식회사 발전소에서 전기를 생산하기도 한다.

1959년 이 발전소가 날로 늘어만 가는 자기 회사의 전력수요를 감당할 수 없다는 것을 알게 되자, 연합 알루미늄 주식회사는 라인–베스트팔렌 전기회사와 함께 제2발전소를 짓기로 협약한다. 프림머스도르프에서 생산한 전기를 이용해 연합 알루미늄 주식회사는 생산량을 계속 늘리며, 1957년 처음으로 전쟁 전의 생산수준, 즉 독일 총 알루미늄 생산량의 72퍼센트에 다시 도달한다. 1960년 이 공장의 생산능력은 더 이상 늘일 수 없는 수준까지 도달한다. 이미 오래 전부터 생산시설의 확충이 필요했는데도 지금까지 이것은 신중하게 고려된 적이 없었다. 외국의 제조업체와 경쟁하기에는 국내 전기요금이 너무 비싸 보였기 때문이다. 하지만 프림머스도르프에서 생산된 전기가 연합 알루미늄 주식회사 공장의 전기 수요를 앞으로 5년에서 7년까지만 감당할 수 있을 것이라고 전망했지만 이 회사는 새로운 생산시설을 최소 하나 더 짓겠다고 결심한다. 라인강 유역의 노이스 Neuß에 들어선 이 새 공장은 1962년 처음으로 전해조를 가동한다.

알루미늄 수요가 꾸준히 증가했는데도 라인강 가에 새로 지은 이 공장을 제외하면 서독의 알루미늄 생산시설은 1960년대 말까지 늘어나지 않는다. 연합 알루미늄 주식회사의 한 경영인이 회고한 것처럼, 그 이유는 전력회사와 장기간 값 싼 전기를 공급받는다는 계약을 맺는 것이 아주 어려웠기 때문이다. 전 세계적인 공급과잉으로 에너지 가격이 저렴했지만 서독의 전기 가격은 비교적 비싼 편이었다. 그것은 독일 갈탄의 경우 '규모의 경제', 즉 가격인하가 부분적으로만 이루어졌기 때문이다. 독일의 갈탄은 지하 깊은 곳에서 채굴해야 했기 때문에 점점 더 많은 자본이 필요했다. 그래서 갈탄전기는 더 저렴해지는 것이 아니라, 오히려 더 비싸게 되었다. 이 외에도 독일 연방정부가 1965년과 1966년에 추진한 두 개의 전력생산에 관한 법률은 갈탄전기의 매출을 감소시키는 역할을 한다. 이 국가 시책의 목표는 발전소에 석탄 사용을 장려하고, 값 싼 석유와 천연가스를 이용한 전기 생산을 제한함으로써 침체에 빠진 독일 탄광의 매출을 안정화시키는 것이다. 이 때문에 알루미늄 제조회사는 앞으로 에너지 비용을 줄일 유일한 가능성을 원자력 에너지에서 찾는다. 서독에서 핵발전소가 건설될 기미가 보이자마자 이 회사는 여기에 새로운 투자 준비를 한다.

찬란한 미래

경제기적은 소비를 진작시킨다. 이에 따라 에너지 소비량 역시 급격하게 늘어난다. 그러므로 1950년대 중반 갑자기 모든 사람들이 원자력 에너지에 열광하게 된 것도 이상한 일은 아니다. 정치계와 산업계를 비롯해 신생 독일 연방공화국의 거의 모든 집단이 이 새로운 에너지에 보인 열광은 무조건적이었다. 원자력 에너지, 이것은 진보와 발전을 의미했다. 믿을 수 없지만, 단 하나의 작은 '원자 알갱이'는 석탄보다 6만 배나 많은 에너지를 생산할 수 있었다. 원자력에 대한 장밋빛 환상은 이런 열광적 분위기를 계속 부채질 했고, 최소한 이론적으로나마 미래의 에너지 문제를 완전히 해결해 줄 것만 같았다. 그 당시 철학자 에른스트 블로흐Ernst Bloch조차도 원자력 에너지만 있으면 불모의 사막도 비옥한 옥토로 변할 것이며, 남극대륙을 이태리의 해안지대로 바꾸는 것도 우라늄 몇 백 파운드만 있으면 충분할 것이라고 예찬했다. 원자력 에너지가 미래의 중심 에너지원이 되리라는 것은 이론의 여지가 없었다. 원자핵에서 나온 에너지를 이용하기 때문에 원자력 발전소는 입지조건에 전혀 영향을 받지 않았다.

물론 '원자력의 황금시대'가 정확하게 언제 시작될 지는 당시로서는 불분명했다. 원자력 에너지를 지지한 사람들은 앞으로 전통 에너지원이 부족하게 될 것이고, 경쟁력 있는 국내 연료들이 모자라게 될 수도 있을 것이라고 성급하게 경고하고 나서기까지 했다. '원자력 에너지의 평화적 이용'이 언제쯤 국내에 매장된 석탄과, 수입량이 점점 늘어가는 석유를 대체할 수 있을까? 그리고 이로 인해 알루미늄 산업은 언제쯤 해택을 볼까?

원자력 에너지를 이용한 전기 생산 기간을 단축하기 위해 연합알루미늄 주식회사는 1956년 7월 '원자로 건설 투자 주식회사' 창립에 10만 마르크를 투자한다. 본Bonn의 연방정부도 핵에너지 이용을 원했으며, 1955년 독일의 핵에너지 연구를 촉진시킬 연방정부 차원의 핵문제 전담부서까지 만든다. 2년 후 석탄광산에 지불하는 정부 보조금 제도가 재정에 큰 부담이 되자, 독일 원자력위원회는 첫 번

뮌헨 근처의 가르힝에 있는 이 연구용 원자로는 형태가 계란처럼 생겼기 때문에 '아톰아이'라고도 불린다. 이 원자로는 1957년 독일 최초의 연구용 원자로로 가동되며, 2000년 7월 28일 10시 30분에 다시 폐쇄된다. 30미터 높이의 둥근 지붕은 알루미늄으로 덮여 있으며, 문화재로 보호 받고 있다.
ⓒ S. Scharger, 뮌헨 공과대학

째 원자로 프로그램을 시행하기로 의결한다. 1957년 때마침 뮌헨 근처의 가르힝Garching에서 서독의 첫 번째 연구용 원자로인 아톰아이Atomei가 가동된다.

그 후 이 프로그램은 계속 시행된다. 마인Main 강 유역의 칼슈타인Karlstein에서 1958년 라인 베스트팔렌 전기회사가 실험용 원자력 발전소를 건설한다. 이 발전소의 발전용량은 15메가와트로 미미했지만, 3년 후 최초의 원자력 발전소로 기능하게 된다. 1962년 도나우Donau 강변의 군트레밍엔Gundremmingen에 250메가와트 급 비등수형 원자로 건설 공사가 착공된다. 이 원자로는 이미 갈탄발전소의 발전용량을 갖추고 있었다. 이어서 1964년 링엔Lingen과 오브리히하임Obrigheim에 각각 225메가와트와 328메가와트 급 원자로가 들어선다. 1960년대 말 원자력 발전소는 점점 발전용량을 키우면서 경제성을 띠게 된다. 1967년 슈타데Stade와 뷔르가센Würgassen에 발전 용량이 630메가와트와 640메가와트인 원자력 발전소가 건설된다. 1969년 라인 베스트팔렌 전기회사가 발전용량 1천200메가와트 급 비브리스 A 건설공사를 발주했을 때, 이 발전소는 미국을 제외하면 세계에서 가장 큰 원자력 프로젝트였다.

그렇지만 사실상 이 시점까지도 서독에서 원자력에너지는 그리 중요하지 않았다. 몇 가지 걸음마 단계의 조처를 제외하면 라인 베 스트팔렌 전기회사는 원자력 에너지에 대해 유보적 태도를 취했고, 오히려 갈탄 발전소의 발전용량을 키우려 했다. 원자력 발전소를 신 설하는 데 돈이 너무 많이 들어갔으며, 무엇보다도 그 비용을 한 번 에 지불해야 했기 때문이다. 하지만 1960년대 말 갈탄발전소의 호황 이 멈추자 원자력 발전소 건설에 유리한 환경이 조성된다. 이쯤 되자 라인 베스트팔렌 전기회사도 원자력 기술을 옹호하는 쪽으로 방향을 선회한다. 이 회사의 큰 고객들이 원자력 발전소의 건설을 점점 강력 하게 요구했기 때문이다. 1967년에서 1968년 사이에 몇몇 알루미늄 제조회사는 루르 지역에 새로운 공장을 짓고 싶다는 의사를 표한다.

경제상황도 매우 유리하게 조성된다. 1966-67년 사이의 불경 기가 막 끝났고, 이에 따라 알루미늄 수요도 늘어난다. 또한 석탄광 산의 구조적 위기로 인해 석탄 재고가 산더미처럼 쌓이자, 위기의식 을 느낀 정치가와 전력회사가 전력을 대량으로 소비하는 기업에 좀 더 유리한 조건을 제시한다. 하지만 알루미늄 공장을 새로 지으려는 기업의 입장에서 가장 싼 값에 전기를 공급 받고 싶은 욕망이 워낙 강해, 오직 원자력 기술을 이용해야만 이 욕망을 충족시킬 수 있었 다. 갈탄의 경우에는 채굴과정의 합리화가 이미 한계점에 도달해 더 이상 비용 절감을 기대할 수 없었기 때문이다. 그렇다고 라인 베스트팔렌 전기회사가 값 비싼 석탄을 이용해 막대한 양의 전력을 생산한다면, 그것은 전기요금만 올려놓을 것이다. 그래서 원자력 전기만이 전기요금을 킬로와트 당 2페니히 떨어뜨릴 수 있다는 주장도 나왔다. 알루미늄 산업이 결코 극복할 수 없는 장벽이라고 말했던 것이 바로 이 가격대였다.

1968년 라인 베스트팔렌 전기회사는 국내외의 여러 알루미늄 제조회사와 전기 공급계약을 새로 체결한다. 이 계약서는 그 당시 계획 중이던 공장에 들어갈 전기에 관한 것이었다. 라인 베스트팔렌 전기회사 이사회가 주주총회에서 보고한 바와 같이, 이 회사는 이제부터 체결하는 모든 전기 공급계약에서 원자력 전기를 공급한다는 조항을 받아들여야 했다. 계약 파트너인 라이히트메탈게젤샤프트Leichtmetallgeselschaft와 알루스위스는 라인 베스트팔렌 전기회사와 계약을 체결할 때 추가 조건을 단다. 그것은 새로 문을 열 공장의 운영조건을 국제기준과 원자로의 건설과 연결시키는 조항이다. 약 20년 후에 트리메트에 인수될 이 공장은 1971년 알루미늄 생산을 시작한다. 1960년대 말 라인 베스트팔렌 전기회사와 싼 값에 전기를 공급받도록 계약한 알루미늄 제조회사로는 이 회사 외에도 프로이삭Preussag과 동업한 카이저Kaiser와 페쉬니Péchiney, 기울리니Giulini 형제 회사가 있다. 카이저는 1971년 푀르데Voerde에서 가동에 들어가고, 페쉬니와 기울리니 형제 회사는 거의 같은 시기에 루드비히스하펜Ludwigshafen에서 전기분해 공장을 연다.

그 후 곧 북독일 지역에서도 공장 2개가 새로 문을 연다. 1973년과 1974년 슈타데Stade에서는 연합 알루미늄 주식회사의 공장이, 그리고 함부르크에서는 레이놀즈의 공장이 알루미늄 전기분해 시설을 가동한다. 루르 지역에 있는 공장과는 달리, 북독일의 이 두 공장은 처음부터 원자력 전기를 이용한다. 이로써 이 공장들은 니더엘베 Niederelbe 지역의 구조조정 촉진법에 따라 니더작센Niedersachsen 주가 주는 엄청난 투자보조금과 지원 특혜를 입는다. 요약하면 1960년대 말 원자력 전기를 값 싸게 이용하게 될 것이라는 전망이 확실해졌기 때문에 알루미늄 공장이 5개나 신설 되었다. 이때 세운 공장들은 오늘날까지도 독일 땅에 남아 있다.

1970년대의 침체기

1960년대 말 알루미늄 산업의 전망이 매우 밝았다면, 1970년대 현실은 암울했다. 오일쇼크로 인해 불어 닥친 급격한 경기침체의 파도는 알루미늄 산업에 특히 거세게 다가왔다. 알루미늄 수요가 떨어져, 1975년 종전 후 처음으로 세계 알루미늄 생산량이 줄어든다. 전반적인 수요 감소는 생산시설의 대규모 확장이나 공급과잉과 함께 나타나며 이로 인해 가격하락 압력이 거세질 것이다. 이것은 알루미늄 산업을 공포에 떨게 할 만한 시나리오였다. 바로 직전만 하더라도 알루미늄 사업은 서독뿐 아니라 전 세계적으로도 전기분해 시설이 새로 건설될 정도로 사업성이 뛰어난 분야로 보였다. 자국에서 보크사이트나 수력에너지 혹은 화석에너지를 충분히 얻을 수 있었던 호주, 브라질, 베네수엘라, 이집트, 바레인 그리고 다른 국가들도 앞 다투어 알루미늄 사업에 뛰어들었다. 아주 짧은 시간에 이 산업구조는 완전히 새롭게 개편된다. 1960년대 말까지 '빅 식스'가 생산시설의 85퍼센트를 장악했다면, 1984년 85개 기업이 시장에서 활발히 움직인다. 따라서 1970년대 초에 이미 과도한 설비투자의 결과가 처음 나타났다.

이런 상황은 독일 알루미늄 기업에 특히 가혹했다. 알루미늄 가격은 달러화로 계산되기 때문에 독일 마르크화의 평가절상과 미국 달러화의 평가절하는 매번 독일 알루미늄 산업에 파국의 결과를 초래한다. 1971년 엄청난 가격폭락이 일어난다. 이 분야의 전문가들은 앞 다투어 어려운 시기가 임박했음을 경고했다. 2년 후인 1973년 말 연합 알루미늄 주식회사, 라이히트메탈게젤샤프트, 알루스위스, 기울리니, 그리고 카이저 프로이삭, 독일의 5개 알루미늄 제조업체는 약 2억5천만 마르크의 손해를 보았다고 아우성친다. 그들은 최악의 경우 문을 닫아야할지도 모른다고 불평을 늘어놓는다. 1968년 이후 이들 회사는 시설확장에 20억 마르크를 투자했으며, 이 때문에 생산능력이 연간 25만5천 톤에서 60만 톤으로 늘어났다. 1973년 정부에 제출한 탄원서에서 이들 회사는 앞으로 예상되는 손해를 막기 위해서는 국가 차원의 신속한 지원이 절실하다고 주장한다. 이들 회사의 수익상황은 거의 파산 직전이었기 때문이다.

독일 알루미늄 회사가 이런 곤경에 빠진 것은 석유 가격에도 원인이 있다. 1973년 가을 석유 가격은 단번에 4배나 폭등하며, 전기료도 급등한다. 이와 함께 시작된 세계 경제의 위기는 알루미늄 산업에 종전 후 최대 타격을 입힌다. 1977년 라인 베스트팔렌 전기회사는 전기요금을 50퍼센트나 인상하지만, 아직도 불황의 늪은 언제 끝날지 몰랐다. 이제 어쩔 수 없이 연합 알루미늄 주식회사는 생산량을 급격히 줄일 수밖에 없었다. 외국 대기업의 사례에 따라 이 회사도 경영전략을 새로 짠다. 수익성이 점점 떨어지는 보크사이트, 산화알루미늄, 알루미늄 선철 등 하급제품의 생산에 집중하지 않고 수익성이 좋은 가공 알루미늄 제품 생산에 포커스를 맞추고자 한다. 1980년대 중반 '빅 식스'의 알루미늄 선철 생산 비중은 50퍼센트 이하까지 떨어진다. 반면 가공제품 생산 비중은 꾸준히 증가한다. 1983년 이후 알루미늄사업은 다시 성장하며 수요도 늘어난다. 1970년대 불황의 골을 통과한 것이다.

핵에너지, 노 땡큐

핵 기술이 전기 생산의 미래라는 확신이 깨지기 시작한 것은 1980년대 초반이다. 하지만 10년 전만 하더라도 사정은 완전히 달랐다. 1972년 로마클럽은 '성장의 한계'라는 제목으로 첫 번째 보고서를 내놓는데, 이것이 소비를 즐기는 시민들의 양심을 일깨우며, 환경의 중요성과 자원의 제한성을 다시 생각하게 만든다. 하지만 본격적인 쇼크는 그 다음 해에 휘발유 가격이 수직으로 폭등한 1차 오일쇼크로부터 시작된다. 쾌청한 날씨가 4일간 지속되었지만 거리에는 자동차가 한 대도 다니지 않았다. 당시 기름 매장량이 20년 후면 완전히 바닥 날것이라는 전망까지 나왔다. 이런 에너지 위기상황의 구원자로 등장한 것이 바로 핵에너지다. 다행히 최초의 1천300메가와트급 원자로인 비브리스 A가 이미 건설 중이었다. 하지만 본의 정치가들은 앞으로 전기가 나가지 않게 하려면, 2000년까지 원자력 발전소 약 100개를 더 건설해야 한다고 확신했다.

이런 상황은 완전히 바뀌게 된다. 2차 오일쇼크가 있었음에도 원자력발전소는 20개만 건설된다. 핵에너지 발전의 궁극적 목표로 간주되는 고속증식로 건설 계획도 무산된다. 전기 생산 시 방사능 물질이 배출된다는 이유 때문이다. 2000년에 독일도 오스트리아, 스웨덴, 이탈리아 그리고 벨기에 다음으로 핵에너지의 경제적 유용성을 떠나 더 이상 핵발전소를 짓지 않기로 결정한다. 핵발전소 건설의 시대가 종식될 것이라는 것은 일부 여론이 서독 핵에너지 프로그램에 대해 거부 반응을 보인 1970년대 중반부터 이미 나타나기 시작

한다. 이 프로그램은 핵에너지를 미래 에너지로 예상하고 있으며, 1
차 오일쇼크의 영향을 완전히 떨쳐버리지 못한 시기에 수립되었다.
1973년 서독 정부가 수립한 이 핵 에너지 계획은 정신이 나간 듯한
인상을 주는데, 그것은 전력회사에 1985년까지 4만5천에서 5만 메
가와트라는 상상을 초월하는 용량의 핵 발전 시설을 갖출 것을 권고
하고 있기 때문이다.

　　이 프로그램은 반대론자들을 격분시켜 지역을 초월한 광범위한
규모의 핵에너지 반대운동 단체를 결성하게 만든다. 핵 프로그램 반
대운동의 두 번째 유발자는 카이저슈툴Kaiserstuhl지방의 포도 재배
가들인데, 이들은 정부가 계획한 빌Whyl 핵발전소에 반대해 대대적
인 시위를 벌인다.[26] 1975년 2월 신문과 텔레비전 브라운관에 결연
한 모습의 포도 재배가와 주부, 학생 그리고 각 단체의 대표들이 이
계획에 반대해 시위를 벌이는 모습이 보도되는데, 시위는 물대포로
무장한 경찰에 의해서도 진압되지 않았다. 1979년 3월 28일 미국 해
리스버그Harrisburg의 스리마일 섬Three Mile Island에서 일어난 심각한
원전사고로 인해 핵에너지에 대한 반대 여론은 더 높아진다. 불행 중
다행으로 이 원자로에서 유출된 방사능 물질의 양이 그리 많지 않아
대형 사고는 모면한다. 하지만 1986년 4월 26일 체르노빌 원전 사고
에서는 이런 행운이 따라주지 않는다. 원자로 속에서 핵연료가 녹아
엄청난 양의 방사능이 유출된다. 우크라이나에서 일어난 이 대형 참

---

26) 독일 남부 카이저슈툴 지방의 빌(Wyhl)에 지으려 했던 빌 핵발전소는 원래 1천375메가
　　와트 급 원자로 두 개가 설치될 예정이었다. 이 계획이 발표되자마자 이 지방 시민단체들
　　이 핵발전소 건설 계획에 반대하는 운동에 돌입한다. 이들이 내세운 이유는 냉각탑에서
　　나오는 응축증기가 태양광선의 양을 줄이고 대신 안개를 더 자주 끼게 만들며, 발전소에
　　서 나오는 냉각수가 근처 라인 강의 수온을 상승시켜 생태계의 균형을 깬다는 것이었다.

사는 핵에너지 반대운동의 주된 근거가 되며, 핵발전소 저지 운동에 새로운 힘을 실어준다.

서독 최대의 에너지 공급회사인 라인 베스트팔렌 전기회사는 이 갈등이 일어난 초기에 이미 핵에너지에 올인 하겠다는 생각을 버린다. 물론 더 이상 싼 가격에 기름을 공급받을 수 없다는 사실도 잘 알고 있었다. 그래서 1970년대 니더라인 지방의 갈탄이 새로 각광받기 시작한다. 1974년부터 시추기로 지하 450미터 깊이에서 막대한 양의 갈탄을 채굴했던 함바흐Hambach 광산이 특별히 주목받는다. 물론 이 정도 깊이에서는 갈탄 채굴 비율이 1:6으로 나빠진다. 라인 베스트팔렌 전기회사의 많은 전문가들 견해에 따르면 이 비율은 기술적인 채굴 가능성과 경제성의 한계치다. 이제 라인 베스트팔렌 전기회사가 다시 갈탄에 더욱 기대를 걸었기 때문에, 1970년대 말 핵에너지에 대한 모라토리움이 선언된다. 이미 계획되었던 안더나흐Andernach의 바트 브라이지히Bad Breisig 핵발전소와 베젤Wesel의 파눔Vahnum 발전소, 칼스루에Karlsruhe 근처 노이포츠Neupotz의 비브리스Biblis 발전소, 그리고 아우구스부르크Augusburg의 파펜호펜Pfaffenhofen 발전소는 더 이상 건설되지 않는다. 전기 생산에서 핵에너지가 차지하는 비율도 정체된다.

핵에너지 시대가 종식되면서 혜택을 본 것은 석탄광산도 마찬가지다. 더구나 석탄광산은 정부의 보조금까지 다시 지급받는다. 1980년 사민당 자민당 연합 정권은 전기회사와 석탄광산 사이의 '세기의 계약'을 성사시킨다. 이 계약은 독일 석탄에 에너지생산의 우선권을 부여하며 전기회사로 하여금 1995년까지 석탄 구입량을 연간 3천300만 톤에서 4천750만 톤으로 늘일 것을 의무화한다. 이렇게 해서 갈탄 같은 값 싼 에너지 원료는 그보다 더 비싼 석탄에 밀리게 된다.

이른바 '석탄보조금'이라는 형태로 연방정부가 져야 하는 재정 부담을 덜기 위해 정부는 그것을 전기회사에 전가한다. 이로써 전기에너지는 여전히 비싼 제품으로 남는다.

전기시장의 자유경쟁

전기료 인상으로 인해 독일 전기공급자의 지역 독점체제에 대한 오래된 논란이 다시 불붙는다. 불화의 씨는 1935년 발효된 에너지경제촉진법인데, 이것은 국민경제에 해를 끼칠 시장경쟁을 막는 것을 골자로 하고 있다. 실제로 이 법은 독일 전기시장에서 이루어지는 경쟁의 긍정적인 측면까지 억압했다. 이 법은 에너지 회사로 하여금 전담 공급지역을 설정할 수 있게 하고, 경쟁을 제한하거나 배제하기 위해 그물망처럼 촘촘히 작성된 계약서로 자기 지역을 지킬 수 있게 해 주었다. 가격 책정에 있어서 전기회사는 이 독점체제를 십분 활용한다.

물론 시장을 보호하고 경쟁을 추방하는 것은 1970년대부터 전 세계적으로 다시 되살아난 자유주의 경제와는 어울리지 않는 것이다. 시장 지배적 전기독점 체제는 유럽 시장을 자유경쟁 체제로 통일시키려 했던 이념과도 배치된다. 이 때문에 독일 전기시장의 자유화 요구를 주도한 것이 브뤼셀이었다는 것은 당연한 듯하다. 역내 전기시장에 대한 EU 규정을 제정하기 위한 논의에는 독일연방 공업 협회도 적극 참여해 전기회사에 가격을 인하해 줄 것을 강력히 요구한다. 이로써 1998년 독일 전기시장은 자유화된다. 그 이후 독일 전기시장은 변전망과 배급망을 관리하는 회사만 지역 독점 체제를 그대로 유지하는 형태로 재편된다. 이에 반해 전기생산과 판매회사는 자유 경쟁 체제 하에 놓이게 된다.

적응 전략

1970년대 오일쇼크가 전기요금을 폭등 시키자 독일 알루미늄 기업은 이 역경을 딛고 성공할 수 있는 길을 찾아 나선다. 이 기업의 첫 번째 전략은 당연히 비용절감을 위해 전기사용을 최대한 줄이는 것이다. 이익을 높이기 위해 전기를 절약하는 것은 이 분야에서 늘 있어왔던 일이다. 하지만 1970년대에는 에너지 위기의 여파로 이런 노력이 훨씬 강력하게 추진된다. 실제로 이 시절 전기분해 과정에서 아낀 전기량은 주목할 만하다. 1886년 1킬로그램의 알루미늄을 생산하는 데 55킬로와트의 전기를 사용했다면, 1950년까지 이 수치는 25킬로와트로 줄어든다. 1970년대에 오면 이것은 13.5~14.5킬로와트 사이로 더 줄어든다. 이 분야의 소식통이 주장하는 바와 같이 이로써 기술적으로 가능한 최대 절약치에 거의 도달한 셈이다.

이런 에너지 절감 대책이 상당한 효과를 거둔 것은 사실이지만, 알루미늄 1킬로그램을 생산하는 데 들어가는 전기 14킬로와트는 아직도 상당한 양이다. 다른 재료를 생산하는데 필요한 전기량과 비교해 보면 특히 그렇다. 예를 들어 구리나 폴리에틸렌 생산에 들어가는 전기는 절반에 불과하며, 아연과 PVC에는 1/3, 그리고 주철에는 1/6 정도다.

1970년대 말 연합 알루미늄 주식회사는 더 어려워진 사업 환경에 적응하기 위해 다른 길을 걷는다. 경제기적을 이루던 호황기에 독일은 알루미늄 제조의 엘도라도라는 찬사를 받았지만, 위기가 닥쳐온 1970년대 독일은 더 이상 1차알루미늄 생산의 경쟁력을 갖춘 곳이 아니라는 시각이 점점 확고해졌다. 이때부터 연합 알루미늄 주식회사는 1차알루미늄 생산을 계속 확대하는 대신 알루미늄 재가공 사업에 집중해 새로운 압연공장과 가공공장을 짓는다. 이와 병행해 서독지역에 있던 옛 제련공장들은 점차 폐쇄한다. 제일 먼저 리페Lippe 공장, 그 다음 에르프트 공장, 그리고 1990년대 말에는 오버바이에른 지방의 퇴킹 공장까지 문을 닫는다.

2002년에는 전체 사업구조가 완전히 재편된다. 산업기업 연합 주식회사의 민영화 이후로 연합 알루미늄 주식회사를 인수했던 에너지기업 에온Eon은 이 독일 알루미늄 회사를 노르웨이의 노르스크 히드로에 31억 유로로 판다. 이 시점에 예전 연합 알루미늄 주식회사의 제련공장 가운데서 여전히 가동되는 곳은 노이스Neuss의 라인 공장과 슈타데의 제련공장 뿐이었다.

다른 많은 알루미늄 기업과 마찬가지로 노르스크 히드로도 전기요금이 싼 나라로 1차알루미늄 생산 공장을 이전한다. 전기요금이 새로운 생산시설을 짓는 데 얼마나 중요한 영향을 미치는지는, 1970년대 전기료가 급등하자 독일에서 전기분해 시설이 단 한 곳도 지어지지 않았다는 것만 봐도 알 수 있다. 2005년 독일에서는 5개 알루미늄 제련공장만 가동된다. 슈타데와 노이스에 있는 두 개의 노르스크 히드로 공장, 트리메트의 에센 공장, 노르스크 히드로, 알코아, 아막Amag이 합자한 연합 알루미늄 주식회사, 그리고 영국의 코르너스Cornus가 소유한 푀르데 공장이다. 2006년 말 상황은 더 심각해진다. 함부르크 알루미늄HAW은 물론이고 슈타데 공장도 생산을 중지한다.

슈타데 공장에서 최종적으로 전해조 가동이 중단되자, 새로운 투자자들이 여기에 풍차와 바이오 디젤 생산 시설을 지은 반면, 트리메트는 예전 함부르크 알루미늄 공장을 인수해 알루미늄을 계속 생산한다. 그래서 이제 독일에는 에센트리메트, 함부르크트리메드, 노이스히드로와 푀르데코르너스, 4개 알루미늄 제련공장만 남게 된다. 물론 이들 공장의 총 생산량도 1인당 연간 27킬로그램이나 되는 독일 알루미늄 수요를 감당하기에는 형편없이 모자란다. 이것은 굉장히 많은 소비량이며 독일보다 알루미늄을 더 많이 소비하는 나라는 캐나다, 미국, 일본뿐이었다. 2006년 독일은 통틀어 알루미늄 약 230만 톤을 소비하지만, 1차알루미늄 생산량은 67만 톤에 불과했고 2차 알루미늄 70만 톤은 재활용으로 마련한다. 이것은 독일이 국내수요를 채우기 위해 이 해에 알루미늄 약 100만 톤을 수입했다는 것을 의미한다. 이 분야의 전문가는 알루미늄 소비량은 계속 늘어날 것이기 때문 앞으로 수입량이 더욱 늘어날 것이라고 본다. 생산과 소비의 격차는 계속 벌어질 것이다.

이것은 외국 알루미늄 기업에 절호의 기회다. 얼마 전까지만 해도 미국의 알코아, 캐나다의 알칸, 노르웨이의 노르스크 히드로가 국제 알루미늄 시장을 선도했다. 그 사이 중국과 러시아 등 신흥개발 국가의 발전은 이 오래된 구도에 변화를 몰고 온다. 1990년대 이후 아시아에서 알루미늄 수요는 꾸준히 증가한다. 중국의 알루미늄 수요만 하더라도 세계시장의 20퍼센트를 넘어서게 된다. 이 때문에 중국과 인도, 베네수엘라 같은 나라도 자국에 알루미늄 생산 공장을 짓는다. 심지어 중국은 알루미늄 수출국이 된다.

동유럽에도 많은 변화가 일어난다. 2006년 말 러시아 최대의 알루미늄 기업인 루살Rusal과 수알Sual이 스위스의 원자재 판매기업인 글렌코어Glencore와 합병을 선언했다. 중장기적으로 보면 이로 인해 세계에서 가장 큰 알루미늄 그룹이 탄생할 전망이다. 이 새로운 거인이 가진 최고의 강점은 값 싼 시베리아 수력에너지다. 이것은 이 기업에 엄청난 이익을 가져다 줄 것이다. 루살의 경우 합병 전에 이미 34퍼센트라는 경이로운 이익을 남겼고, 수알은 2006년 영업이익 22퍼센트를 달성했다. 이에 반해 알코아의 이익은 고작 5퍼센트에 불과했다.

세계 알루미늄 사용량에 관해 그동안 나온 여러 전망은 이 거대 기업의 합병 시점이 매우 좋았다는 것을 확인해 준다. 앞으로 독일뿐 아니라 전 세계적으로도 소비량에 비해 생산량이 따라가지 못할 것이다. 전 세계인이 1년간 소비하는 알루미늄 양은 거의 3천300만 톤으로, 모서리 한 변의 길이가 230미터나 되는 알루미늄 정육면체를 만들 수 있는 양이다. 물론 산업화 정도에 따라 개별 국가의 알루미늄 사용량은 많이 다르다. 건축과 포장, 교통 등 현재 성장하고 있는 분야에서 알루미늄 사용량이 꾸준히 증가하면서 지금도 생산 부족분이 약 25만 톤에 달한다. 사용량이 지금처럼 계속 증가한다면, 2020년에는 1차알루미늄 수요가 두 배로 늘어나 연간 6천만 톤에 이르게 될 것이다. 이렇게 보면 알루미늄 시장의 성장 가능성은 거의 무한정이라고 할 수 있다.

이런 이유로 이 분야는 현재 가격이 비싸긴 하지만 최소한 단기 혹은 중장기적으로는 그렇게 빨리 가격폭락이 일어나지 않을 것이라고 예상된다. 하지만 너무 낙관하고 확신할 때 늘 위험이 찾아오는 법이다. 대규모 생산시설이 아일랜드와 인도, 베네수엘라, 중동에 들어서며 알루미늄 공급과잉을 유발해 알루미늄 가격의 폭락을 피할 수 없을 것이다.

지역시장과 순환경제

안정된 가격과 주문량, 이것은 트리메트 경영원칙의 전제조건이다. 알루미늄의 미래에 대해 온통 흐린 전망뿐이었지만 에센−보르베크 Essen−Borbeck에 위치한 이 회사에는 낙관론이 지배한다. 마르틴 이페르트는 "1차알루미늄 매출이 좋기 때문에 비싼 전기요금을 상쇄한다."고 말한다. 문제는 알루미늄 가격이 떨어지기 시작한 다음부터다. 여기서 알아야할 사실은 알루미늄 가격은 런던 금속거래소London Metal Exchange, LME에서 결정된다는 것이다. 이것은 알루미늄 생산기업은 가격결정에 직접적인 영향을 미치지 못한다는 의미이다. 이로 인해 알루미늄 기업은 치솟는 전기요금을 제품 가격에 반영할 수 없다.

이페르트는 10년 전부터 독일이 알루미늄을 수입한 것은 우연이 아니라고 말한다. 대부분의 외국 업체는 저렴한 가격의 전기를 이용해 알루미늄을 더 값 싸게 만들려고 한다. 이것이 계속 경쟁을 왜곡시키지만 이런 상황은 앞으로도 바뀌지 않을 것이다. 전기의 이용가능성과 전기료는 지리적 위치와 연관되고, 이런 현실이 불평등한 경쟁조건을 만들어낼 수밖에 없기 때문이다. 그런데도 이페르트가 미래를 낙관하는 이유는 트리메트의 경영철학에 있다. 독일에서 알루미늄 기업으로 계속 성공하기 위해 이 회사는 지역시장과 순환경제에 의지해야 한다고 믿고 있다.

순환경제란 무엇일까? 이페르트에 따르면 순환경제는 다음과 같이 작동한다. "일단 우리가 고객에게 1차알루미늄을 공급한다. 희망하는 고객에게서 고철 알루미늄을 회수한 다음 그것을 다시 녹여 반제품이나 2차알루미늄 합금으로 만든다. 우리 고객은 이것을 이용해 다시 제품을 생산한다." 이렇게 해서 다 찌그러진 바퀴 테 하나가 다시 새로운 제품으로 탄생한다. 그래서 이것은 폐기물처리 문제를 해결해 준다.

노후 승용차 처리 규정에 따라 오래된 자동차를 회수해야 하는 자동차 제조회사들은 이에 특별히 관심이 많다. 알루미늄 합금의 품질을 늘 그대로 유지하기 위해 트리메트는 2차알루미늄에 1차알루미늄을 혼합한다. 이것은 '다운-그레이딩down-grading', 즉 1차알루미늄의 품질 저하를 막아주며, 알루미늄을 언제든지 재활용할 수 있게 해준다. 환경과 경제적인 측면에서 장점이 있는 것은 분명하지만 이 '완결된 서비스'는 당연한 것으로 여겨지지 않다가 새로운 소유주인 트리메트가 에센에 들어오면서부터 시작된다. "에센의 트리메트 제련소의 전 소유자인 알루스위스 같은 대기업은 아직 이 서비스를 제공하지 않는다. 운반비용이 너무 비싸며, 매출수익이 너무 적기 때문이다." 그 전 소유주인 알루스위스는 이 서비스를 거부했다.

하지만 티끌모아 태산이다. 이 기업이 재활용 분야를 점점 중시하는 것은 공연한 짓이 아니다. 2006년 이 사업 분야는 전 해에 비해 39퍼센트나 성장하는 눈부신 성과를 거둔다. 당시 트리메트는 1차알루미늄과 2차알루미늄을 동일한 양으로 생산했다. 그 사이에 독일에서 이 비율은 재활용 알루미늄 쪽으로 기운다. 2005년 독일은 1차알루미늄 64만 7천 톤을 생산한 반면, 2차알루미늄은 71만 8천 톤이나 생산한다. 고철 알루미늄을 녹여 2차알루미늄으로 만드는 것은 대부분 중소기업이 전문적으로 맡는다. 1차알루미늄 제조회사인 트리메트가 1차 및 2차알루미늄을 비슷하게 생산한다는 것은 예외적인 일이다.

1차 생산과 비교했을 때 알루미늄의 재활용은 놀랄 정도로 전기를 아낀다. 1차알루미늄 1톤을 생산하는 데 필요한 전기 약 14메가와트는 이 금속에 화학에너지로 남아 있다. 알루미늄은 섭씨 660도의 비교적 낮은 용융점을 갖는다. 알루미늄을 녹이는 데는 1차알루미늄 생산에 필요한 에너지의 단 5퍼센트만 있으면 된다. 1차알루미늄 생산에 있어서 중요한 역할을 하는 전기는 재활용의 경우에 그리 중요

에센에 위치한 트리메트의 700미터 길이의 전기분해공장 © Trimet Aluminium AG

하지 않다. 그러므로 알루미늄 순환경제를 강화하면 알루미늄 생산
공장의 입지조건으로 인한 문제를 많이 해결할 수 있다. 이 문제는
독일은 물론이고 에너지가 부족하거나 비싼 대부분의 서구 산업 국
가들이 골머리를 싸고 있는 것이다.

　트리메트의 경영철학 가운데 두 번째 원칙은 지역시장에 집중하
는 것이다. 트리메트가 생산하는 알루미늄 합금 혹은 알루미늄 반제
품 가운데 90퍼센트가 독일에서 소비되는데, 이 제품들은 하이테크
제품으로 재가공 된다. 이페르트는 이런 상황을 다음과 같이 설명한
다. "우리는 시장 한 가운데 있다. 우리 고객들 가운데 80퍼센트는
에센으로부터 250킬로미터 이내에 있다." 이처럼 고객과 가까운 거
리에 있는 것은 연구 개발과정에서 고객과 긴밀히 접촉할 수 있게 해
양측 모두에게 도움을 준다.

2015년이 되면 독일 알루미늄 산업은 100년을 맞게 된다. 처음부터 미래를 확신하지 못했던 이 분야에서 이것은 대단히 오랜 역사다. 하지만 이 산업의 수명은 아직 더 오래 남은 것 같다.

그들이 아마존으로 간 까닭은?

1934년 경제의 세계화는 아직 전 세계를 지배하는 현상이 아니었고, 모든 사람들의 입에 오르내리지도 않았다. 그 대신 독일이나 이탈리아처럼 유럽 국가들이 자급자족 정책에 몰두해 국제시장을 향해 장벽을 친다. 하지만 그 시절에도 이미 미국의 기술 사회학자 루이스 멈포드Lewis Mumford는 알루미늄 분야는 전 세계가 하나로 통합될 것이라고 확신한다. 현대 산업의 여러 원료는 국가 혹은 대륙 차원에서 생산, 가공 소비되는 것이 아니라, 전 지구적 차원에서 이루어질 것이라고 그는 예리하게 전망한다. 이 예상에 가장 부합하는 원료가 바로 알루미늄이다.

지난 50년간의 발전상황을 돌아보면 멈포드가 옳았다는 것이 증명된다. 알루미늄 분야에서 다국적 대기업은 전 세계를 대상으로 활동하고 있다. 알루미늄과 알루미늄 가공제품 생산에는 국제적인 노동 분업이 이루어지고 있다. 이런 상황이 엄청난 양의 알루미늄이 전 지구를 이리저리 흘러 다니게 만든다. 알루미늄 원료인 보크사이트 채굴은 이처럼 전 세계적인 생산을 위한 첫 단계일 따름이다. 보크사이트 광산의 90퍼센트가 적도 주변의 열대지방에 몰려 있기 때문에 보크사이트 채굴은 주로 오스트레일리아와 브라질, 수리남, 자메이카, 인도, 기니, 카메룬 같은 나라에서 이루어진다. 그 다음 단계는 보크사이트로부터 산화알루미늄을 분해해 내는 것이다. 산화알루미늄은 다시 수용전기분해 재료가 되며, 이 과정을 거치면 천연 알루미늄이 된다.

보크사이트에서 알루미늄을 생산하는 과정에는 막대한 양의 전기가 필요하며, 이로 인해 환경이 훼손된다. 주로 재생할 수 없는 화

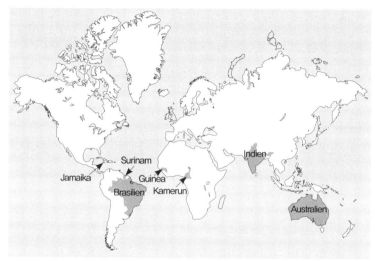

매장량이 풍부한 보크사이트 광산은 주로 적도 주변의 열대지역에 몰려 있다. 주요 채굴지역은 오스트레일리아, 서아프리카, 브라질, 자메이카다. ⓒ 독일 알루미늄 산업 총 연맹

석에너지를 사용하는 서구 산업 국가에서는 에너지 가격이 특히 비싸다. 그래서 알루미늄 제조비용을 줄이기 위해 대기업은 알루미늄 생산 공장을 북반부의 산업국가에서 전기료가 싼 남반부 국가로 점차 옮기고 있다. 예를 들면 인도, 브라질, 수리남, 혹은 여러 아프리카 국가에서는 엄청난 양의 수력에너지를 이용할 수 있으며, 베네수엘라, 오만, 카타르 같은 국가에서는 원유 시추 때 어마어마한 양의 천연가스도 부수적으로 나온다. 값 싼 임금과 저렴한 사회보장비용, 그리고 느슨한 환경 의무조항 등도 이들 나라에서 알루미늄을 생산하도록 만드는 데 한 몫 하고 있다. 이에 반해 고부가가치 상품으로 알루미늄을 재가공하거나 이것을 소비하는 것은 천연알루미늄 생산

국가들이 아니라, 주로 북아메리카와 유럽 그리고 일본이며 요즘에 와서는 중국이나 인도에서도 이루어진다. 이들 나라가 전 세계 알루미늄 생산량의 80퍼센트 이상을 소비한다.

갈등의 소지는 여기에 있다 천연 알루미늄을 생산하는 나라의 국민들이 생산 과정에서 나오는 부정적 결과를 전적으로 책임지고 있는데 반해, 지구의 유복한 지역에 살고 있는 대기업과 소비자는 이 금속의 장점에서 많은 혜택만 보고 있기 때문이다. 알루미늄을 생산하는 국가의 국민들과 소비하는 국가의 국민들 사이의 지정학적 거리와 마찬가지로 알루미늄과 알루미늄의 생산과정에 대한 그들의 견해 차이도 크게 벌어져 있다.

알루미늄 산업을 홍보하는 서구 산업국가의 광고를 보면 주로 알루미늄의 장점만 부각된다. 알루미늄의 가벼운 성질은 운송과 교통 분야에서 자원과 에너지를 절약하는데 도움을 준다고 광고한다. 이 때문에 알루미늄 산업에서는 알루미늄을 녹색 혹은 지속가능한 금속이라고 선전한다. 알루미늄은 탁월한 재활용 가능성으로도 소비자들에게 후한 점수를 받을 수 있다. 그동안 알루미늄 대기업은 스스로 공동책임corporate responsibility의 문제에서 모범이 되고 있다고 여겨왔다. 홈페이지나 연간 보고서, 혹은 최근에 매년 발표하는 지속가능성 보고서를 보면 알루미늄 대기업은 스스로 지속가능한 발전을 추구하고 있다고 자랑한다. 제품의 친환경성과 사회친화성의 관점에서 알루미늄 대기업이 자율적으로 정한 자기 책임 항목도 매우 길며, 알루미늄 생산과 사용의 모든 단계에서 스스로 공언한 지속가능성에 대한 책임도 엄청 크다. 이 회사는 이해당사자의 대화를 강조하며 알루미늄 생산의 전 과정을 좀더 투명하게 관리하겠다는 약속까지 하고 있다.

알루미늄 소비자는 관심도에 따라 이런 정보들을 다소 강하게 지각한다. 일상생활에서 소비자는 이 재료를 요구르트 통 뚜껑이나 초콜릿 판, 자동차 차체, 테니스 라켓, 혹은 가벼운 카메라 등 최종 가공한 형태로 접한다. 소비자는 이 상품의 원료가 어디에서 오며, 어떻게, 어떤 조건에서 만들어지는가에는 관심이 없다. 지금 사용하는 알루미늄 램프가 어떻게 자기 수중에 들어오게 되었는지 알기에는 생산지와 소비자 사이의 거리가 너무 멀고, 알루미늄의 순환과정이 너무 복잡하며, 가공과정에서 너무 많은 손을 거친다.

이에 반해 알루미늄 생산국의 국민들은 이 과정을 너무 잘 안다. 광고를 통해 알고 있는 알루미늄의 이미지는 경제성장, 사회발전, 환경보호를 동시에 노릴 수 있어 지속가능한 재료라는 것이다. 하지만 많은 경우에 있어 알루미늄 생산국의 국민들이 실제로 경험하고 있는 현실은 이와 정반대다. 이것이 그들의 삶의 공간과 생활형태를 몰라보게 변화시키고 있는데도 그들은 알루미늄 생산에서 이렇다할만한 이익도 얻지 못하며, 자원개발을 결정하는 과정에 참여하지도 못한다.

알루미늄이라는 재료가 어느 정도 지속가능한 것일까? 에너지와 원료를 너무 많이 사용하는 라이프스타일과 소비 스타일로 인해 우리가 야기한 알루미늄의 국제적 이동이 구체적으로 어떤 생태적, 경제적, 사회적 영향을 미칠까? 알루미늄 사용이 생태적으로나 사회적으로 옳은 것일까? 만약 아니라면, 알루미늄 제조의 긍정적 효과를 살리기 위해서는 어떤 방법과 메커니즘이 필요할까?

이런 질문에 좀더 잘 접근하기 위해서는 알루미늄과 알루미늄 제품의 순환과정을 전체적으로 따져보는 것이 중요하다. 복잡한 제조과정에서 소비와 고철 처리 그리고 재활용에 이르기까지 모두 단계가 투명해질 때라야 알루미늄이 지속가능한 재료인가 하는 질문에 확실하게 대답할 수 있다. 소비자가 자기가 사용한 제품의 원료가 어디서 온 것이고, 어떤 조건에서 만들어지며, 사용 목적에 알맞게 사용하고 있는지, 사용 후에 다시 재활용될 수 있는지를 알아야 비로소 지속가능한 소비결정을 내릴 수 있다.

이런 의미에서 이제부터 알루미늄의 생산과 소비 그리고 재활용 분야에서 생기는 여러 문제들을 조명해 볼 것이다. 이를 위해 제품선형분석PLA[27]이라는 연구방식을 이용할 것이다. 이것은 1987년 프라이부르크 생태연구소에서 개발한 연구방법으로, 개별 제품으로 인해 생긴 생태적, 경제적, 사회적 결과들을 파악하는 데 이용되는 것으로 한 제품의 전체 순환과정을 조사해 그 제품이 끼친 사회, 자연, 경제적 영향을 일목요연하게 보여줄 것이다. 독자 여러분은 알루미늄의 제조가 지속가능성이라는 기준에 어느 정도 부합하는지 알게 되고 우리가 알루미늄을 구입하는 행위로 인해 일어날 다층적인 결과나 피할 수 없는 연쇄반응들에 대해서도 주목하게 될 것이다.

---

27) 제품 선형분석법(Produktlinienanalyse(PLA))은 일종의 환경영향보고서인데, 환경감사보고서가 단지 환경문제만 다루고 있다면, 이것은 한 제품이 끼치는 사회, 경제적인 영향까지 추가적으로 다룬다. 즉 원료공급과 제조, 가공, 수송, 재활용의 관점에서 제품을 평가한다.

천연 알루미늄 제조와 연관해서 본 연구의 대상은 브라질로 제한한다. 이 나라는 독일의 가장 중요한 알루미늄 공급국일 뿐 아니라 보크사이트 채굴부터 천연 알루미늄 생산까지 전 생산단계를 자국에서 처리할 수 있는 나라이기도 하다.

연구 대상을 브라질로 결정한 것은 특히 브라질의 아마존 강에는 세계에서 가장 큰 열대우림지역이 있기 때문이다. 잘 알다시피 이 지역은 브라질뿐만 아니라 지구에 그 어느 것도 대신할 수 없는 대단히 중요한 기능을 담당하고 있다. 알루미늄 생산이 예전에 완벽했던 열대우림을 직·간접적으로 해치고 파괴했으며, 지금도 여전히 이곳만큼 파괴행위가 지속되고 있는 곳은 지구상에 없다. 원시 열대 우림은 세계적으로 아주 중요하기 때문에 이곳의 환경훼손에 따른 영향력은 대단히 크고 광범위하다. 물론 이런 특수 상황 때문에 브라질 알루미늄 생산의 환경 및 사회친화성 그리고 경제성 평가 결과를 지역적 조건을 적절히 고려하지 않고 무조건 다른 생산국가에 대입할 수는 없다.

그밖에도 여러 이유에서 브라질은 흥미로운 연구대상이다. 이 나라는 신흥개발 국가로 1인당 국민 총 생산으로 따지면 세계 중위권의 경제력을 갖춘 나라다. 예전에 오랫동안 군사독재에 시달리다가 민주주의를 쟁취했지만, 심각한 사회적 불평등은 아직 해소되지 못해 빈부격차의 골이 엄청 깊다. 국민 총 생산량의 45퍼센트가 상위 10퍼센트에 집중되어 있어 인구 1억8천600만 가운데 4천300만 명이 극단적 빈곤에 시달리고 있다. 브라질은 세계화가 그 나라의 경제 및 사회에 미친 영향력이 점차 드러나고 있는 전형적인 모델이다.

환경적 관점브라질은 아마존 강으로 인해 지구에서 가장 큰 생태계의 보고다.에서 보면 지구에서 유일무이한 곳인데도 말이다. 지금부터 살펴보겠지만 알루미늄은 이 모든 것과 밀접하게 연관되어 있다.

알루미늄 일관생산의 출발점은 브라질 북부와 북서부 지방이다. 알루미늄 제조의 원료인 보크사이트 광산은 아마존 열대우림 한가운데 있다. 브라질 북부지방은 전 국토의 45퍼센트 이상을 차지하지만 거주민은 가장 적고 산업이 거의 발달되지 않았기 때문에 개발 되지 않았다. 아마존 강 유역의 많은 도시는 배나 비행기로만 들어갈 수 있다. 지정학적으로 접근성이 좋지 않다는 점은 이 지역에 대한 자료에도 반영되어 있는 것 같다. 아마존 강 유역에 건설된 대형 댐이나 대규모 광산 개발 계획이 사회, 경제, 환경적으로 어떤 영향을 미치는지에 대한 최신 학술 연구는 거의 찾아볼 수 없기 때문이다. 이런 사정은 현재 급속하게 진척되고 있는 아마존 열대우림의 남벌에 대한 보고서도 마찬가지여서 알루미늄 산업의 지속가능성 보고서와 많은 팸플릿에는 일회성 대책과 프로젝트만 들어 있다. 이처럼 부족한 참고자료를 토대로 알루미늄의 지속가능성을 비판적으로 평가하는 것이 이 장의 큰 도전 과제다.

붉은 흙, 보크사이트 채굴

보크사이트의 붉은 돌 색깔은 녹을 떠올리게 하고, 철을 연상시킨다. 프랑스의 소도시 레 보Les Baux의 땅주인들이 아를르Arles 시 인근의 프로방스 지방 분위기를 물씬 풍기는 이 광활한 적갈색 토지를 보고 엄청난 양의 철이 나올 것이라고 예상했다. 1820년 유명한 광물학자인 피에르 베르띠에Pierre Berthier가 이 지방에서 철광산을 찾아내고 사업허가를 요청하자, 이들은 그에게 철광석 채굴 허가를 내주었다. 곧 밝혀질 일이었지만 이 계약은 너무 성급한 것이었다. 붉은 흙에는 단지 10~15퍼센트의 철 성분만 함유되어 있었고, 알루미늄 성분이 훨씬 더 많이 들어 있었기 때문이다. 보크사이트라는 이름은 그가 처음 이 광석을 발견한 장소인 레 보Les Baux 시에서 유래한다.

보크사이트는 산화알루미늄 60퍼센트를 함유하고 있어 현재 전 세계에서 유일하게 알루미늄 원료로 이용되는 퇴적암이다. 지구의 거의 모든 지역에서 이 광석은 발견되지만, 알루미늄을 추출할 수 있는 곳은 지각의 약 8퍼센트에 불과하다. 알루미늄은 산소와 규소 다음 3번째로 풍부한 자원이다. 그래서 사실상 알루미늄이 없는 곳은 없다. 하지만 화학반응을 일으키는 성질이 강하기 때문에 이 비철금속은 다른 원소와 강력하게 결합한 상태로만 존재한다. 문제는 이 상태에서 알루미늄만 분해해 내는 데 엄청난 비용이 들어간다는 것이다. 그래서 알루미늄 함량이 30퍼센트 이상인 광석만으로 알루미늄을 생산해야 수익성이 있다. 보크사이트 대부분에는 이 정도 함량의 알루미늄 성분이 있다. 현재 전망으로는 경제성 있게 채굴 가능한 보크사이트 매장량은 앞으로 210년 정도 사용할 만큼 있다. 이것은 다른 금속과 비교해 봐도 엄청난 기간이다. 통계상 앞으로 금은 18년, 아연은 24년, 구리는 36년에 불과하다.

전 세계에 그리고 독일에도 매장되어 있는 알루미늄을 함유한 점토와 달리 세계에서 가장 중요한 보크사이트 광산은 적도 주변 열대지방과 남반부에 집중되어 있다. 오스트레일리아, 브라질, 기니, 자메이카는 2003년 주요 보크사이트 채굴 국가 리스트에 올라 있다. 보크사이트가 적도 주변에 집중적으로 매장되어 있는 것은 기후와 연관 있다. 열대 기후 지역에서는 온도가 높기만 한 게 아니라 평균 강수량도 많다. 이런 고온다습한 기후가 암석의 풍화작용을 촉진시킨다. 수용성 알칼리와 규산염, 마그네슘을 함유한 광물들은 시간이 흐르면서 빗물에 녹기 때문에, 물에 녹지 않는 산화알루미늄과 산화철이 풍부해진다. 여기다 적도 지역은 지정학적으로 고원지대와 유사하며 다소 급경사다. 그래서 암석 속에 함유된 수용성 성분들은 시간이 흐를수록 빗물을 타고 흘러내려가지만, 물에 녹지 않는 성분들은 땅에 그대로 남게 되고 퇴적된다.

이렇게 쌓인 보크사이트 퇴적층은 20~30미터 사이로 다양하다. 이런 층은 일반적으로 지표면의 부식토층 아래에 있어서 노천채굴 방법으로 개발할 수 있다. 이런 채굴방법은 어쩔 수 없이 많은 양의 폐기물을 부수적으로 발생시킨다. 농경지건 숲이건 상관없이 이 원료가 매장된 층 윗부분에 있는 모든 것을 먼저 걷어내야 하기 때문이다. 따라서 노천채굴 방법에서는 주변 경관의 변화가 불가피하다.

그밖에도 보크사이트 채굴은 대형 굴착기와 트럭을 이용해 이루어지는데, 여기서 엄청난 양의 배기가스와 미세먼지들이 나온다. 마지막으로 노천채굴을 위해서는 파낸 흙을 실어 나를 효율적인 교통인프라가 필요하다. 보크사이트 채굴에 너무 많은 면적의 땅이 훼손되고 전기분해에 에너지가 너무 많이 소모되기 때문에 1992년 워싱턴의 세계 환경감시기구Worldwatch-Institute는 알루미늄 생산을 인류의가장 심한 환경훼손 활동 가운데 하나라고 선언했다.

같은 해 리우데자네이루에서는 유엔 환경 개발 회의가 열린다. 이 회의에서는 178개국 대표들이 세계 환경정책과 개발정책에 대해 함께 논의하고 국제 규모의 새로운 협력체계를 구축하기 위해 노력했다. 이 회의의 중요한 결과물은 지속가능성이라는 이념을 전 세계사회 개발의 중요원칙으로 확정했다는 것이다. 이 이념은 1987년 브룬트랜드 보고서에서 출발한 것으로, 그 당시 노르웨이 수상이었던 그로 할렘 브룬트랜드Gro Harlem Brundtland가 만든 것이다. 브룬트랜드는 지속가능성을 '미래에도 가능한 발전 형태', 즉 미래 세대의 욕구나 복지를 충족시킬 수 있는 능력과 여건을 저해하지 않으면서 현세대의 욕구를 충족시키는 개발이라고 정의한다. 지속가능한 발전이라는 이념의 특수성은, 이것이 환경, 경제, 사회적인 측면을 동일하게 고려해 한편으로 개발도상 국가들의 빈곤을 극복하고, 다른 한편으로 선진국의 복지를 자연보호와 일치시키고자 한다.

이와 더불어 다음과 같은 질문이 나오는 것은 필연적이다. 지속가능한 발전이라는 이념이 보크사이트 채굴에 어느 정도 영향을 미치고 있는가? 지속가능한 보크사이트 채굴의 기준은 정확하게 무엇인가? 이 기준은 세계에서 가장 중요한 보크사이트 생산국가인 브라질에 어떤 의미가 있는가?

벌목과 준설

아마존 강 북부에는 세계에서 3번째로 큰 보크사이트 광산인 포르토 트롬베타Porto Trombetas가 있다. 이곳은 몇 년 전까지만 하더라도 인간의 발길이 닿지 않는 원시우림 지역 한가운데였다. 방문객들은 배나 비행기로만 이곳에 들어갈 수 있었다. 가장 가까운 도시인 산타렘 Santarém조차도 이곳에서 배로 족히 15시간 걸리는 거리에 있다. 포르토 트롬베타는 보크사이트 광산이자 고립되어 일하는 노동자 캠프가 있는 곳이다. 이 캠프에서 광부를 비롯해 그 가족까지 1천500명이 비교적 안락하긴 하지만 외부세계와 완전히 단절된 채 회사의 감시를 받으며 생활한다. 포르토 트롬베타에서는 모든 것이 보크사이트를 중심으로 돌아간다. 이 광석은 여기서 노천채굴 방법으로 채굴·정화·건조된 다음 배로 우선 북부 아마존강 지류인 트롬베타 강을, 그 다음에 아마존 강 본류를 타고 브라질 동해안의 알루미늄 공장까지 운송된다. 이곳에서 알루미늄으로 가공되거나 아니면 그대로 북아메리카나 유럽, 아시아로 수출된다.

보크사이트를 실은 첫 화물선이 트롬베타 항구를 떠난 것은 1979년 11월 13일이었다. 이 해에 브라질에서 가장 중요한 광산 지역인 트롬베타에서 막대한 양의 보크사이트가 채굴되기 시작했다. 브라질이 세계 최고의 보크사이트 생산국으로 도약할 수 있었던 것은 이 트롬베타 덕분이다. 여기에는 전 세계에서 이미 개발되기 시작한 보크사이트 광산 중 5번째로 큰 광산이 있으며 이곳의 생산량은 브라질 보크사이트 전체 채굴량의 70퍼센트나 된다.

트롬베타 강 인근의 보크사이트 채굴 역사는, 캐나다 기업 알칸이 엄청난 규모의 광산을 발견하고 이를 개발할 계획을 세운 1967년으로 거슬러 올라간다. 알칸은 곧바로 보크사이트 채굴 준비를 시작했지만 1972년 아마존 지역을 체계적으로 개발하기 위한 인프라 건설 정책을 짜며 브라질 정부가 대규모 재정지출을 했을 때 비로소 이 계획은 진척되었다. 1974년 포르토 트롬베타 광산 개발이 시작되었고, 1979년에 보크사이트가 채굴되었다. 이 광산의 운영자는 알칸 외에 알코아, 노르스크 히드로 같은 다국적 기업이 참여한 컨소시움 MRNMineração Rio do Norte이다. 브라질 정부도 이 회사에 지분이 있다. MRN이 초기 투자금액의 18.9퍼센트를 투자했고, 나머지 금액은 브라질 정부가 떠맡았다. 그리고 주로 수출을 목적으로 생산했다.

포르토 트롬베타는 알루미늄 기업의 엘도라도였다. 세계 어느 곳에서도 이처럼 쉽게 돈을 쓸어 모을 수는 없었다. 2005년 알코아의 사장인 알랭 벨다Alain Belda는 "브라질에 있는 우리 공장은 세계에서 비용이 가장 저렴하게 들어가는 곳이다."라고 자랑할 정도였다. 상황이 이렇고 알루미늄에 대한 수요가 여러 해 동안 폭증했기 때문에 이 다국적 기업은 현재 주루티Juruti에서 알루미늄 광산을 두개나 더 개발하고 있다. 주루티는 포르토 트롬베타에서 강을 따라 아래쪽으로 몇 시간 내려가면 나오는 곳으로, 지금까지 사람의 발길이 닿지 않은 우림지역이다.

포르토 트롬베타처럼 여기서도 곧 밤낮 없이 계속 기계가 돌아가고, 울창한 원시림을 거대한 굴삭기가 밀어버릴 것이다. 굴삭기는 벌목한 지표면을 파헤쳐 약 8미터 두께의 지표층을 들어내며 파낸 흙을 구덩이 주변에 임시로 모아둘 것이다. 이렇게 지표층을 들어내면 약 3미터 두께의 보크사이트 층으로 이루어진 붉은색 광석층이 나온다.

현재 트롬베타에 투입된 거대한 굴삭기의 삽은 보크사이트 20톤을 퍼낼 수 있다. 이 삽은 이에 못지않게 큰, 세계에서 가장 큰 트럭

브라질 포르토 트롬베타 근처
의 보크사이트 채굴 장면
ⓒ 독일 알루미늄 산업 총 연맹

에 채굴한 광석을 실어 올린다. 광석은 컨베이어벨트로 다시 옮겨져
약 40킬로미터 떨어진 항구로 운반된다. 광석을 운반선에 싣기 전에
더러운 원료를 세척하고 건조하는데, 이때 엄청난 양의 진흙이 떨어
진다. 보크사이트 채굴이 끝나면 마지막으로 그전에 임시로 모아둔
흙으로 구덩이를 메우고, 숲을 다시 복원한다. 보크사이트 광산은
점점 강 쪽으로 이동하며, 이 모든 과정이 처음부터 다시 반복된다.

녹색 허파가 위험하다

보크사이트 노천채굴은 어쩔 수 없이 대규모 환경변화를 야기한다.

물론 그 범위와 크기는 해당 지역이 이미 경제적으로 개발된 지역인 가 아니면 인간의 손길이 닿지 않아 완전한 생태계가 유지된 곳인가 에 달렸다. 그 땅이 자연 그대로 보존된 곳일수록 변화는 더 심하다. 보크사이트 채굴이 환경에 미치는 영향은 토지를 황폐화시켜 못쓰 게 만들거나 주변 경관을 변화시킨다는 것이다. 한편으로 보크사이 트 광상鑛床을 덮고 있는 표토를 덜어내기 위해 그 위에 자라는 엄청 난 양의 식물을 캐내고 많은 양의 흙을 운반하면서 기존의 자연경관 을 몰라보게 변화시킨다.

도로나 철도, 항구, 인부를 수용할 캠프 건설은 경관의 변화를 더 심화시킨다. 경우에 따라 이것은 특정한 동식물을 멸종시키거나 야생동물의 서식지를 파괴하고 동식물의 질병 감염을 촉진하거나 지 면침식을 진척시키기도 한다. 다른 한편으로 디젤엔진에 의해 구동 되는 거대한 기계를 사용해 보크사이트를 채굴하는 데서, 그리고 이 원료를 저장하고 수송하거나 이것을 건조하고 하적하는 과정에서 엄 청난 양의 먼지와 질소, 이산화유황 그리고 이산화탄소가 나오게 된 다. 이 외에 소음과 진동도 환경을 훼손한다. 특히 보크사이트 광석 을 세척하는 것은 강과 호수를 진흙투성이로 만들어 물고기의 개체 수를 줄어들게 하거나 부분적으로 하천을 육지화 시킨다.

요컨대 보크사이트의 노천채굴은 땅, 물, 공기를 모두 심하게 훼 손시킨다. 천연 보크사이트를 세척하면서 트롬베타에 위치한 사포 네Sapone 강은 지금도 강물을 먹을 수 없을 정도로 심각하게 오염되 었다. 트롬베타 근처에 있는 호수 라고 바타타Lago Batata 역시 20년 전에 진흙성분이 함유된 세척수가 유입되면서 오염되어 죽어버렸 다. 침전된 퇴적물을 단 한 번도 걷어내지 않았던 것이다. 이에 책임 이 있는 광산기업은 면피성 복원대책만 내놓고 자연복원사업을 시행하고 있다고 떠든다.

　브라질에서는 브라질 남동부 지역의 광상처럼 이미 산업화된 지역에 있는 광상과 북부 아마존 지역의 트롬베타처럼 경제적으로 개발되지 않은 지역에 있는 광상은 분명 차이가 있다. 브라질 산 보크사이트의 70퍼센트 이상이 나오는 트롬베타 광산은, 이 지역에서 이미 계획된 다른 보크사이트 광산과 마찬가지로 지금까지 그 누구의 손길도 닿지 않은 열대우림으로 완전히 둘러싸여 있다. 그래서 여기서 시행되는 개발 사업은 모두 자연환경을 심하게 해칠 수밖에 없다. 이 광산을 운영 중인 MRN의 보고에 따르면, 연간 100헥타르 이상의 우림이 개간되고 있다. 이 우림지역이 농경지처럼 다른 용도로 파괴되는 면적과 비교해 보면 비교적 작은 편인데, 그것은 보크사이트 광산을 직접 개발하기 위해 개간된 면적만을 계산한 것으로, 광산개발이 환경에 미치는 영향력이 직접 개발되는 지역을 훨씬 넘어선다는 사실을 고려하지 않은 것이다.

　일단 한 번 인프라가 구축된 지역은, 그것이 농업이건 섬유나 종이산업이건 상관없이 다른 경제활동을 자석처럼 끌어당긴다. 이것은 까라자Carajás 지대라는 아마존 지역에서 아주 분명하게 드러난다. 여기서는 1980년대 초반 원시 열대우림을 베어내고 철광석과 보크사이트 광산을 개발하기 시작했다. 곧 천연알루미늄 생산에 필요한 에너지를 공급하기 위해 거대한 제방과 수력발전소 건설이 시작되었고, 근처에 알루미늄 공장도 건설했다. 철강을 만드는데 들어가는 숯을 생산하기 위한 숯가마도 추가되었으며 그러는 사이 원래 원시 열대우림이었던 드넓은 땅이 콩이나 유칼리투스 재배 경작지나 가축 사육용 목장으로도 개발된다.

　아마존 우림 대부분은 브라질에 위치하며, 브라질 영토의 절반이나 차지한다. 1990-1995년에는 해마다 1만4천 제곱킬로미터의 면적이 철, 구리, 알루미늄 광산 개발과 도로건설이나 농업개발을 위해 벌목되었다. 그 후 6년 만에 이 면적은 평균 2만 제곱킬로미터로 늘어났고, 2001-2004년에는 2만4천 제곱킬로미터로 확대된다. 이 것은 독일 메클렌부르크-포어폼머른Mecklenburg-Vorpommern 주 면적에 해당된다. 1960년 이래로 이 숲의 약 1/5이 벌목되었다. 오늘날까지도 이 벌목 속도는 줄어들 기미를 보이지 않는다. 여기에 제동을 걸기 위해서 브라질의 룰라Luiz Inácio Lula Da Silva 대통령은 2004년 아마존 벌목 방지 계획을 야심차게 내놓았다. 하지만 2008년 초 환경단체 그린피스의 평가에 따르면, 이 계획은 아직 70퍼센트 정도밖에 실행되지 않았다. 여전히 예전과 같은 속도로 벌목이 이루어지며, 이런 속도라면 2050년까지 브라질 우림의 거의 절반이 사라질 것이다. 철, 알루미늄, 종이, 콩, 육류, 나무를 수출하기 위해 숲이 파괴되는 것이다.

아마존 우림을 계속 벌목하는 것은 지구 전체의 환경을 훼손시킨다. 풍부한 동식물의 서식지로서 생명체의 다양성을 지키는 보고이기 때문이다. 그밖에도 중요한 저수지이자 이산화탄소 흡수지로 기후조절 기능까지 한다. 아마존 열대우림 지역은 이산화탄소 1천 200억 톤을 흡수하는 것으로 평가된다. 이 숲이 지표면에서 사라진다면, 방대한 양의 이산화탄소가 대기 중으로 방출될 것이다. 현재 전 세계에서 배출되는 이산화탄소량이 연간 250억 톤이니 아마존 우림이 흡수하고 있는 이산화탄소량은 어마어마한 것이다.

그밖에도 원시우림은 생태학적으로 매우 중요하다. 그 어느 생태계보다 유기체들을 많이 생산하기 때문이다. 열대우림은 일단 한 번 파괴되면 다시 복원되기 어렵다. 현재 브라질 북부에 위치한 알루미늄 기업이 복원을 위해 노력중이지만 이 기업이 복원한 숲은 더 이상 우림이 아닌 전혀 다른 종류의 생태계이며 생물 다양성도 훨씬 빈약하다.

아마존 우림지역은 여전히 '녹색 허파'로 간주된다. 하지만 브라질은 세계에서 온실가스를 제일 많이 배출하는 10개국에 속한다. 다른 나라에 비해 중공업이 발달하지 않고 대부분 수력에너지를 이용하고 있는데도 말이다. 브라질이 배출하는 이산화탄소의 60퍼센트는 아마존 우림의 벌목과 개간 때문이다.

브라질 정부는 보크사이트 채굴로 인한 우림 파괴를 막기 위해 법률을 제정하고, 이를 근거로 광산 개발회사가 의무적으로 숲을 복원하게끔 했다. 1980년대 초반 이 회사는 유칼리투스 같은 생장이 빠른 나무를 심어 벌목된 지역의 일부분을 복원했다. 하지만 시간이 지나면서 트롬베타 강 주변 광산지역에 토착식물을 심어 이 지역을 복원하려는 야심찬 계획이 수립된다. 이 나라에 진출한 모든 대형 보크사이트 생산기업처럼 MRN 역시 개발이 끝난 지역의 복원을 담당하는 전문부서를 두고 있다. 개간된 땅에는 80여 종 2천500개체의 식물을 심는데, 이것들은 원래 여기서 자라는 식물의 씨앗을 뿌려 길러낸 것이다. 이렇게 복원사업을 한다 해도 예전 원시 열대우림이 간직했던 종의 다양성을 그대로 되찾을 수는 없지만, 브라질 아마존 주의 수도 마누스Manaus에 있는 아마존 연구소 INPA[28]는 이를 긍정적으로 평가한다. 비용이 많이 들긴 하지만 비료주기 프로그램과 감시 프로그램을 꾸준히 시행한다면 이 복원지역에 심은 식물은 언젠가 잘 자라 다시 우거진 숲을 이룰 것이다.

---

28) Instituto nacional de pesquisas da Amazônia

1990년대 말 트롬베타 강 지역 복원사업을 현장에서 검증한 아헨공대 과학자들은 이 사업이 첫 번째 결실을 거두고 있다고 보고한다. 하지만 이 사업이 성실하게 시행될 수 있었던 것은 브라질 정부가 제정한 법률 때문만은 아니다. 브라질에서 보크사이트를 채굴하는 기업들은 대부분 대형 다국적 알루미늄 그룹이다. 이들은 자율적으로 환경정책을 펴기도 하지만, 환경단체와 소비자단체, 은행, 소비자 같은 이해당사자들의 감시를 받는다. 소비자들이 나날이 감시와 비판 기능을 키우고 있는 상황에서 환경문제를 중시하는 기업만이 살아남을 것이며, 바로 이 때문에 이들 기업이 친환경 보크사이트 채굴로 전향하는 것이다. 이들 기업은 폐광지역 복원 사업 외에도 오염물질 방출을 줄이거나 원광 세척 때 일어나는 강물 오염을 줄이는 대책까지 강구하고 있다.

거의 모든 글로벌기업이 그렇듯 알코아와 알칸, 노르스크 히드로도 5년 전부터 정기적으로 지속가능성 보고서를 발간하고 있다. 이 보고서는 지속가능성을 위한 이들의 노력이 생태, 경제, 사회적으로 어떤 성과를 올리고 있는지를 보여준다. 이 외에도 뒤셀도르프에 있는 독일 알루미늄 산업 총 연맹이나 런던에 위치한 세계알루미늄 연구소IAI 같은 이 분야의 연합체들도, 지속가능한 알루미늄 생산을 위해 기업이 어떤 활동을 하고 있는지 기록한 보고서를 내놓는다. 예를 들어 세계 알루미늄 연구소가 내놓은 '보크사이트 광산 복원방법 조사서'는 전 세계에서 이루어지고 있는 복원방법에 대한 정보를 준다. 하지만 대부분 자의적으로 이루어지고 있는 개별 대책의 효과를 어떻게 총괄적으로 평가할까? 이것이 달구어진 돌 위에 떨어진 물방울 이상의 의미를 지니는가? 이런 식으로 해서 대규모 열대 우림 파괴를 막을 수 있을까? 확실한 것은 환경운동가와 우림지역

토착거주민의 거센 반발에도 앞으로 트롬베타 강 주위에 보크사이트 광산이 두 군데나 새로 개발될 것이라는 사실이다.

비판론자들은 환경보호 의무를 기업에 자율적으로 맡기는 데 회의적이다. 여기에는 법적 구속력이 없기 때문이다. 비정부기구인 그린피스는 유엔 지구 협약Global Compact, 즉 유엔과 글로벌 기업들 사이에 자율적으로 맺은 협약을 거의 유명무실한 것으로 본다. 이 협약은 기업경영에서 생태, 사회, 인권의 국제기준을 준수할 것을 촉구한다. 하지만 대다수 비정부 기구는 협약에 규정된 자율적 의무 조항이 너무 모호해 제구실을 할 수 없다고 평가한다. 이 조약은 구체적인 감축목표나 감축기간을 정하지 않고 있으며, 무엇보다 협약을 어긴다 할지라도 제재할 방법이 없다. 그래서 이 협약은 환경과 사회의 국제기준을 지속가능하게 개선하기보다는 오히려 회사의 이미지를 개선시키는 데만 이용되는 이빨 빠진 도구에 불과하다.

이보다는 오히려 열대우림의 보호를 책임지는 국제 환경위원회가 있다면 더 효과적일 것이다. 10년 전부터 카셀Kassel대학에서 브라질의 알루미늄 생산에 대해 연구하고 있는 사회학자 마리타 밀러 플라텐베르크Marita Müller-Plantenberg는 이런 위원회가 없는 한 알루미늄 생산벨트가 우림지역으로 확장되어 들어가는 것이라도 막아야 한다고 요구한다.

풍요 속의 빈곤

보크사이트 채굴이 붐을 이룬 이유는 알루미늄 수요 증가에 따라 보크사이트 수요도 증가했기 때문이다. 1994-2000년 까지 짧은 기간에 세계 보크사이트 생산량은 1억3천570만 톤으로 늘어났다. 이것은 무엇보다도 인도와 중국의 경제개발 덕분이다. 중국은 보크사이트나 이것으로 생산한 알루미늄 대부분을 자국 내에서 소비하는 반면, 브라질은 80퍼센트 이상을 해외로 수출한다. 이는 원료에서 얻는 편익을 대부분 외국인이 가져간다는 의미다.

이미 언급한 대로 브라질에서 가장 중요한 보크사이트 광산은 대부분 트롬베타 강 주변 아마존 우림지역 한 가운데 있다. 이곳에는 도망 나온 아프리카 노예의 후손들이 모두 합해 1만~1만5천 명인간의 발길이 거의 닿지 않은 자연경관 속에서 마을을 이루며 살고 있다. 그들은 브라질로 끌려온 흑인 노예 중 도망친 사람들의 후손이다. 1988년에 제정된 브라질 헌법에 따라 이들도 땅 소유권을 갖게 된다. 그런데도 브라질 정부는 장기 광산 개발권을 허가해 주면서 그 결정 과정에 원주민의 참여를 배제시켰다. 트롬베타 지역의 경우 허가기간이 2080년까지다. 개발회사는 대규모 보크사이트 채굴로 막대한 이익을 얻는 반면, 이로 인한 환경파괴의 피해를 그대로 입게 되는 이 소수 민족은 어떤 보상도 받지 못하고 있다. 나머지 브라질 국민 역시 자국에서 풍부하게 생산되는 이 원료의 혜택을 거의 입지 못한다. 그 대신 오직 세계시장만 지향하는 경제모델이 발전해 북반구의 산업 국가는 값 싼 원료를 얻고 브라질 정부는 외화를 벌어들인다.

트롬베타 광산을 개발하고, 이를 위해 필요한 사회간접자본을 건설하는 데 드는 비용은 80퍼센트 이상 브라질 정부가 떠맡고 있다. 하지만 보크사이트 광산에서 나오는 소수의 일자리를 제외하면 주민들에게 돌아가는 혜택은 거의 없다고 봐야 한다. 브라질의 무역수지가 눈에 띄게 개선되지도 않으며, 지역 개발에 이용할 정도로 많은 재원이 나오지도 않는다. 현재 브라질 국민의 30퍼센트가 빈곤층이며, 8명 중에 1명이 기아에 시달리고 있다. 1천600억 달러가 넘는

천문학적 국가채무가 이 나라를 무겁게 짓누르고 있기도 하다. 현재 이 정도 국가채무를 지닌 나라는 찾아보기 힘들다. 지금 진행되고 있는 보크사이트 채굴은 여러 가지 사회모순이나 대립을 낳고 있다. 현대적이며 고도로 효율적인 광산업이 고속 성장하고 있는 반면, 생태, 경제, 사회적인 문제들이 새롭게 나타나고 있다.

바로 여기에 정의롭고 평등한 세계의 건설이라는 문제로 지금 한창 벌어지는 논의에서 참고할만한 모델이 뚜렷이 제시된다. 원료가 풍부한 개발 도상국가들이 이 자원을 팔아봤자 자국민을 도울 수 있을 정도의 돈을 벌지 못하고 있는 실정이다. 이것은 이 나라의 비민주적인 정부가 기업과 정부 그리고 산업국가의 국민에게만 이익이 되는 거래를 하며, 자국민의 입장을 전혀 고려하지 않기 때문이다. 위에서 예로 든 경우는 브라질 군사독재 시절1964-1985에 허가된 것인데, 싼 가격에 에너지를 공급한 것은 다국적 기업에 엄청난 보조금까지 지급한 셈이다. 1985년 민주 정부가 들어선 다음에도 브라질 사회의 극단적인 불평등은 변한 게 없다. 보크사이트 채굴과 알루미늄 생산이 이런 상황의 주요 원인은 아니라 해도 연관되어 있다는 것만은 분명해 보인다.

문화의 상실

광산이 사회에 미치는 영향은 광산이 사람들이 살고 있는 지역 한가운데 있을 경우 특히 크다. 트롬베타 지역에 살고 있는 거주민 중에는 이미 언급한 도망친 흑인 노예의 후손들이 있다. 17세기 이들의 조상은 도망쳐 이곳에 은신할 장소를 찾았으며 정착촌을 건설했다. 그러면서 오늘날까지 그들은 조상의 문화, 사회, 정신적인 전통을 그대로 간직하며, 자기만의 고유한 사냥과 저장, 경작 기술을 이어오고 있다.

하지만 보크사이트 채굴이 생활터전을 점점 파괴하면서 그들의 삶은 심하게 침해받고 있다. 많은 정착민이 대대로 살아온 마을을 버리고 다른 곳으로 이사 가야 했으며, 다른 정착촌은 노천채굴로 야기된 환경훼손 때문에 지금까지 이어온 생활방식을 고수하는 데 어려움이 있다. 보크사이트를 세척하면서 개울과 호수가 진흙으로 뒤덮이는 바람에 그물로 잡는 어획량이 계속 줄어들고, 기계 소음 때문에 숲에 사는 야생동물의 개체 수가 줄어들었으며, 엄청난 양의 먼지가 농토에 쌓이면서 과일과 채소를 재배하기 부적합한 땅이 되어 버렸기 때문이다.

사냥을 하건 고기를 잡건 농사를 짓건 이들은 수백 년 동안 터득한 이 지역에 알맞은 생존법을 알고 있다. 즉 그들은 우림의 생태계를 지속가능하게 이용하는 법을 안다. 드넓은 아마존 지역은 단순히 원시림이라는 의미만 지니는 게 아니라 인디언의 문화적 배경이 된다. 지역적 특수성에 기초한 이 지식은 역사적으로 발전해 왔고 또 그 지역과 밀접하게 연관되어 있기 때문에, 간단하게 다른 지역으로 옮겨놓을 수 없으며, 추방이나 강제이주로는 다시 복원할 수 없을 정도로 파괴된다. 그러므로 이들은 자기의 원래 생존방식을 유지할 기회를 강탈당하고, 보크사이트 광산의 노동자 캠프에서 도로 공사 인부나 요리사, 세탁부 등 낯선 일을 하도록 강요받는다. 이것은 여러 가지 심리적, 사회적, 경제적 문제들을 야기한다. 이 문제를 완화시키기 위해 MRN은 수년 전부터 사회복지 프로젝트에 매년 35만 달러를 지출하고 있지만 브라질 정부가 매년 세금감면으로 이 기업에 지원해주는 1천만 달러와 비교해보면 형편없이 적은 금액이다.

지금 계획 단계에 있는 보크사이트 노천채굴 확대는 이들 흑인 노예들의 후손뿐 아니라, 트롬베타 강 유역에 살고 있는 인디언 부족까지 위협한다. 인디언 문화는 이 지역의 자연환경과 밀접하게 연결되어 있다. 이 부족에게 자연과 영혼의 에너지는 불가분의 관계여서 자연은 성스러운 것이고 힘과 정체성의 근원이다. 그래서 인디언 부족들은 생활터전이 파괴되거나 변화하는 것에 특히 민감하게 반응한다, 그들에게 이 땅의 훼손은 문화의 훼손을 의미한다.

게다가 보크사이트 광산 근처에 사는 인디언 부족들은 시간의 차이만 있을 뿐 어쩔 수 없이 광산노동자나 노동자 캠프에 살고 있는 사람과 접촉할 수밖에 없다. 그런데 이들은 대부분 인디언의 생활 방식에 대해 잘 알지 못하며, 그에 대한 이해심도 없고, 문화적 고유성이나 특별한 사고방식을 세심하게 배려하지도 않아 피할 수 없는 갈등을 만든다.

카셀대학의 사회학자 플라텐베르크의 판단에 따르면, 우림 지역에 사는 원주민의 목소리는 늘 무시된다. 그들의 경제적, 사회적, 문화적 권리는 늘 존중받지 못했다. 노예 생활에서 도망쳐 들어간 이 보호구역은 그들에게 합법적인 소유권을 인정해 줄지는 모르지만, 다국적 대기업의 이익으로부터 그들을 보호해 주지는 못할 것이다.

하얀 가루, 산화알루미늄의 생산

브라질은 알루미늄 일괄생산체제를 갖춘 몇 안 되는 나라다. 알루미늄 생산의 여러 단계가 모두 자국에서 이루어진다. 1980년대 초반 아마존 지역의 경제개발과 함께 각 생산 단계마다 대규모 시설 확장이 시작된다. 보크사이트 광산이 트롬베타 강 내륙 지역에 위치하는 반면 알루미늄 공장과 알루미늄 제련소는 주로 강 주변인 마라냥Maranhão 주의 상 루이스São Luís와 파라Pará 주의 벨렝Belém에 위치했다. 트롬베타 지역에서 생산된 보크사이트는 일부는 그대로, 또 일부는 산화알루미늄 형태로 근처 도시에 있는 알루미늄 공단에 공급된다. 하지만 보크사이트 채굴과 직접 연결된 산화물 공장들은 가장 경제적으로 작업하려 들기 때문에 원석을 채굴하는 광산 근처로 점점 이사하고 있다.

산화알루미늄 생산을 위한 바이어공정 개념도

보크사이트는 산화알루미늄을 많이 함유하고 있다. 품질이 좋은 것은 알루미늄 산소결합체가 50퍼센트 이상 들어 있다. 알루미나라고도 불리는 산화알루미늄은 전기분해방식으로 알루미늄을 제조하는 데 들어가는 원료물질이다. 붉은 광석에서 하얀 분말가루를 얻기 위해 오스트리아의 화학자 카를 요제프 바이어(Carl Josef Bayer)가 약 120년 전에 이 화학적 공정을 개발했다. 1887년과 1892년 비엔나의 황실 특허청은 이 바이어공정에 두 개의 특허를 내주는데, 이것이 오늘까지 계속 이용되고 있다. 하지만 바이어 자신은 이 혁신적 발명으로부터 아무런 혜택도 보지 못했다. 1904년 그의 발명이 상용화되기 직전에 사망했다.

산화알루미늄 공장은 모든 시설이 거대하다는 인상을 준다. 기계는 육중해 보이며, 이 기계로 원료가 끝없이 밀려들어온다. 산더미 같이 쌓인 붉은 보크사이트에서 엄청난 양의 하얀 산화알루미늄이 생산되며, 이 과정에서 어마어마한 양의 가성소다액이 들어간다. 이 화학적 용해법은 고열과 고압 속에서 이루어진다.

바이어공정의 첫 단계는 보크사이트를 분쇄하는 것이다. 분쇄된 보크사이트는 거대한 압력기(원칙적으로 대형 고속화로)에서 가성소다액과 혼합되어 가열되며, 고압 밀폐 용기 속으로 보내진다. 여기서 알루민산나트륨(나트륨알루미나), 즉 가성소다액에 용해된 수산화알루미늄이 나온다. 보크사이트의 기타 구성성분, 특히 산화철과 규소산화물, 티탄산화물 등은 용해되지 않고 붉은색 진흙으로 뭉쳐 있다. 이 붉은 진흙이 부산물로 나오는 쓰레기이며, 사일로(큰 탑 모양의 곡물 저장고)처럼 생긴 거대한 데칸트용기[29]에서 알루미늄을 함유한 알칼리액과 분리된다. 마지막으로 이 알칼리 액을 희석시켜 냉각하면 단단한 수산화알루미늄이 나온다. 이것을 정화해 거대한 회전 가마로 보낸다. 이 가마는 축을 따라 돌면서 수산화알루미늄을 회오리처럼 올라오게 만들고 이것을 1천300도까지 가열한다. 이 화소(煆燒)공정[30]을 통해 수정격자에 붙어 있는 물 분자들이 떨어져 나가 밖으로 유출된다. 이렇게 되면 순수 산화알루미늄만 남게 된다.

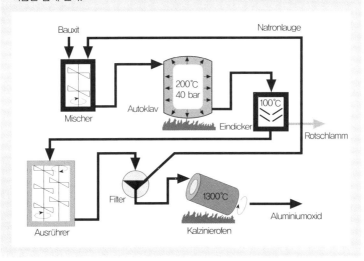

---

29) 붉은 색 진흙 오물과 알루미늄 용액을 분리한 다음 고체인 진흙은 용기 밑바닥에 남고 알루미늄 용액만 따르는 기울어진 형태의 용기
30) 어떤 물질을 고온으로 가열해 그 휘발성분의 일부 혹은 전부를 제거하는 공정

1980년대 초 이후 브라질은 산화알루미늄 생산능력을 지속적으로 늘려 오스트레일리아, 미국, 구 소련, 자메이카 다음으로 세계 산화알루미늄 시장을 선도하는 국가가 되었다. 1981-1991년에만 이 생산량은 세 배 이상 늘어났다. 현재 상 루이스에 있는 알루마Alumar컨소시움의 산화알루미늄 공장은 지금까지 생산능력을 연간 140만 톤에서 350만 톤으로 확장했다. 비약적으로 늘어난 생산능력과 함께 산화알루미늄을 만드는 데 이용되는 바이어공정의 부산물도 중요해진다.

독성이 있는 진흙

바이어공정의 가장 큰 문제는 폐기물인 붉은 진흙이 대량 나온다는 것이다. 확실하게 잘 관리해야 할 붉은 진흙의 양은 이 공정에서 생산하는 산화알루미늄 양과 거의 같다. 각국은 이 때문에 많은 비용을 들이고 있다. 보크사이트의 질과 생산업체의 기술력에 따라 알루미늄 1톤을 생산하는 데 1.1-6.2톤까지 붉은 진흙이 나온다. 이 어마어마한 양은 환경은 물론이고 경제적으로도 큰 문제다. 붉은 진흙은 주로 광물성 산화물, 즉 산화철, 티탄산화물, 규소산화물산화철이 이 진흙을 붉은 색으로 만든다.로 이루어져 있다. 이것들 자체는 환경에 무해하지만 섞여 있는 바이어공정에 쓰였던 가성소다액이 환경을 위협한다. 이 진흙은 물과 결합하면서 강한 알칼리성분으로 변해 동물을 위협할 뿐만 아니라, 지하수까지 오염시킨다. 처음에는 아무런 정화 조치도 취하지 않고 이 진흙을 강이나 호수로 그냥 흘려보냈다. 그러자 트롬베타 강 지류에서 맨 먼저 물고기들이 죽어가고, 그 다음에는 강이 완전히 진흙으로 덮였다. 그러자 보크사이트 채굴기업은 이 진흙을 넓은 평지나 어마어마하게 넓은 저장 공간을 조성해 보관하는 방법으로 전환한다. 이 진흙 호수의 깊이는 4-10미터이며, 점토와 PVC로 물샐 틈 없이 2중 밀폐되고, 제방까지 쌓아 놓았다. 아마존 지역에 매일 내리는 비는 진흙 속에 들어 있는 가성소다액을 씻어낸다. 빗물과 함께 가성소다액은 배수시스템을 통해 저수조로 들어가 저장된다. 여기에 받아놓은 물에서 가성소다액은 재활용되어 다시 바이어공정에 사용된다. 물론 비용 상의 이유로 상 루이스에 있는 몇몇 현대화된 공장에만 이런 시설이 설치되어 있다. 또한 진흙에 의해 오염된 빗물 정화는 지금까지 이루어지지 않고 있다.

새로 건설된 저장시설들은 기술적으로 완전한 방수시설을 갖추고 있지만 이보다 먼저 지어진 진흙 저장시설들은 가끔 방수에 문제가 생기는데, 비가 많이 내리면 저장된 진흙에서 침전물들이 새어나와 가성소다액이 지하수를 오염시킨다. 이 알칼리 액에 오염된 물은 세탁이나 목욕 그리고 마실 물로 사용할 수 없다. 이처럼 예전에 만든 저장시설에 방수공사를 다시 하는 것은 매우 어렵다. 저장시설로 사용되는 곳이 대부분 노천탄광 아니면 호수이기 때문이다. 그래서 오래된 진흙 저장시설은 인근 주민들의 건강에 영원한 위협이 된다.

시간이 흐르면서 진흙 저장시설의 환경복원작업도 이루어지고 있다. 과정을 살펴보면 산화물을 태양 빛에 건조시킨 후 유기성분이 풍부한 부식토로 덮고, 그 위에 염분과 알칼리 성분에 강한 풀과 관목을 심는다. 브라질에서는 부식토는 물론이고 바이어공정에서 쓰레기로 나오는 재도 사용해 폐기물 처리 문제도 한꺼번에 해결할 수 있다고 한다. 알루미늄 산업 대표자들의 말을 믿는다면 이런 방법으로 좋은 결과를 얻을 수 있을 것이다. 문제는 저장시설의 녹화사업이 아직 토종식물로 이루어질 수 없다는 것이다. 그밖에도 설사 이 시설들이 녹색 식물로 뒤덮여 있다 해도 여전히 환경을 헤치는 위험

요소를 안고 있다는 것이다. 붉은 진흙과 침출수에 가성소다액이 함유되어 있기 때문이다.

어마어마한 양의 붉은 진흙을 저장하는 방법 대신 진흙 속에 포함된 산화물을 기술적으로 이용할 수도 있을 것이다. 예를 들면 건축자재 혹은 도로건설에 이용되는 충전재나 염료, 벽돌 혹은 철의 원료로 말이다. 1930년대나 1940년대 독일처럼 경제적으로 힘들거나 자원이 부족했던 시대에 붉은 진흙은 이렇게 이용되기도 했다. 세계적인 보크사이트와 산화알루미늄 생산국인 오스트레일리아는 최소한 자국에서 나오는 붉은 진흙의 일부를 도로포장에 사용하고 있다. 이것은 진흙 저장시설을 위해 준비해야할 토지면적을 줄여준다. 하지만 브라질을 비롯해 대부분의 산화알루미늄 생산국은 아직 이렇게 하고 있지는 않다. 골치 아픈 이 폐기물을 저장하는 것이 재활용하는 것보다 비용이 적게 들기 때문이다.

바이어 공정의 또 다른 문제는 먼지와 가스를 많이 배출한다는 것이다. 산화알루미늄으로 가공하는 과정에서 원자재인 보크사이트에서 나온 먼지는 우선 공장 주변의 언덕에 쌓이면서 날씨와 바람에 노출된다. 이밖에도 아직 완전히 복원되지 않은 붉은 진흙의 보관시설에서도 표면이 덮여있지 않기 때문에 먼지가 많이 나온다. 바이어 공정에서 가마를 데우기 위해 엄청난 화석에너지를 태울 때 유황가스와 질소가스도 나온다. 이것은 인근에 사는 동식물과 인간을 위협하거나 주택의 지붕이나 전면을 부식시킨다. 보크사이트 야적장에 지붕을 설치하거나 정화장치를 달면, 방출되는 먼지나 가스의 양을 얼마든지 줄일 수 있다. 이럴 의지가 있는 기업은 이미 이런 기술적 대책을 시행하고 있다.

바이어공정의 가장 근본적인 문제는 에너지를 너무 많이 소비한다는 것이다. 압력기에서 보크사이트를 화학적으로 용해시킬 때는 물론이고 그 다음 하소과정에서도 천연가스와 석탄, 석유 등 화석에너지원에서 나오는 열에너지를 요구한다. 처음에는 공장 주변의 나무를 벌목해서 사용했다. 바이어공정은 1차알루미늄 1톤을 생산하는 데 열에너지 25메가줄MJ을 사용한다. 여기에다 전기에너지도 1킬로와트 이상 필요하다. 제조설비의 현대화로 에너지 사용량을 30퍼센트까지 줄였지만, 최소한 현재의 기술수준으로는 더 이상 줄이기는 힘들 것 같다.

인간 대신 기계

일반적으로 산화알루미늄 공장은 막대한 자본을 투자해야 하는 사업으로 대부분 대기업만 할 수 있다. 새로운 일자리를 만들기 위해 투자되는 자본은 600–700만 달러다. 하지만 제조과정에서 기계화 비율이 높아짐에 따라 필요한 인력은 줄어들고 있다. 그동안 노동자 한 명이 시간당 생산하는 산화알루미늄 양은 1톤 이상으로 늘어났다. 그래서 산화알루미늄 생산과정에 참여해 지역주민이 얻는 경제적 이익은 거의 없는 것이나 마찬가지며, 오히려 환경재앙에만 시달릴 뿐이다. 예를 들어 인근 어촌의 경제는 하천오염과 어획량 감소로 심각하게 위협받는다. 간혹 이 지역주민뿐 아니라 공장에서 근무하는 직원조차도 공장에서 나오는 먼지나 가스가 건강에 해롭다는 정보를 모르고 있다.

유해물질 방출과 붉은 진흙 저장소의 균열 상태를 감시하는 것은 국가기관의 의무다. 하지만 대부분의 국가에는 이것을 측정할 시설이 없다. 시설을 운영할 예산이 없기 때문이다. 그래서 어쩔 수 없이 기업이 측정해서 보고한 정보를 믿을 수밖에 없다.

브라질 마라낭 주 정부는 오늘날까지도 새로운 공장을 신축하는 기업에 대해서는 장기간 세금을 감면해주며, 붉은 진흙을 저장하기 위한 인공저장시설을 짓는 데 필요한 대지를 무상으로 대여해준다. 형식적으로 이 땅은 계속 국가 소유이기 때문에 이 시설의 균열과 제방 붕괴로 인한 사후 피해에 대해서도 국가가 책임진다.

하얀 석탄, 수력발전으로 얻는 에너지

산화알루미늄으로부터 순수 알루미늄을 얻으려면 전기에너지가 특히 많이 필요하다. 전기분해로 알루미늄 1킬로그램을 얻으려면 약 14킬로와트가 들어간다. 당분간 이 기록을 깰 산업은 없을 것이다. 전 세계 전기 소비량의 2퍼센트가 알루미늄 생산을 위해 소비된다. 그래서 알루미늄 생산, 소비, 재활용 과정을 분석할 때 전기에너지를 함께 고려하는 것은 당연하다. 알루미늄의 총 생산비용에서 전기료가 차지하는 비중은 30–40퍼센트다. 이 때문에 알루미늄 업계는 값 싼 에너지를 열망하며, 여기서 왜 수력에너지가 알루미늄 산업에서 특별한 위치를 차지하는지도 설명된다.

현재 알루미늄 생산에 필요한 전기의 반 이상이 수력에너지에서 나온다. 전문가들은 이 비율이 앞으로 더 늘어날 것으로 예상한다. 노르웨이나 아이슬란드를 제외하고 현재 유럽 알루미늄 제련소에서 가장 많이 이용되는 에너지는 핵에너지다. 그리고 오스트레일리아에서도 자국에 풍부히 매장된 석탄이 가장 중요한 에너지원이다. 하지만 노르웨이, 아이슬란드, 캐나다, 브라질, 베네수엘라, 인도, 가나 그리고 아프리카 여러 나라에서는 수력발전이 알루미늄 공장의 가장 중요한 에너지 공급원이다. 이들 나라에 있는 거대한 댐이 싼 가격에 전기를 공급할 수 있게 해준다. 현재 알루미늄 생산 공

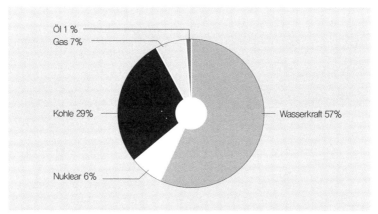

전기분해를 위해 공급되는 에너지 구성 표. 전 세계적으로 알루미늄 생산을 위해 필요한 에너지의 거의 60퍼센트가 수력에너지에서 나온다.

장이 이들 나라로 이전하면서 자동적으로 수력에너지의 중요성도 올라가고 있다. 대형 댐 프로젝트 뒤에는 엄청난 정치 경제적 이해가, 특히 알루미늄 산업 같은 막대한 에너지를 사용하는 기업의 이해관계가 숨어 있다. 지금 있는 수많은 댐이나 수력발전소는 전적으로 알루미늄 기업의 전기 수요를 채우기 위해 건설된 것이다. 이에 대한 좋은 사례는 아이슬란드의 카란유카르Kárahnjúkar 수력발전소로, 이 발전소의 유일한 목적은 아이슬란드 오스트피요르드Ostfjord 지역에 단 하나뿐인 알루미늄 공장에 싸게 전기를 공급해 주는 것이다.

수력은 흐르는 물에서 나오는 에너지다. 이 에너지를 얻기 위해서는 흐르는 물을 막아 호수처럼 만들어야 한다. 물이 높은 곳에서 낮은 곳으로 떨어질 때 생기는 에너지를 전류로 바꾸기 위해서는 관을 통해 이 물을 댐 아래 깊이 설치된 터빈으로 떨어지게 해야 한다. 터빈은 물레방아처럼 발전기에 연결되어 있어 터빈이 돌면 발전기가 가동된다. 낙차가 일으킨 위치에너지가 전기에너지로 바뀌는 것이다. 석탄, 가스, 석유 같은 화석에너지와 달리 수력에너지는 재생

할 수 있다. 이런 측면에서 수력에너지는 무한히 이용할 수 있다. 수력에너지가 가진 그 밖의 장점은 화석에너지를 태우지 않기 때문에 이산화탄소와 매연, 기타 유해물질이 나오지 않는다는 것이다. 그래서 '하얀 석탄'이라는 별명을 얻은 것 같다. 수력발전은 에너지 변환시 효율성 면에서도 아주 성적이 좋아 거의 90퍼센트에 육박한다. 반면 화력발전소는 에너지 효율이 33퍼센트에 그쳐 엄청난 양의 에너지를 낭비한다.

유해물질 방출과 에너지 절감이라는 측면에서 보면 수력발전은 장점이 아주 많다. 전 세계에서 생산된 전기에너지의 거의 1/5을 담당하게 된 수력발전소가 오랫동안 친환경 모델로 간주된 것은 어쩌면 당연하다. 불과 몇 년 전까지만 하더라도 사람들은 깨끗하고 재생 가능한 에너지원을 확대해야 한다고 확신했고, 그래서 지속가능한 발전의 표준이 무엇인가라는 질문에 대해 아주 쉽게 생각했다.

1899–1902년까지 이루어진 이집트 아수안Assuan 댐의 건설[31]은 대형댐 건설 시대를 이끌었으며, 이런 추세는 20세기 내내 지속된다. 대형 댐은 기술의 발전과 성장, 부강한 국력을 상징했다. 인구 증가에 대응하고 지속적인 경제성장을 위해 정부와 민간기업은 대형 댐을 점점 더 크게, 그리고 점점 더 많이 건설했다. 이들은 댐 건설로 깨끗한 전기와 풍부한 농업용수 확보, 홍수예방, 1년 내내 안전하게 이용할 수 있는 물길을 확보할 수 있다고 약속한다. 1960년대와 1970년대는 댐 건설의 황금기였다. 대부분의 댐이 그 시기에 만들어져 세계적으로 4만5천 개 이상이 들어섰다. 국제 대형 댐 위원회ICOLD가 설정한 대형 댐의 기준은 높이 15미터 이상, 저수량 300

---

31) 1971년에 준공된 '아수안 댐'의 전신

만 세제곱미터 이상이어야 한다. 오늘날 전 세계에서 건설된 댐 가운데 거의 반이 대형 댐이다.

대형 댐의 이런 이미지는 1970년대 초반에 깨지기 시작하는데, 그것은 수력에너지와 같은 재생 가능한 에너지원이 무조건 지속가능한 게 아니며 대형 댐은 엄청난 생태 및 사회적 단점도 가지고 있다는 게 분명히 밝혀졌기 때문이다. 가끔 인간의 손길이 닿지 않은 천혜의 자연경관이 댐 건설로 인해 수몰되기도 한다. 이곳에 사는 인간과 동물은 생활터전과 문명사회와 떨어져 안전하게 살 곳을 늘 강탈당하고 있다. 댐에 막힌 물은 인간을 모기에 들볶이게 만들고 새로운 질병이나 기생충을 탄생시킨다. 댐 하류지역 전체가 바싹 말라 황폐화되는 일도 심심치 않게 일어난다. 어림잡아 오늘날까지 400-800만 명의 인구가 대형 댐 건설로 인해 주거지를 옮기거나 쫓겨났다. 이런 이주가 어떤 영향을 미치는지는 러시아 영화 '안녕 마토라'1987[32]가 매우 인상적으로 보여준다.

경제적 관점에서도 수력 댐의 단점은 종종 중요해진다. 근시안적 경제 전략과 시대착오적인 발전개념에 따라 투입된 비용은 그곳에 사는 거주민이나 국가 전체적으로 큰 부담이 된다. 개발정책을 담당하는 사람들은, 사회적, 생태적인 손해까지 감수하면서 예산을 많이 투입했지만 거기서 얻는 이익은 거의 없는 프로젝트를 '하얀 코끼리'라고 부른다. 아프리카에서 가장 큰 잉가Inga 댐도 이 '하얀 코끼리'로 간주된다. 지금 콩고 공화국에서 논란이 되고 있는 댐 건설 프로젝트는 1970년에 1단계 공사가 끝나고, 1980년에 2단계 공사가 끝난 상태지만 몇 년 전부터 이 대형프로젝트는 중단되었다.

---

32) 1984년 베를린 영화제 개막작. 감독은 Elem Klimow

잉가 댐이 막 높이 올라가고 있던 1970년대 대형 댐 반대 운동이 전 세계적으로 일어나기 시작했다. 이 운동은 우선 이 댐과 관련된 사람들에 의해 시작된다. 대형 프로젝트가 가졌던 매력이 점점 그 빛을 잃어가기 시작한 것이다. 전문가들도 비판의 목소리를 점점 높여갔다. 예전에 국가의 명예를 세워주었던 시설이 이제 논란거리로 전락한 것이다. 유럽과 북아메리카에서는 그 숫자가 급격히 줄기 시작했으며, 더군다나 이 지역에서는 환경보호가 정책 아젠다로 부상하기까지 했다. 하지만 반대운동이 일어난 것은 개발 도상국가에서도 마찬가지였다. 이곳에서는 인권운동가들이 시위와 저항운동을 펼칠 것을 호소했다.

반대운동이 전 세계적으로 확산되자 마침내 1997년 세계은행과 국제 자연보호 연맹World Conservation Union은 세계 댐 위원회World Commission on Dams를 만든다. 댐에 대해 서로 다른 의견을 가진 학자와 엔지니어는 물론이고 정부와 이해당사들로 구성된 이 위원회는 대형 댐 프로젝트의 비용과 효용을 분석했다. 3년 후인 2000년 이 위원회의 활동 보고서가 400쪽 분량의 두꺼운 책으로 나오는데, 이 속에는 앞으로 시행될 댐 건설 프로젝트의 원칙과 국제기준을 정하는 내용도 담겨 있다. 국제기준이란 바로 인간과 환경을 위해 댐 건설 비용을 줄이자는 것이다.

세계 댐 위원회도 댐이 국가의 발전에 큰 몫을 담당하며, 날로 늘어나는 개발수요와 에너지 수요에 대처할 중요한 옵션이라는 것에 만장일치로 동의한다. 하지만 이로 인해 입어야 하는 사회 및 생태적 피해 역시 엄청나며, 댐 건설로 얻을 수 있는 경제적 이익에 대한 전망 역시 너무 낙관적인 것 같다. 그래서 세계 댐 위원회가 추천한대로 앞으로는 댐과 직접적으로 관련된 사람들의 권리와 요구사

항이 훨씬 더 많이 고려되어야 할 것이다. 그들은 새로운 프로젝트와 관련된 모든 내용을 자세히 알고 있어야 하며, 중요한 결론을 내릴 때 그들의 입장이 적극적으로 반영될 수 있어야 한다. 이밖에도 정부는 착공 이전에 댐 이외 다른 방법으로 전기를 생산할 수 없는지 미리 충분히 검토했다는 것을 증명해야 한다. 세계 댐 위원회는 댐이 최선의 지역 발전 대안이라는 확신이 섰을 때 비로소 댐 공사를 시작할 것을 추천한다.

예상대로 세계 댐 위원회의 추천 사항은 격렬한 논쟁을 야기했다. 댐건설 업체와 세계은행 그리고 많은 나라의 정부는 댐과 관련된 사람들이 댐 건설 프로젝트에 영향력을 행사하려는 것에 반대했다. 하지만 동시에 이 보고서의 핵심내용을 지지하는 기관들도 점점 더 늘어나기 시작했다. 이들 기관은 최소한 세계 댐 위원회가 추천한 내용의 일부만이라도 실무원칙으로 삼았다. 과거의 실수에서 교훈을 배우자는 이런 다짐은 종종 비판을 잠재우기 위한 말뿐인 고백일 때도 있다. 과거와 마찬가지로 정부는 단기적인 경제성과만 노리고 '공평성'과 '지속가능성', '효율성', '중요한 결정에 이해당사자의 참여 보장', '설명의 의무' 등 세계 댐 위원회가 제시한 5대원칙을 지키지 않은 대형 댐 프로젝트를 승인하고 있기 때문이다. 이에 대한 사례는 차고 넘친다. 그 중에서도 특히 중국의 샨샤 댐[33], 인도의 테리 댐 프로젝트[34], 그리고 브라질 아마존 지역에 새로 계획되고 있는 벨로 몬테 수력발전소가 대표적이다.

물론 샨샤 댐 프로젝트처럼 무려 200만 명이나 이주하게 한 경

---

33) 2009년 양쯔강에 건설된 세계 최대의 댐. 높이 180미터, 길이 2천300미터, 발전용량 1만8천200메가와트(소양강 댐의 14배)

34) 2002년에 완공된 댐으로 높이 261미터, 길이 261미터, 발전용량 2천400 메카와트

우도 있지만 댐은 자연이 그대로 잘 보존되어 있고 소수민족이 땅을 일구며 경제적 터전으로 삼고 있거나 비교적 소수의 거주민만 살고 있는 지역에 들어선다는 공통점이 있다. 댐의 세계는 점차 양분화 되고 있다. 인구밀도 높은 서구 산업국가에서는 대형 댐 프로젝트가 더 이상 진행되지 않는다. 반대로 개발 도상국가에서는 댐 건설이 새롭게 붐을 이룬다. 특히 아시아와 아마존 지역에서는 늘어나는 전력수요를 감당한다는 명분으로 정부가 나서서 댐 건설을 전력 추진하는 실정이다.

댐과 수력발전소 건설

브라질은 세계에서 수자원이 가장 풍부한 나라다. 이 나라의 전기는 거의 수력에너지에 의존하고 있다. 브라질에서 생산되는 전력의 90퍼센트 이상이 수력발전에서 나온다. 세계에서 가장 큰 수력발전소도 브라질에 있다. 대형 댐을 600개 이상 보유한 브라질은 캐나다와 미국에 이어 세계 3위 수력발전 국가다. 과거는 물론 지금도 수력에너지는 브라질 경제 발전에 매우 중요한 역할을 한다. 산업화의 동력원으로 수력에너지는 경기부양과 국내 총 생산량 증가에 일익을 담당하고 있다. 브라질은 앞으로도 계속 수력발전소를 건설할 계획이다. 더군다나 약 65기가와트에 달하는 현재 발전용량은 전체 가용에너지의 1/4 수준에 불과한 것으로 평가된다. 전체 가용에너지의 41퍼센트는 아마존 지역에서 나올 것으로 예상된다.

　브라질이 수력발전소를 건설하기 시작한 것은 20세기 초반부터이며, 당시에는 주로 남동부 지역에 집중했다. 2003년까지 브라질이 생산한 전력의 거의 70퍼센트가 이 지역에서 나온다. 여기에는 이타이푸Itaipú 발전소 건설이 결정적인 역할을 한다. 이 발전소는 파

뚜꾸루이(Tucuruí) 발전소와 댐. 이 수력발전소로 인해 거주민 2만5천명이 이주했으며, 열대우림 약 2천 900헥타르가 수몰되었다. 이 시설은 특히 알루미늄 공장에 전기를 공급하는데 이용되고 있다.
ⓒ 독일 알루미늄 산업 총 연맹

라과이와 국경을 이루고 있는 브라질 남부 파라나Paraná 주에 위치하며, 정격용량 1만4천 메가와트로 지구상에서 가장 큰 발전소다. 1975년에 착공해 1991년에 완공했다. 두 번째로 댐 건설 붐이 인 것은 1950년대로 이때는 주로 건조한 기후인 북동부 지역에 건설되었다. 마지막으로 브라질 댐 개발의 3차시기는 1970년대 후반과 1980년대인데, 이때는 주로 북부 아마존 지역을 겨냥해 여러 대형 댐 프로젝트가 진행된다.

　　이때 대형발전소 두 개가 아마존 열대우림 지역에 들어선다. 뚜꾸루이Tucuruí 발전소와 발비나Balbina 발전소가 그 주인공이다. 파라 주에 위치한 뚜꾸루이 발전소 때문에 1984년 약 2천875 제곱킬로미터나 되는 열대우림이 수몰되었고, 1989년에 완공된 발비나 댐은 2천400 제곱킬로미터의 숲을 호수 밑으로 사라지게 했다. 이 두 프로젝트는 엄청난 환경파괴를 초래했으며, 전 세계의 비판에 직면했다. 더군다나 발비나 발전소는 아마존 지역 최고의 환경재앙으로 간주된다. 생태 및 사회적 결과를 무시한다면 적어도 뚜꾸루이 발전소는 거의 8천 메가와트의 전력이라도 생산하지만 발비나 발전소는 물을 가두는 댐의 높이가 낮기 때문에 발전량이 고작 250메가와트다. 이를 위해 어마어마한 면적의 열대우림이 사라졌다. 화력발전과 비교해 보면, 일반적으로 석탄발전소 한 곳이 생산할 수 있는 최대 전력량은 700메가와트다.

댐 개발 정책이 야기한 환경 대재앙은 국내는 물론이고 국제적으로도 격렬한 저항을 불러일으켰다. 브라질 정부는 국제사회의 이런 공식적인 압력에 굴복해 1989년 아마존 지역에 지으려했던 수많은 댐과 발전소 건설 계획을 중단한다. 그 중에는 파라 주에서 추진 중이던 벨로 몬테Belo Monte 발전소도 들어 있다. 하지만 가뭄이 계속되면서 많은 댐이 제 기능을 못하게 된 지난 5–10년 동안 찾아온 에너지 위기로 인해 예전에 수립되었던 이 계획의 필요성이 다시 제기되기 시작했다. 1998–2002년까지만 하더라도 브라질 정부는 약 50개의 댐 프로젝트를 공고했다. 룰라 대통령은 벨로 몬테 발전소를 다시 주요정책으로 들고 나왔다. 브라질 환경청도 환경운동가나 이와 관련된 원주민들의 격렬한 반대에도 2007년 7월 아마존의 마데이라Rio Madeira 강에 지라우Jirau와 상뚜 안또니오Santo-Antonio 발전소 건설을 허가해 주었다.

아마존 지역은 앞으로도 수력발전소 건설 문제로 가장 중요한 논란 지역이 될 것이다. 브라질에서 수력발전소가 들어설 곳이 이제 거의 없기 때문이다. 브라질 국영 전기회사 엘레뜨루브라Eletrobrá의 연구 결과에 따르면, 아마존 강의 지류인 아라구아이아Araguaia, 또

깐틴스Tocantins, 신구Xingu 강에서만 댐 55개를 더 지을 수 있으며, 이 가운데 세아 꿰브라다Serra Quebrada와 이스뜨레이뚜Estreito 발전소 건설은 이미 결정되었다.

이 대형 프로젝트를 실현하기 위해 브라질 정부는 외국 은행과 민간 투자자들을 끌어들이려한다. 독일 기업도 여기에 참여하고 있다. 산업기반 시설의 공동개발이라는 큰 틀에서 2002년 독일과 브라질 정부는 에너지 분야에서 긴밀한 협력관계를 유지하는 데 합의한다. 곧이어 독일–브라질 인프라 건설 위원회는 총 64개 프로젝트에 2천700만 달러 규모의 자본을 투자하는 계획을 수립한다. 이 가운데 1천700만 달러는 에너지 개발 프로젝트에 들어가고, 1천만 달러는 에너지 수송 분야에 투자될 예정이다. 이 프로젝트를 위해 이미 많은 노동자들이 열심히 일하고 있지만, 아마존 지역에 살거나 활동하고 있는 농부, 어부, 인디언, 환경운동가들은 룰라 대통령에게 댐 건설 계획을 백지화하라고 요구하고 있다. 이 계획에 관련 주민들의 의견은 반영되지 않았기 때문이다. 하지만 이들의 주장이 받아들여질 가능성은 거의 없다.

수몰된 숲

아마존의 댐은 광대한 면적의 계곡을 막아 건설된다. 아마존 강과 그 지류는 낙차가 매우 낮기 때문이다. 이처럼 계곡을 막아 수면을 높이는 것은 필연적이어서 엄청난 규모의 땅을 호수 밑으로 사라지게 만든다. 뚜꾸루이 댐의 경우 평지에 건설된 댐보다 5배 정도의 열대우림을 수몰시켰다. 물길을 막아 만든 호수는 그 가장자리에 쉽게 침식작용이나 퇴적 작용이 일어나게 만들며, 수생 생태계를 해치기도 한다. 뚜꾸루이 댐처럼 예전에 건설된 댐에는 환경영향평가와 같은 조사가 먼저 이루어지지 않았다. 수문과 물고기 계단 같은 동식물 보호대책에 대해서도 거의 신경 쓰지 않았다. 댐과 관련된 지역의 지속가능한 발전 모델은 아예 만들어지지도 않았다. 신규 대형 프로젝트를 위한 환경보호 프로그램이 있기는 했지만, 그 대책이라는 것도 대부분 개별적인 부분으로만 한정되었고, 무엇보다도 홍보용 성격이 짙었다. 신규 대형 프로젝트를 공고하기 전에 반드시 해야 되는 환경영향평가와 사회영향평가를 국가 기관이 아니라 민간 회사가 했다는 것도 큰 문제다.

뚜꾸루이 댐은 물론이고 발비나 댐의 경우에도 물을 채우기 전에 수몰될 열대 우림 지역에서 나무를 베어내지 않았다. 이로 인해 막대한 양의 값 비싼 열대 고급목재들만 잃어버린 게 아니다. 호수 아래 수몰된 생물들이 썩으면서 황화수소와 메탄, 이산화탄소 같은 인체에 유해하고 환경도 해치는 유독가스가 대량 방출되기 때문이다. 물에는 영양소들도 엄청나게 많이 축적되는데, 이것은 해초와 수생식물들이 많이 자라게 만든다.

가끔 댐 하류 100킬로미터 이상까지 물을 못 먹는 경우도 발생하며, 고기도 죽어간다. 댐이 건설되면서 호수로 변한 지역은 대부분 강물이 불규칙적으로 유입되면서 주기적으로 범람하는데, 이것이 이들 지역을 말라리아와 주혈흡충住血吸蟲증, 편모충에 의한 열대병의 병원체들이 살기 좋은 이상적인 서식지로 만든다.

전 세계의 기후학자들, 그 중에서도 브라질 국립연구소의 삘립삐리시지Philip Fearnside는 어마어마한 면적의 열대우림이 훼손되는 것은 지역은 물론이고 세계 기후까지 변화시킬지도 모른다고 걱정한다. 이처럼 열대 우림이 줄어들면 이산화탄소 양을 줄여주는 이 숲의 중요한 기능도 약화되기 때문이다. 삐리시지의 계산에 따르면, 2004

년 한 해만 하더라도 총 2만7천 제곱킬로미터의 아마존 열대우림이 사라졌다. 이정도 면적의 남벌은 예전에 숲이 흡수했던 5억 톤의 탄소를 방출하게 만든다. 같은 기간 브라질이 석유와 석탄 그리고 천연가스를 태워 방출한 탄소 양의 4배에 이른다. 이밖에도 댐이 조성한 거대한 호수는 막대한 양의 온실가스를 대기 중으로 배출하는데, 그 가운데는 메탄가스도 있다. 뻬리시지에 따르면 발비나 댐이 만든 호수는 112메가와트 급 화력발전소가 내뿜는 것보다 24배나 많은 온실 가스를 방출한다. 시간이 흐를수록 방출량이 줄어들긴 하겠지만, 발비나 발전소는 앞으로 50년 정도 더 가동될 것으로 예상되며, 온실가스 총 배출량도 여전히 동급의 화력발전소보다 훨씬 높은 편이다.

민간경제를 위한 특권

에너지 분야는 브라질의 대외부채에서 큰 부분을 차지한다. 대형 댐이나 발전소 건설을 위해 예산을 조달하는 곳은 국가다. 뚜꾸루이 댐만 하더라도 정부는 47억 달러나 빚을 지고 있는데, 그 중 3/4이 외국 차관이다. 매년 지출되는 이자비용만 하더라도 국가재정에 큰 부담이 된다. 하지만 이와 같은 경제적 비용은 간접적으로 사회적 비용도 된다. 차관 상환을 위해 정해놓은 예산은 다른 분야에, 예를 들면 지역개발 사업이나 사회 발전 프로젝트에 전용할 수 없기 때문이다.

산업화를 촉진시키기 위해 브라질 정부는 외국 기업에 많은 특혜를 주며 유인책을 쓰고 있다. 발전소 건설 같은 경제개발 프로젝트를 실시할 때 정부는 외국 기업에 세금감면, 원자재 수입 시 관세 면제, 좋은 조건에 토지 이용권과 물 이용권을 갖도록 해주는 형태로 막대한 보조금을 보장해준다. 더욱이 외국인 직원과 노동자의 근로소득세까지 면제해 준다. 이에 반해 댐과 발전소 건설로 인해 일

자리가 많이 생길 것이라는 지역주민들의 희망은 보통 실현되지 않는다. 댐 건설에서 전문성이 없는 노동자에게 돌아갈 일자리는 거의 없기 때문이다.

발전소에서 생산되는 전기는 알루미늄 산업과 기타 에너지를 많이 사용하는 산업분야에 대단히 유용하다. 알루미늄 분야는 알코아, 알칸, 노르스크 히드로 혹은 루살 등 소수의 영향력 있는 글로벌기업이 좌지우지 한다. 브라질 국영 전기회사와 전기 계약을 체결할 때 이들 기업은 대부분 연합해 유리한 고지를 점한다. 이 기업 연합체는 개별 기업이 거액을 투자 할 때 떠안아야 하는 위험부담을 줄여준다. 그밖에도 정부나 국영 에너지기업을 상대로 협상력을 높여주기도 한다. 보통 이 기업 연합체는 특혜 항목을 담은 장기 전기 공급계약을 체결한다. 최근에 알코아와 노르스크 히드로는 브라질 국영 전기회사와 전기 공급계약을 체결했는데, 계약 기간은 20년이다. 가격은 1메가와트 당 20달러. 세계 댐 위원회의 견적에 따르면 이 발전소의 가동비용은 최소한 이보다 2배나 많으며, 환경비용은 이제까지 한 번도 합산된 적 없다.

특혜 가격으로 전기를 공급하는 이 관례는 브라질에 진출한 거대 알루미늄 기업이 수십 년간 평균 이상의 좋은 가격으로 전기를 확보할 수 있게 했지만, 브라질 국영 전기회사에는 엄청난 손해를 안겨주었다. 뚜꾸루이 발전소의 경우 전기요금이 최근까지 런던 금속거래소의 알루미늄 시장가격과 연동되어 있다. 이것은 알루미늄 가격이 떨어지면 전기요금도 자동적으로 인하된다는 것을 의미한다. 이에 반해 알루미늄 가격이 오를 경우 전기요금은 계약서에 합의된 상한선까지만 인상된다. 그러므로 시장의 위험부담은 고스란히 전기공급자인 브라질 국영전기회사의 몫으로 전가된다.

수십 년간 생산 원가보다 싸게 판매했기 때문에 브라질 에너지 기업은 점점 빚더미에 앉는다. 그래서 국제 투자단, 특히 세계은행은 에너지기업의 민영화를 요구한다. 민간기업은 오랫동안 이렇게 싼 가격으로 전기를 공급할 수 없기 때문이다. 이처럼 의도된 국영 전기회사의 민영화는 알루미늄 업계에 큰 부담이 된다. 이에 대응하기 위해 이들 기업은 자체 발전소를 건설할 계획까지 세우고 있다. 이것이 아마존 지역에 수력발전소를 더 지으려는 계획에 추진력을 줄지 모른다.

인간과 자연에 대한 전쟁

아마존 지역에 대형 댐을 지으려면 지역주민들 수천 명을 먼저 강제 이주시켜야 한다. 그들은 어부, 소규모 자영농 그리고 광대한 면적의 우림이 수몰되어 생활 터전을 잃게 된 토착 부족 등 강 주변에 사는 거주민들이다. 거대 알루미늄 기업인 알코아와 빌리턴Billiton이 아마존 강의 지류인 또깐틴스에 세아 궤브라다 수력발전소 건설을 계획했을 때, 90살 된 인디안 추장 줄리오 아피나제Julio Apinajé가 지금 계획되고 있는 수력발전소는 자기 부족에게 전쟁을 선언하는 것과 마찬가지라고 말했다. 어머니와 같은 땅, 동물과 강은 그들에게 생명이기 때문이다. 이 발전소를 건설하며 또깐틴스 북쪽의 아피나제 땅 10퍼센트가 수몰되었는데, 이 땅은 인디언 약 1천 명이 사는 가장 비옥한 곳이었다.

지금까지 인구 약 100만 명이 브라질 댐 건설 프로젝트로 인해 고향을 떠나야 했다. 1984년에 완공된 대형 댐 뚜꾸루이만 하더라도 최소한 거주민 2만 명을 이주시켰다. 추측하건대 실제 이주한 인원은 이보다 훨씬 더 많았을 것이다. 그들 중 상당수가 토지 소유권이 없어 보상금을 청구할 권리조차 없어서 그 숫자가 정확히 파악되지 않았기 때문이다. 브라질 카톨릭 교회 인디언 선교위원회 전 사무총장인 귄터 파울로 쥐스Günter Paulo Süss의 설명에 따르면 인디언 부족들은 다른 곳으로 정착촌을 옮겨야 한다는 것에 특히 예민하게 반응한다. 뚜꾸루이 발전소 건설로 인해 가장 큰 피해를 본 사람들은 파라까나Parakana 인디언이다. 이 부족은 1970년대 초반에서 1980년대 초반까지 인구가 700명에서 170명으로 줄어들었다. 파라까나 부족 가운데 30퍼센트는 외부에서 온 노동자들과 처음 접촉하자마자 바로 전염병에 감염되어 사망한 것으로 추측된다.

예전에도 그랬지만 벨로 몬테 수력발전소처럼 지금 진행되는 신규 대형 프로젝트에서도 댐 건설로 인해 피해를 입을 당사자들의 입장은 계획 과정이나 결정 과정에서 철저히 배제된다. 브라질 헌법이 이것을 엄연히 보장하고 있는데도 벨로 몬테의 경우 댐 건설과 관련된 수많은 인디언 부족들 가운데 그 누구도 댐의 인허가 과정에 참여하지 못했다. 이것은 이 강 주변에 살고 있는 사람들도 마찬가지다. 지금까지 알아본 바에 따르면, 브라질 법에 따라 전력회사가 마땅히 지불해야할 의무가 있음에도, 이주민 가족들 가운데 상당수가 충분히 피해보상 받지 못하거나 아예 한 푼도 못 받은 경우도 있다. 이주가 그들의 삶의 토대를 완전히 파괴하는 결과를 초래한 것이다. 댐 관련자 지원 단체라고 밝힌 NGO 단체의 평가에 따르면, 일반적으로 강제이주 가족들 가운데 70퍼센트가 당연히 받아야할 피해보상을 받지 못하고 있다.

수력발전소 혹은 전기를 이용해 물건을 생산하는 산업이 창출한 이익은 지역주민에게 거의 돌아가지 않는다. 수력발전소에서 생산한 전기는 그들에게 유용하지도 않다. 뚜꾸루이 발전소 주변의 원주민 마을은 오늘날까지 단 한 번도 전기를 사용해 본 적 없다. 독일 알루미늄 노동조합 임원들이 2006년 11월 노동조합 구성을 위한 현지 조사차 파라 주를 방문한 적 있다. 이때 그들에게 가장 인상적인 기억은 우림을 벌채해 만든 숲속 길에서 거대한 고압전선을 본 것이다. 히드로 알루미늄의 노조위원장 귄터 아펠스틸Günther Appelstiel은 "그 위로 수천 메가와트가 넘는 전선이 지나가고 있는데도 전봇대 아래 오두막에는 촛불을 켜고 있었다."고 말한다.

뚜꾸루이 댐이나 다른 많은 사례에서 생태, 사회 문제뿐 아니라 모든 것이 잘못되어 가고 있음에도 지역주민들은 원칙적으로 수력발전소 건설이나 알루미늄 생산 자체를 거부하지 않는다. 주민들이 요구하는 것은 그들이 입고 있는 사회 및 환경적 손해를 적절하게 고려해 달라는 것이다. 브라질의 서민 구호 및 교육 센터 대표이자 까라자Carajá 브라질 포럼 회장 자격으로 교회와 발전 공동회의GKKE가 주최한 국제 알루미늄 회의에 참가한 까라자 출신 하이문두 노나뚜 까르모 다 실바Raimundo Nonato Carmo da Silva는 이렇게 주장한다. "까라자 지역과 다른 지역에서도 주민들이 댐 건설에 관한 대화나 결정에 참여하지 못하고 댐에서 나오는 이익을 공유하지 못하는 한, 합리적, 경제적, 생태적, 사회적 발전은 있을 수 없을 것이다." 그래서 다 실바는 앞으로는 지역주민과 환경운동가들이 이 지역의 경제 개발에 영향력을 행사해 주기를 바라고 있다. 지금까지 아마존 지역의 에너지 정책에 영향력을 행사해 온 사람들은 거대 알루미늄기업과 전기회사가 고용한 로비스트들이었다. 이것은 반드시 바뀌어야 한다.

은색 금속, 알루미늄 전기분해 제조법

원시림에 있는 알루미늄 공장

1980년대 브라질은 수출을 목적으로 알루미늄 산업을 경쟁력 있게 육성한다. 브라질 알루미늄 산업은 보크사이트 채굴부터 산화알루미늄 생산을 거쳐 전기분해 방식으로 알루미늄을 생산하는 단계까지 일괄생산체제를 갖추고 있다. 특히 마지막 단계인 전기분해 방식을 이용한 알루미늄 분해는 동부 아마존 지역인 파라 주와 마랑낭 주에 위치한 알브라스Albrās 공장과 알루마르Alumar 공장 및 상 파울루 주 상 파울루 시 근처에 위치한 CBACompanhia Brasileira de Alumínio 공장이 주도하고 있다. 이 알루미늄 공장들은 근처에 고급 보크사이트 광산이 있고, 싼 가격에 수력 전기에너지를 거의 무한정 이용할 수 있는 것이 장점이다. 또 연해에 근접해 있기 때문에 수로로 알루미늄을 쉽게 수출할 수도 있다.

브라질 알루미늄 산업의 비약적 발전은 1970년대 에너지 파동으로 유럽 알루미늄 회사들이 싼 가격에 전기를 이용할 수 있는 나라로 공장을 이전하면서 시작된다. 그 후 수력에너지가 풍부한 브라질은 거대 다국적 알루미늄 회사들이 선망하는 국가가 된다. 브라질을 좀더 매력적인 투자처로 만들기 위해 브라질 정부는 다양한 지원책과 촉진책을 만들어 외국 투자자들을 유인하는데, 여기에는 비교적 느슨한 환경의무조항도 포함된다. 브라질의 낮은 인건비도 기업 유치를 촉진시켰다.

1980년대 이후 시작된 비약적 성장은 지금도 진행 중이다. 알루미늄 생산량은 꾸준히 증가해 1992년 알루미늄 약 35만 톤을 생산했던 알루마르 공장은 연간 4억 톤 이상 생산하고 있다. 게다가 이 공장은 지금 생산시설을 확장하려 하고 있다. 브라질에서 생산되는 알루미늄 가운데 90퍼센트는 수출용이다. 그 중 대부분은 상 루이스에서 배에 실려 유럽으로 운반되며, 이곳에서 여러 알루미늄 제품의 원료로 들어간다. 그래서 우리가 마시는 알루미늄 음료수 캔 하나에도 열대우림의 흔적이 남아 있을 확률이 높다.

대기 오염에 악영향을 미친다

알루미늄은 산소와 아주 비슷한 비철금속이다. 산화알루미늄 단계에서 알루미늄은 단순히 열을 가해서는 떨어지지 않을 정도로 산소와 단단히 결합해 있다. 산소를 분리하기 위해서는 엄청난 양의 전기가 필요하다. 알루미늄 생산의 전 과정에서 에너지를 가장 많이 소비하는 것은 산화알루미늄을 제련하는 과정이다. 전체 에너지의 80퍼센트나 차지해 다른 것과 비교되지 않을 정도로 많다. 보크사이트에서 산화알루미늄을 얻는 데 들어가는 에너지는 17퍼센트에 불과하다.

전기가 전체 알루미늄 생산 공정에서 주된 비용 요인이라는 사실은 에너지 절감 대책이 얼마나 필요한지 피부로 느끼게 해준다. 이미 언급했다시피, 산화알루미늄에서 알루미늄 1킬로그램을 얻으려면 전기가 평균 14킬로와트 필요하다. 1950년에는 이 수치가 21킬로와트였다. 그 사이 필요량이 감소해 30퍼센트나 줄어든 것이다. 그런데도 현재 세계 전기사용량의 2퍼센트는 알루미늄 산업에 들어간다. 생산방식이 화력발전이냐 수력발전이냐에 상관없이 전기 생산은 온실가스를 만들어 대기에 큰 부담을 준다. 아마존이나 다른 곳의 인공호수에서 방출되는 엄청난 메탄가스는 탄산가스보다 23배나 위험하다. 수력발전을 통한 전기 생산이 환경에 어떤 영향을 미치는지는 이미 다루었기 때문에 여기서 다시 언급하지 않겠다.

전기분해 과정 자체에서도 오염물질이 추가적으로 방출된다. 이것은 에너지 생산과정과는 완전히 무관하게 나오는 것이다. 전기화학적 과정에서는 일산화탄소와 이산화탄소, 이산화유황, 불화수소, 불소탄화수소가 나온다. 이 반응가스들은 먼지 형태의 빙정석과 산화알루미늄 그리고 석탄 분진을 함께 방출하며 유해먼지를 만들어 낸다. 이 과정에서 가스 형태의 불소화합물이 형성되는 것은 피할 수 없으며, 이 가스는 불소화합물인 빙정석에서 나온다. 빙정석은 전기분해 시 용매로 이용되는데, 양극과 반응해 부분적으로 불화수소로 산화된다. 이에 반해 이산화유황은 유황이 탄소양극과 반응하는 과정에서 나오며, 이때 유황은 산화알루미늄의 산소와 결합해 이산화유황이 된다. 불소탄화수소는 이른바 양극효과[35]의 결과물이다. 다시 말해 이것은 양극이 적절하게 작동되지 못해 생긴 물질이다. 이에 반해 일산화탄소와 이산화탄소는 전기분해과정의 마지막 단계에서 정기적으로 나오는 부산물이다.

이렇게 나온 배출 가스는 모두 온실가스이며 기후변화에 영향을 미친다. 예를 들어 염화불화메탄처럼 분자 속에 수소원자를 함유하

---

35) 전해액이 양극을 적게 하지 못해 가스막이 형성되고, 이로 인해 전해액과 전극이 격리되어 전위차가 증가하는 현상

지 않은 완전 불화탄화수소는 기후에 특히 악영향을 미친다. 이 가스의 온실가스 함유량은 이산화탄소의 함유량보다 6천~9천배까지 된다. 또 이 불소화합물은 대기 중에 아주 오래 동안 잔류한다. 물질에 따라 잔류기간은 2천500년에서 5만년까지 달한다.

알루미늄 1톤 당 약 750세제곱미터의 양극가스가 나오는데, 이 속에는 40킬로그램의 독성 불소가 들어 있다. 1950년대까지만 해도 미국 유럽 할 것 없이 알루미늄 제련소는 이 독가스를 거의 정화하지 않고 그대로 배출했다. 이 불소로 인해 인근 식물들이 말라죽었고, 동물과 인간 할 것 없이 뼈가 굳어져 쉽게 부서지는 골격불소증이나 골 질환에 시달려야 했다. 특히 이 공장에 근무하는 근로자들은 더욱 심각했다.

스위스의 발리스Wallis는 론 강 계곡에 위치해 바람이 잘 빠지지 않는 곳이며, 공기가 좋은 곳에서만 자라는 살구와 포도 재배로 유명하다. 유해가스 방출에 매우 취약한 이 지역에 20세기 초반 스위스 알루미늄 주식회사의 첫 번째 알루미늄 공장이 들어섰다. 그런데 이 공장이 가동되자마자 포도와 과일나무에 대기 오염으로 인한 피해가 처음 일어났으며, 인근 쉬피Chippis 지역의 숲에도 이런 피해가 발생했다. 스위스 계곡 지역인 프릭탈Fricktal에서도 1950년대 초반 알루미늄 공장에서 나온 불소로 인해 피해가 급증하면서 이 계곡에 사는 주민들과 스위스 알루미늄 주식회사 사이에 불소분쟁이 일어난다. 이 소송은 1980년대 스위스 알루미늄 주식회사가 불소 방출량을 줄이는 대책을 도입할 때까지 30년 이상 지루하게 이어진다.

독일에서도 에센-보르벡Essen-Borbeck, 슈타데Stade, 함부르크 혹은 기타 알루미늄 공장 인근에 사는 사람들이 1980년대까지 오염된 공기로 고통을 당했다. 1974년 함부르크와 슈타데에서 불소로 인해 글라디오스 꽃이 죽은 사건은 당시 중요한 정치 쟁점이 되기도 했다. 에센의 보르벡에서는 알루미늄 공장 인근 아이들에게 위막성 후두염이라는 호흡기 질병이 늘어났다.

이에 대한 대책은 알루미늄 공장의 가마를 캡슐로 둘러싸는 것으로 1960년부터 단계적으로 도입된다. 가마를 완전히 둘러싼 외피층은 불소와 먼지를 함유하고 있는 양극 가스는 물론이고 양극을 교체할 때 발생하는 발암물질인 벤즈피렌Benzpyren과 탄화수소PAH를 막아준다. 새롭게 개발한 정화기술 역시 방출된 가스의 불소 함유량을 줄여준다. 1970년대까지 습식여과장치가 일반적이었는데, 이것은 유해물질을 줄이기 위해 배기가스에 물을 뿌리는 장치였다. 그러나 독성물질이 물에 잔류하게 되어 특수 폐기물로 처리해야 하는 단점이 있었다.

건식여과시스템이 시장에 처음 나온 것은 1970년대 초반이었다. 이것은 분말 형태의 산화알루미늄을 불소 접착제로 사용한다. 여기서 생성되는 불소로 가득 찬 산화알루미늄은 그 뒤에 수용전기분해의 원료로 사용된다. 이렇게 하면 빙정석을 절약할 수 있다. 그래서 이 멋진 정화방법에서는 환경을 해칠 뿐 아니라 비용도 많이 드는 특수폐기물이 나오지 않으며, 덤으로 공장 운영비용까지 절약할 수 있다. 유해가스 양을 줄이기 위해 계속 이루어진 기술개발 덕분에 1990년대 컴퓨터로 양극을 조정하는 시스템[36]이 도입된다. 그래서 환경기준이 매우 엄격하고 효과적인 규제시스템을 갖춘 나라에서는 오늘날 불소 방출이 더 이상 문제 되지 않는다.

하지만 중국이나 구 소련에서는 이런 조치가 시행되고 있지 않

---

36) Point-Feeder-Technologie

다. 다른 나라의 경험상 정부에서 강제로 규제해야만 기업은 이 값비싼 배기가스 및 하수 정화시설을 갖춘다. 방출량을 법으로 엄격하게 규제하는 브라질에서도 불소를 함유한 배기가스는 지금도 여전히 큰 문제가 되고 있다. 1999년 3월 상 루이스에서 열린 국제 알루미늄세미나에서 대기 중으로 유출된 불소화합물이 동식물 그리고 공장 주위에 사는 주민의 건강을 해친 사례들이 발표되었다. 그밖에도 파라 주에서는 벤젠 방출이 백혈병의 원인백혈구 숫자의 부족이 된 사례도 나왔다.

정화기술을 개발하면 알루미늄 생산과정에서 배출되는 유해물질을 줄일 수 있다는 것은 원칙적으로 맞는 말이다. 하지만 브라질의 알루미늄 생산량이 전체적으로 계속 늘어나고 있기 때문에 연간 오염물질 총 배출량도 계속 증가추세에 있다. 생태학자들은 이를 두고 리바운드Rebound 효과나 부메랑Bumerang 효과라고 이야기 한다. 이를테면 새로운 정화기술과 또 다른 효과적인 기술로 오염물질 배출을 절감해 봤자, 생산량이나 소비의 증가로 인해 상쇄된다는 것이다. 분명한 것은 환경을 지키기 위해서는 단지 기술개발만으로는 안 되며, 오히려 기술 개발이 생산과 소비를 촉진시켜 정 반대의 결과를 몰고 오는 것이 자주 목격된다.

이익 보는 기업, 손해 보는 거주민

알루미늄 공장을 위한 브라질 정부의 지원책은 수력발전소에서 막대한 전기를 생산 공급해 주는 것만이 아니다. 정부는 알루미늄 기업에 세금도 감면해 주고, 공적 자금으로 운영되는 지원 프로그램을 통해 보조금을 주기도 한다. 예를 들어 알루마르는 아마존의 까라자 지역 경제개발을 위해 만든 그랜드 까라자Grande Carajás 지원 프로그램으로 아주 많은 혜택을 입고 있다. 반대 여론이 들끓었는데도 1980년 마라낭 주 정부는 이 기업에 총 1만 헥타르의 토지를 선물했다. 이때 주 정부는 의회의 동의도 구하지 않았다. 더구나 이 회사는 10년 동안 법인세와 수입세, 판매세를 감면받기도 했다. 뿐만 아니라 이 기간 동안 최저 전기요금에서 10퍼센트 할인까지 받는다. 국내에서 설비를 구입한 경우 주 정부에서 특혜를 주기도 한다. 이렇게 해서 마라낭 주는 알루마르가 들어선 뒤 첫 5년 동안에만 9천900만 달러의 수입을 놓쳤다. 이런 특혜를 줄 때 주 정부는 알루마르가 미국 모기업인 알코아 그룹에 소속된 회사 가운데 가장 생산성이 높은 기업이라는 사실은 고려하지도 않았다. 알루마르가 이렇게 생산성이 높은 이유는 알루미늄 공장에 근무하는 인원을 과감하게 줄일 수 있었기 때문이다. 1980년대 알루마르 직원은 3천500명이었는데, 생산량이 엄청나게 늘어났는데도 지금 직원 수는 1천800명에 불과하다. 그래서 이 공장이 고용을 창출하는 효과를 볼 것이라는 초기의 전망은 웃음거리가 된다.

반면 공장 인근에 사는 주민들의 경제활동에는 분명히 나쁜 영향을 미친다. 예를 들어 어획량의 감소로 인해 인근 어촌의 존속이 아주 위태롭게 되었다. 농업 생산량이나 과실 수확량 그리고 다른 자연 생산물들도 함께 줄어들었다. 1만4천 헥타르로 상 루이스 섬의 13퍼센트 이상을 차지하며, 그곳에 허가된 공업지대의 50퍼센트 이상을 차지하는 드넓은 공장부지 내에 있는 자연자원에 대한 접근도 알루마르는 경찰력을 동원해 막고 있다.

이 공장이 들어서기 전 시골생활을 즐기며 살았던 주민들은 공장에 자리를 내어 주고 이사 가야 했다. 그 대가로 그들이 받은 보상금은 낯선 곳에서 새로운 생활을 시작하기에 턱없이 모자랐다. 오늘날 이 사람들은 공장 이전으로 인해 찾아든 수많은 구직자들과 마찬가지로 과밀화된 도심 한 복판에 살며, 삶의 조건은 더욱 악화되었다.

공장 인근 주민들은 유해물질의 배출로 인해 호흡곤란이나 피부병 같은 건강에 이상이 생겼다고 호소한다. 특히 알루미늄 공장에서 일하는 노동자들은 액상 알루미늄을 펌프로 퍼내려고 정기적으로 가마를 열어야 하기 때문에 어쩔 수 없이 먼지와 가스를 많이 마셔야 한다.

중간결산

보크사이트에서 원료 알루미늄에 이르기까지 알루미늄 생산과정은 이와 관련된 지역사회에 시공간적으로 대단히 나쁜 영향을 미친다. 알루미늄 생산은 열대우림의 생태계에 결정적이고 광범위하게 영향을 미치며, 공기와 땅, 물 모두에 해를 입힌다. 알루미늄 생산과정에서 지역주민과 그들의 삶의 조건이나 경제활동이 고려된 적은 지금까지 한 번도 없다. 알루미늄 생산과 아무 상관없는 데도 이로 인해 치러야 하는 환경적, 사회적 대가는 대부분 그들 몫이었다. 그 대신 알루미늄 이용단계에서 나오는 생태적 유용성이나 경제적 이익은 거대 다국적 기업이나 원료 알루미늄을 수입하는 산업국가가 거의 독차지한다.

지금 브라질에서 이루어지는 알루미늄 생산 상황을 살펴보면 지속가능성이라는 말을 입에 올릴 수 없다. 기껏해야 일회성 대책만 나오고 있다. 수잔나 쉐퍼Susanna Schäfer와 마르틴 슈튜테Martin Studte는 2005년 중반 알루미늄 생산이 미치는 영향과 향후 발전 전망에 대한 최신 정보를 얻기 위해 석 달 동안 브라질에서 알루미늄 생산과정을 현장조사 한 후 알루미늄 생산과정은 결코 지속가능한 발전을 이루지 못한다고 결론 내린다. 오히려 정 반대다. 유구히 이어온 지역적 특색이나 전통 생활구조와 제도들이 거의 파괴되거나 독자성을 상실하고 있다. 알루미늄 생산이 브라질 사회를 더 발전시키려면, 즉 일부 소수 계층의 부분적 발전이 아니라 모든 계층의 전반적 발전을 바란다면 계속 최선을 다해 노력해야 할 것이다.

브라질은 아마존 지역의 열대원시림이 지역적으로나 세계적으로 매우 중요한 기능을 담당하기 때문에 알루미늄 생산이 환경에 미치는 영향은 그 어느 곳보다 중요하다. 원시림 훼손은 지역주민들에게 해를 끼칠 뿐 아니라 전 세계적으로도 기후변화와 종 멸종에 영향을 미친다.

아직 많은 문제가 해결되지 않았지만 현재 브라질에서는 환경보호와 현지 주민의 이익을 좀더 강력하게 고려하자는 움직임도 나타나고 있다. 거대 다국적 알루미늄 기업은 소비자들의 압력에 못 이겨 상품 생산에 따른 생태, 사회적 책임을 완전히 무시할 수 없게 되었다. 그래서 이들 기업은 지속가능한 제품 생산이라는 공동 목표를 위해 서로 제휴하며, 특별한 행동규약을 만들어 자율적 책임을 부과하고 있다.

그 예가 런던의 국제 알루미늄 연구소를 중심으로 유럽에서 발의한 '미래 세계를 위한 알루미늄' 선언이다. 알루미늄 생산과 소비전 과정을 생태적이며 경제적인 관점에서 한 눈에 파악할 수 있는 지속가능성 지표시스템을 개발해 보자는 제안은 바로 이 연구소에서 나온 것이다. 부퍼탈 기후 환경 에너지 연구소가 이 연구를 수행하며 다국적 기업들의 지속가능성 보고서를 작성하는 데 이용될 방법론을 개발하고 있다.

하지만 이런 제안도 모두 자율적 성격이 강하기 때문에 설사 따르지 않는다 해도 법률적 제제조치를 받지는 않는다. 지금 필요한 것은 국제적 차원의 구속력 있는 규칙이다. 그것만이 지속가능성이라는 원칙을 전체 생산과정에서 강제적 기준으로 자리 잡게 해 줄 것이며, 모든 면에서 계획의 안정성과 법적 안정성을 보장해 줄 것이다. 이런 조치가 이루어질 때까지는 최소한 자율적인 대책을 통해 국민들이 문제의 심각성을 계속 의식하게 만들어야 한다. 이와 별도로 알루미늄을 생산하는 국가라면 어디나 지속가능한 발전이라는 원칙을 입법단계에서 가능한 한 폭넓게 반영하도록 노력해야 한다.

알루미늄 생산에 직접 들어가지 않는 외적 비용도 법률로 기업이 떠안게 하려는 시도는 이미 오스트레일리아와 캐나다, 뉴질랜드에서 이루어지고 있다. 이들 나라에서는 기업, 국가, 노동조합, 지역주민, 환경단체가 이해관계자Stakeholder 콘셉트 모델에 따라 협의기구를 구성하는 것을 제도화하고 있다. 이해관계자 콘셉트는 지속가능성 같은 기업의 목표는 상이한 이해 당사자 그룹들이 서로 협조해 주어야만 완벽하게 성공할 수 있다는 것을 전제한다.

이에 대한 모범 사례는 오스트레일리아 보크사이트 광산의 재개발 사업이다. 이 사업은 알루미늄 채굴 기업이 그곳 원주민인 아보리기네스Aborigines 부족과 긴밀히 협력하며 진행되고 있다. 여기서 오스트레일리아는 브라질의 상황과는 분명히 정 반대의 모델로 간주될 수 있다. 오스트레일리아 북부 고브Gove 섬의 거대한 보크사이트 광산지역은 땅과 토지가 지금도 아보리기네스 부족 소유이며, 이 부족은 알칸Alcan이 벌어들인 이익을 나누고 있다. 물론 본질적인 차이점은 북부 오스트레일리아의 생태 시스템이 브라질 원시림보다 재개발 가능성이 더 많다는 것이다. 그리고 민주화되고 부유한 산업국가인 오스트레일리아가 오랫동안 독재와 민주주의 사이를 왔다 갔다 한 브라질보다 사회 문제를 다루기가 훨씬 쉬웠을 것이다.

Chapter 5

알루미늄의 현명한 사용

부자들의 재료

전 세계적으로 유통되는 원료인 알루미늄이 얼마나 지속가능한 것인가를 판단하기 위해서는 알루미늄 생산과정의 생태 및 경제, 사회적 측면들을 결산해보는 것만으로는 충분하지 않다. 보크사이트를 채굴해서 원료 알루미늄으로 가공하는 것은, 원료의 생산에서 시작해 제품에 이용되는 것을 거쳐 쓰레기 수거 혹은 재활용에 이르기까지 알루미늄의 전체 생애 중 한 단계에 불과하기 때문이다. 다음에서는 제품의 구입, 사용과 점검, 수리와 보관 등 이용단계에서의 지속가능성 측면에 주목해서 살펴본다.

　인간이 알루미늄 제품을 사용하기 때문에 알루미늄이라는 원료는 연관된 제품과 함께 전 세계에 유통된다. 하지만 이런 이유 외에도 알루미늄의 이용단계는 환경에 매우 중요한 영향을 미친다. 물건의 사용은 언제나 환경과 상호 작용하며 환경을 훼손하기 때문이다. 이 훼손이 어느 정도 일어나는가는 제품과 이 제품의 고유한 속성에 달려 있을 뿐 아니라, 이 제품을 사용하는 이용자의 개인적인 태도에도 달려 있다. 그래서 이용단계에서 생기는 환경에 미치는 부정적 영향을 줄이려면 소비자에게도 많은 것이 요구된다. 소비자는 대부분 알루미늄 생산지로부터 멀리 떨어져 산다. 원료 알루미늄 생산이 주로 남반구에 있는 나라에서 이루어지는 반면, 알루미늄을 소비하는 사람들의 80퍼센트 이상은 북반부 산업국가의 국민들이다. 독일도 1인당 알루미늄 소비량에서 세계 5위 안에 드는 나라다. 생산자와 소비자가 같은 지역에 살지 않는다는 것이 소비자로 하여금 알루미늄의 세계적 유통이 사회와 생태에 어떤 영향을 미치는지에 전혀 관심을 가지지 않는 무책임한 태도를 취하게 만든다.

제품과 환경

알루미늄 이용 분야는 알루미늄 특유의 소재 특성에서 결정된다. 밀도가 낮고 가벼워 자동차와 비행기, 기차 그리고 여러 운송수단의 재료로 사용하는데 적합하다. 그밖에도 알루미늄은 전기 전도율이 좋고 내부식성이 강하며 인체에 유해하지 않는다는 장점이 있다. 이런 특성은 전기와 건축, 포장 분야에서 아주 매력적인 재료다. 거기다가 소비재 상품에서 특별히 중요한 요소인 미적인 매력까지 겸비하고 있다.

알루미늄은 지금 승승장구하고 있다. 수십 년 전부터 1인당 알루미늄 수요는 꾸준히 증가하고 있으며, 증가 속도도 다른 금속에 비해 훨씬 빠르다. 전문가들은 이런 상황이 앞으로도 계속 될 것이라고 전망한다. 세계가 이처럼 알루미늄을 필요로 하는 것은 특히 위에서 언급한 수요 분야 때문이며 역시 일등공신은 운송 분야다. 현대인은 끊임없이 이동하고 있으며, 이런 현상이 사람과 화물 그리고 정보의 이동을 점점 더 늘어나게 만든다.

또한 편리함과 고급스러움, 내구성과 안정성, 아름다움 그리고 개성을 추구하는 고객들의 소망이 꾸준히 늘고 있으며, 이것은 점점 더 복잡한 제품을 개발하게 만드는 원동력이 된다. 사치품 소비도 늘면서 여기에 들어가는 원료 소비도 꾸준히 증가하고 있으며, 이 원료를 공급하기 위해 환경과 인체에 해로운 소재 판매도 함께 늘어난다.

개별 제품들은 디자인과 모양, 기능에 따라 수명이 길다거나 재활용 가능성이 있다는 등 기술적, 경제적, 환경적 특성을 지닌다. 이것은 제조자에 의해 혹은 물리적으로 미리 주어져 있기 때문에 이용자가 여기에 직접 영향을 미칠 수 없다. 대형 리무진이 차체 무게가 워낙 무거워 연료를 많이 소모한다는 것은 물리적인 이유이며, 이런 특성은 바꿀 수 없다. 알루미늄 캔이 일회용품이라는 운명도 갑자기 바뀔 수 없다. 제조자가 미리 만들어 놓은 알루미늄 캔 디자인은 다시 뚜껑을 닫을 가능성이나 다용도로 사용할 가능성을 마련해 두지 않았기 때문이다. 하지만 제품 생산에 직접 영향을 미치지는 않지만 소비자는 구매 결정을 통해 어떤 제품이 시장에서 계속 살아남을 수 있고, 어떤 제품은 퇴출 될 것인지를 결정한다.

일반적으로 제품의 순환주기에서 특히 이용단계는 환경에 가장 중요한 영향을 미친다. 화물차 같은 운송수단의 경우 이용단계에서 필요한 에너지가 전체 에너지의 95퍼센트나 차지한다. 음식을 저장하고 식히거나 데우고 나눌 때 사용하는 가정용 알루미늄 호일 같은 포장재는 제조단계에서 많은 에너지를 요구하며 이에 따라 환경에도 중요한 영향을 미친다. 그렇지만 동시에 이용단계에서는 알루미늄의 장점이 분명히 드러나기도 한다. 가령 교통 분야에서 알루미늄 산업은 알루미늄을 녹색 금속이라고 선전할 정도로 에너지를 절약해 준다. 사실상 알루미늄을 많이 이용해 제작한 운송수단들은 그것이 자동차든 기차든 비행기든 간에 모두 환경과 관련해 최고의 결과를 내고 있다. 1차알루미늄 제조에 막대한 에너지가 들어가긴 하지만 '무게가 덜 나가면 에너지 소모도 적다.'는 논리에 따라 에너지 효율이 높은 알루미늄 차는 대부분 1차알루미늄 생산에 들어간 에너지를 상쇄하고도 남는다.

여기에 대중교통 수단의 예를 한 가지 더 추가하면, 알루미늄으로 제작된 지하철 객차는 강철로 만든 객차보다 훨씬 가볍다. 두 차의 에너지 사용량을 비교해 볼 때, 3년만 운행하면 알루미늄 차 제조에 더 들어간 에너지를 상쇄하고, 그 이후부터는 이익으로 돌아선다. 지하철 객차는 평균 35년간 운행된다. 그러므로 알루미늄 객차 10대를 더 만들 수 있는 에너지를 절약하는 것이다. 여기다 대부분의 차는 재활용되기 때문에 알루미늄의 재활용도 보장된다. 알루미늄 매출에서 두 번째로 중요한 시장인 건축 분야에서도 알루미늄은 생태학적으로 만족할만한 결과를 낳는다. 창문과 문, 건물의 전면 장식 혹은 벽이나 지붕을 녹이 슬지 않는 알루미늄으로 시공하면 수명이 길어질 뿐 아니라 관리나 수리가 필요 없어 매우 실용적이며 재활용률도 높다.

오랫동안 사용할 소비재의 경우, 비록 제조과정에서 강철보다 4배의 에너지를 필요로 하지만 알루미늄을 사용하지 않을 수 없다. 하지만 이 재료가 수명이 짧은 일회용품에 들어간다면, 알루미늄이 환경에 미치는 긍정적 효과는 바로 사라진다. 포장재, 그 중에서도 알루미늄 음료수 캔이 이런 비판을 특히 많이 받는다. 사실 음료수 캔의 수명은 짧다. 평균 반 년 정도에 지나지 않는다. 그런데 다른 알루미늄 포장재들과는 달리 알루미늄 용기는 재활용 가능성이 비교적 높다. 효율적인 회수 시스템이 마련되어 있기 때문이다.

하지만 가정용 알루미늄 호일처럼 손으로 구기거나 말아서 버리는 물건, 혹은 요구르트 뚜껑이나 다용도 물병의 나사 캡 경우에는 상황이 완전히 달라진다. 우유나 주스 포장에는 종이팩이 사용되지만 음료를 따르는 부분에는 이따금 알루미늄 덮개로 밀봉하기도 한다. 음료수 용기에서 떨어져 나온 이 포장재는 대부분 쓰레기 통에 버려진다. 이것은 알루미늄 포장재가 다시 사용되지 않는다는 것을 의미한다. 생태적 관점에서 이것은 더 논의할 필요도 없다. 더 구나 이런 목적으로 사용되는 재료 중 알루미늄보다 더 지속가능한 재료는 얼마든지 있다.

제품의 의미와 유용성 그리고 환경에 미치는 영향에 대해 깊이 생각하는 것은 성숙한 소비자의 책임이다. 소비자는 구매와 소비포 기로 시장 발전에 직접 영향을 미칠 수 있기 때문이다. 가정용 알루 미늄 호일 같은 포장재는 알루미늄 제조과정에서 치러야 할 엄청난 대가를 알고 있는 비판적 소비자에게 부정적인 사치품으로 간주된 다. 하지만 소비자가 불필요하다거나 부정적인 것으로 간주하는 것 은 대부분 소비자의 주관적인 가치관, 특히 그 제품의 가격에 의존 한다. 소비국가 국민들이 알루미늄을 값 싸게 이용할 수 있는 것은 제조국가 국민들의 희생 덕분이니 결국 그들의 희생이 오히려 알루 미늄의 낭비를 부채질하는 꼴이다.

소비자의 힘

제조과정 외에 이용단계에서도 개인적 혹은 사회적 이유로 환경훼손 이 일어난다. 이것은 이용자 혹은 이용자가 속한 사회적 배경과 직 접 연관된다. 개인이 환경에 미치는 영향은 개별 소비자의 행위에서 시작된다. 그것은 동기부여와 환경에 대한 관심, 시간과 자금 등 다 양한 요인에 따라 결정되며 개인마다 다르다. 자동차 소유자의 운전 동기는 드라이브하고 싶다는 욕구일 수도 있고 출장에 필요하기 때 문일 수도 있다. 이 경우 정부에서 승용차를 최적 상태로 이용하게 하려고 자동차에 탄 사람 수대로 통행세를 부과한다면, 그것은 사회적으로 환경오염을 규제하는 일이 될 것이다.

환경에 미치는 영향이 개인적인 것인가 사회적인 것인가에 상관없이 소비에 의존한 이용과정은 늘 환경에 나쁜 영향을 미치며, 그 원인은 다층적이다. 그 중 한 가지 이유는 개별 소비자가 행하는 환경 보호 활동의 효과는 작은 데 비해 환경자원에 대한 사회집단의 과도한 요구는 엄청난 환경오염을 초래하기 때문이다.

일요일마다 BMW를 타고 알프스 지역으로 드라이브를 즐기는 뮌헨의 K씨가 소비하는 연료량과 배출가스량은 쉽게 파악할 수 있고, 아직 그 자체로는 환경을 해치지 않는다. 하지만 그와 마찬가지로 이 지역을 돌며 드라이브를 즐기는 사람들이 소비한 연료와 배출한 이산화탄소를 모두 합치면 우려할 정도로 환경을 오염 시킨다.

이용단계에서 소비자가 잘못된 행동을 하게 되는 또 다른 이유는 제품의 이용과 그 이용으로 인해 야기된 환경오염 사이에 시공간적으로 큰 거리가 있다는 데 있다. 뮌헨의 K씨는 아마 주말 드라이브로 인해 배출된 산화질소와 이산화유황이 수십 년 지나면 땅을 산화시키고 채소에 해를 입히게 될 것이라는 사실을 깊이 생각하지 않을지도 모른다. 그밖에도 환경오염에 대한 무관심과 환경오염에 대한 결정기준이 없고 이에 대한 정보가 모자란다는 점도 이용자의 잘못된 행동을 부추긴다.

알루미늄 제품의 친환경성은 본질적으로 수명이나 재활용 가능성 같은 제품기준에 달려 있지만, 다른 한편으로 이용자의 개별 행동도 결정적인 역할을 한다. 이로써 소비자는 지속가능성에 대한 생각을 실천에 옮길 수 있는 결정권과 자유를 누리게 된다.

다시 시작하자

알루미늄의 재활용은 알루미늄의 생명주기 가운데 마지막 단계에서 이루어진다. 개별 제품이 환경에 긍정적인 영향 아니면 부정적인 영향을 미치느냐는 전적으로 사용 후 이 금속이 쓰레기로 버려지는가 아니면 다시 재활용될 수 있는가에 달려 있다. 공장에서 전기분해방식으로 생산되는 1차알루미늄과 2차알루미늄을 구분하는 것은 후자의 경우다. 2차알루미늄은 못쓰게 된 알루미늄 제품을 녹여 재활용해 만들어진다.

훌륭한 재활용 소재

알루미늄은 원칙적으로 재활용하기 매우 좋은 재료다. 이 금속은 풍화되지 않으며 수명이 매우 길다. 실제로 알루미늄은 질적으로 아무 문제없이 언제든지 재활용할 수 있다. 플라스틱이나 점토 그리고 유리나 강철은 일단 제조과정을 거치고 나면 다시 돌이킬 수 없을 정도로 성질이 변해 원래와 전혀 다른 성질을 띠기 때문에 재활용할 수 없다. 예를 들어 점토로 구워 만든 기와는 원재료인 점토와는 전혀 무관하며, 다시 점토로 재활용될 수도 없다. 이 재료의 재활용 가능성은 처음부터 매우 제한되어 있다. 비용을 많이 들여 플라스틱이나 유리를 재활용한다 해도 이 재료의 원래 성질에 도달할 수는 없다.

이처럼 재활용 과정으로 재료의 질이 떨어지는 것을 '다운싸이클링 down cycling'이라고 부른다.

　알루미늄의 경우 이 다운사이클링을 걱정할 필요가 없다. 그러나 알루미늄 업계가 알루미늄은 '훌륭한 재활용 소재'라고 치켜세우며 광고에 열을 올리는 것처럼 반드시 그런 것만은 아니다. 알루미늄은 대부분 순수한 형태가 아니라 합금으로 사용되기 때문에 2차알루미늄을 모든 곳에 다 사용할 수는 없다. 합금할 때 첨가되는 재료의 비율에 따라 조소합금과 주조합금으로 구분되는데 조소합금은 규소 마그네슘 혹은 구리의 비율이 상대적으로 훨씬 적다. 고철을 녹일 때 이런 합금성분들이 용액 속에 축적된다. 알루미늄은 산소친화성이 높기 때문에 정제하기 매우 어렵다. 이것은 이 용액에서 합금성분들을 추출해 내면 질이 떨어질 수밖에 없다는 뜻이다. 그래서 고철로 만든 2차알루미늄은 주조합금으로만 다시 가공할 수 있지 조소합금으로 가공하지는 못한다.

　이론적으로 재활용에 적합하다고 해서, 실제로 재활용 비율이 꼭 높은 것은 아니지만 알루미늄의 재활용 비율이 다른 재료에 비해 굉장히 높은 것은 사실이다. 알루미늄 산업 총 연합회GDA의 보고에 따르면, 교통 분야에서 유럽의 총 재활용 비율은 90−95퍼센트이며, 건설 분야에서는 95퍼센트, 기계와 전기 분야에서는 각각 80퍼센트다. 다만 포장 분야에서만 약 40퍼센트에 머물고 있다.

　이렇게 재활용률이 높게 나타났지만 우리가 직시해야 할 것은 이 조사가 계산방법상 문제가 있다는 것이다. 이 보고서는 알루미늄 제품의 수명을 기초로 작성되었다. 위에 언급된 분야−포장분야는 제외−는 수명이 비교적 긴 편이다. 승용차 경우는 평균수명이 12년, 건물은 30년으로 계산하며, 전선은 40년, 전주는 70년 정도로 가정하고 있다. 그래서 알루미늄의 재활용률이 아주 높게 나온 것이다.

하지만 1차알루미늄과 2차알루미늄의 절대적 성장치를 비교해 보면, 곧바로 전기분해로 제조된 알루미늄의 생산과 소비가 고철 알루미늄을 재활용한 것보다 훨씬 가파르게 상승하고 있음을 알 수 있다. 2002-2006년 사이에 1차알루미늄 생산량은 30.2퍼센트나 늘어났지만, 같은 기간 2차알루미늄 생산량은-간간이 조금 늘어나기도 했지만-약간 줄어들었다. 위의 보고서는 이 기간 동안 1차알루미늄 생산량이 2차알루미늄보다 8배나 성장했다는 것을 말해준다.

알루미늄 쓰레기가 어느 정도 나오는지 파악하기가 힘든 가계 부분을 여기에 합산하지 않았는데도 포장재 부분은 재활용률이 가장 낮게 나타난다. 알루미늄은 포장재로 매우 좋은 특성을 지녔지만 수명이 짧기 때문에 비판의 핵심이 된다. 특별한 수거시스템에 의해 파악되지 않는 알루미늄 포장재는 쓰레기 집하장이나 소각장으로 들어가 사라진다. 어쨌든 쓰레기 소각장에서 알루미늄을 다시 재활용하는 것은 기술적으로는 전혀 문제가 없지만, 실제로는 아직 일반화되고 있지 않다.

하지만 전 세계적으로 볼 때 새로 나온 알루미늄 제품 가운데 약 1/3이 재활용 알루미늄으로 제작된다. 2차알루미늄의 가장 중요한 구매자는 교통 분야다. 더욱이 독일 2차알루미늄 산업은 재생 분야에서 유럽에서 가장 앞서 있다. 2004년 독일에서는 1차알루미늄 66만7천839톤과 2차알루미늄 70만3천756톤을 생산했다. 처음 보면 이 수치는 아주 인상적이긴 하지만 이와 연관된 배경 정보 없이는 무의미하며, 전 세계는 물론이고 유럽에서도 그리 대단한 것은 아니다. 2005년 전 세계를 통틀어 1차알루미늄 3천200만 톤과 2차알루미늄 830만 톤이 생산되었다. 전 세계에서 생산된 2차알루미늄의 45

트리메트 에센 공장에서 재활용을 기다리는 알루미늄 고철

퍼센트는 아메리카 대륙에서 나오며, 34퍼센트만 유럽에서 나온다.

독일이 재생 알루미늄 비중이 높은 것은 알루미늄 재활용에 이미 오랜 전통이 있기 때문이다. 독일이 알루미늄을 생산하기 시작한 것은 1914년이며, 재활용의 역사도 이와 함께 시작된다. 전쟁을 치르면서 외국에서 알루미늄 원료 수입이 막히게 되자, 독일은 이미 1차 세계대전 때부터 고철 알루미늄을 체계적으로 수집해 군수물자로 재활용하기 시작했다. 하지만 엄밀하게 따지면 2차알루미늄 산업은 1940년대 새로운 정련기술이 개발되면서 시작된다. 이 기술은 당시 유일한 원료였던 공중전에서 격추된 비행기에서 나온 고철을 효과적으로 개발하는데 이용되었다. 독일 전역에서 수집된 고철을 정련한 독일 종합 제련소도 이 당시 생겼다.

2차 세계대전 이후 독일의 알루미늄 재활용 비율은 꾸준히 증가했으며, 1969년 50퍼센트를 상회하며 최고치를 기록한다. 그때부터 조금씩 떨어져 1975년에는 약 30퍼센트까지 줄어든다. 그 이유는 2차알루미늄 산업이 취약했기 때문이 아니라 1960년대 말 낮은 에너지 가격으로 인해 1차알루미늄 생산시설을 엄청나게 확장했기 때문이다. 하지만 1970년대 중반 오일쇼크가 터지면서 상황은 완전히 바뀌기 시작한다. 이때부터는 2차알루미늄 생산량이 눈에 띄게 증가한다. 그것은 한 편으로 2차알루미늄 생산이 늘어났기 때문이며, 다른 한편으로는 이때부터 1차알루미늄 생산 공장이 전기료가 싼 나라로 점점 이전했기 때문이다. 이 시점부터 독일에서는 2차알루미늄 생산 체제로 광범위한 구조조정이 이루어진다.

알루미늄을 재활용해야 하는 가장 중요한 동기는 경제적으로 매우 큰 이익이 되기 때문이다. 알루미늄 고철은 전 세계에서 수요가 매우 많은 재료이며, 아시아에서 꺾일 줄 모르고 증가하는 수요는 고철 알루미늄의 가치를 더 높이고 있다. 이 고철의 대부분은 중국이나 인도로 흘러 들어가기 때문에 유럽 고철 시장은 빗자루로 쓸어버린 것처럼 텅 비어 있다. 무엇보다도 알루미늄이 섭씨 660도에서 녹는다는 사실은 재활용에 매우 유리하게 작용한다. 고철을 녹여 재활용하는 것이 전기분해로 1차알루미늄을 만드는 것보다 에너지를 훨씬 적게 먹어 전기분해에 들어가는 에너지소비량의 5퍼센트만 있어도 충분하다.

최근 연구 결과에서 나온 이 수치는 정확한 것은 아니지만 알루미늄을 재활용하기 위해 필요한 에너지는 원래 소모되는 에너지의 12퍼센트다. 이것도 1차알루미늄 생산에 필요한 막대한 에너지에 비하면 일부에 지나지 않는다. 이렇게 에너지를 절약하면 비용 부담을 줄일 뿐 아니라, 환경에도 긍정적인 영향을 미친다. 에너지 소비나 물 소비 측면은 물론이고 쓰레기 발생이나 배기가스 배출 측면에서도 2차알루미늄이 1차알루미늄보다 뚜렷이 좋은 성과를 올린다. 이에 더해 2차알루미늄은 보크사이트 자원을 보호하고 환경을 헤치는 채광 면적을 줄이는 효과도 거둔다. 마지막으로 고철 알루미늄의 재활용은 쓰레기 배출을 줄여준다.

그렇다고 해서 재활용이 환경오염의 이상적 해결방안은 아니다. 재활용도 환경을 오염시킬 수 있다. 가령 알루미늄을 녹일 때는 특히 다이옥신을 함유한 유해가스가 나온다. 다이옥신은 2차알루미늄 생산 시 나오는 미세 먼지의 구성성분이다. 2차알루미늄이 에너지 절감에 긍정적인 효과가 있는 것은 분명하지만, 고철 알루미늄을 재처리할 때 분쇄기와 분류기, 기름 분리기와 건조기, 정화기를 따로 이용하기 때문에 추가적인 에너지 소비는 불가피하다. 바로 이것이 재활용의 에너지 절감 효과를 다소 떨어뜨린다. 고철을 재처리하기 위해 사전준비에 들어가는 비용은 오염 정도에 비례해 상승한다. 특히 포장제품에서 나오는 알루미늄 호일과 깡통에는 라커 칠이나 도색이 되어 있고 일반적으로 합성수지나 다른 재료들과 결합되어 있다. 바로 이 때문에 2차알루미늄 산업은 생산량보다 3배나 되는 생산시설을 필요로 한다. 알루미늄 3만 톤을 녹이기 위해서는 고철 4만 톤과 용해제 1만 톤이 필요하다. 그밖에도 소금 찌꺼기 1만2천 톤과 먼지 1만 5천 톤이 나온다.

재활용의 약점, 특히 포장재에 덧칠한 호일의 경우는 소금 성분이 들어 있는 용해제와 부식방지제를 너무 많이 소비한다는 것이다. 일반적으로 이 염혼합물은 염화나트륨 2/3와 염화칼륨 1/3로 이루어져 있다. 소금성분에 있는 정화작용을 강화하려고 여기에 플루오르화 칼슘을 혼합한다. 이 염혼합물의 양은 고철 무게의 약 1/3이나 된다. 용해작업이 끝나면 여러 가지 불순물과 산화알루미늄 그리고 합금성분들을 가득 함유한 소금 찌꺼기가 대량 나오게 된다. 특수한 선광選鑛장치로 이 찌꺼기에서 소금 성분과 알루미늄 성분은 대부분 다시 걸러낼 수 있지만 물에 녹지 않는 찌꺼기들은 그대로 남게 되며, 생태적 위험을 무릎 쓰고 일정한 곳에 모아두어야 한다. 이 찌꺼기 1톤 당 0.1세제곱미터의 저장 공간이 필요하다. 그밖에 용해 과정에서 혼합물도 나오지만, 이것은 알루미늄이 산소아 반응하면서 생기는 것으로 산화알루미늄과 합금소재, 또 여러 가지 금속 화합물을 포함하고 있다. 특수한 선광 장치를 이용하면 이 혼합물에서도 다시 금속 알루미늄을 얻을 수 있다. 재활용과정에서도 이처럼 환경을 오염시킬 수 있는 물질들이 나오지만 1차알루미늄을 생산할 때 나오는 대규모 환경오염과 비교하면 재활용이 환경보호에 훨씬 유리하다.

폐쇄적 그리고 개방적 순환

재선광再選鑛의 기술적 과정은 고철 알루미늄의 종류에 따라 폐쇄적 순환 혹은 개방적 순환 형태로 이루어진다. 이물질이 섞이지 않은 순수 알루미늄 고철인 경우, 용해 후에 원래 사용했던 곳에서 다시 활용할 수 있다. 이것이 '폐쇄적 재활용 순환과정closed-loop-recycling' 이다. 알루미늄 제품을 만들 때, 예를 들면 알루미늄 깡통을 프레스로 찍어 낼 때 부수적으로 발생하는 자투리 금속이 여기에 알맞다. 이것은 새로운 재료를 첨가하거나 녹이는 과정에서 쓰레기를 배출할 필요도 없이 아주 쉽게 용해된다. 기껏해야 이용과 수집, 선광과 용해과정에서 발생하는 금속의 손실을 보충해 주기 위해 약간의 금속만 새로 추가해 주면 된다.

이에 반해 못 쓰게 된 여러 알루미늄 제품들처럼 오래된 고철을 재활용 할 경우에는 '개방적 재활용 순환과정open-loop-recycling'을 거친다. 이 혼합 고철은 대부분 자투리 고철과 함께 용해시킨다. 그 밖에 구리나 규소처럼 합금과정에 들어가는 물질을 더 첨가하기도 한다. 이 용해과정의 부산물로 알루미늄 찌꺼기와 염분찌꺼기가 나온다. 개방적 재활용 순환과정을 통해 얻는 2차알루미늄은 주로 자동차 산업의 주조합금에 사용된다.

이 혼합고철을 용해하려면 사전준비를 철저히 해야 한다. 고철은 더러워져 있거나 라커 칠 되어 있기도 하고 플라스틱으로 덮혀 있기도 하며 다른 금속과 혼합되어 있기 때문이다. 다른 금속에서 알루미늄을 분리해 내려면 와전류분리법을 사용하는데, 이것은 알루미늄 같이 전기를 유도하는 전도체와 그렇지 않은 비전도체를 구분해 금속을 분류해 준다. 음료수 캔이나 에어로졸 용기 같은 완전 알루미늄 포장재는 건류乾溜작업으로 라커 칠 된 것을 벗길 수 있다. 알루미늄과 다른 재료가 혼합된 원료, 예를 들어 알약 포장재와 인스턴트 스프용 봉지에는 열분해 처리법이 안성맞춤이다. 섭씨 550-600도까지 가열하는 과정에서 합성수지나 종이 같은 유기물질은 가연성가스로 분해되어 에너지로 이용할 수 있는 반면, 알루미늄은 거의 영향을 받지 않고 그대로 남는다.

원래 이 용해과정은 전용 축을 따라 돌아가는 회전통 용해가마에서 이루어진다. 가마에 고철을 뒤섞기 전에 그 안에 소금성분이 함유된 용해제와 부식방지제를 붓는다. 이것들이 녹아 액체상태가 되면 가마에 알루미늄 고철을 집어넣는다. 용해된 염분은 오염물질을 흡수해 고철을 정화하고 알루미늄의 산화반응을 막는 기능을 한다. 산소와 접촉을 막기 위해 고철은 부식작용을 막아주는 용해제로 안전히 덮어씌워야 한다. 하지만 이것으로 산화알루미늄의 형성을 완전히 막을 수는 없다.

요컨대 재활용이 알루미늄 제품의 환경오염 문제를 뚜렷이 개선시킨다는 것만은 확실하다. 하지만 1차알루미늄 생산과 연관된 생태 및 경제, 사회적으로 중요한 문제를 해결할 수 있는 것은 아니다. 2차알루미늄으로 1차알루미늄을 완전히 대체하는 것은 첫째 알루미늄의 수요가 너무 많기 때문에 불가능하며, 둘째 2차알루미늄이 모든 분야에서 1차알루미늄을 대체할 수 없어 불가능하다. 그런데도 알루미늄의 재활용률을 높이는 것은 모든 소비자들, 특히 포장재나 기타 수명이 짧은 제품에서 알루미늄 사용을 포기하지 않는 사람들이 바라는 일일 것이다. 하지만 재활용은 고철 알루미늄의 수거가 전제되어야 하기 때문에 알루미늄 쓰레기의 특별한 처리, 즉 분리수거는 이를 위한 첫 발걸음이자 꼭 필요한 대책이다. 예를 들어 고철 수집 컨테이너처럼 특별한 수거시스템으로 모은 고철 알루미늄만 다시 재활용 순환과정으로 들어간다. 알루미늄은 자력을 띠지 않기 때문에 강철 및 다른 금속과 쉽게 분리된다.

전망

알루미늄이 얼마나 지속가능한가를 판단하려면 알루미늄의 생산과 이용, 재활용의 전 단계를 다 살펴보는 것이 중요하다. 이 세 단계 중 여러 과정을 거쳐 이루어지는 제조단계가 문제다. 이 단계는 특히 토지와 에너지를 많이 사용하고 이에 따라 심각한 사회 문제를 일으키기 때문이다. 지구상에 단 하나뿐인 원시 열대우림 개발로 알루미늄 생산국가로 부각된 브라질에서 이 문제는 매우 심각하다.

　그렇지만 제품 이용단계 역시 지속가능성에 부정적인 영향을 미친다. 이런 상황은 수송이나 교통 분야에도 해당된다. 일반적으로 이 분야가 알루미늄이 지속가능하게 이용되는 가장 이상적인 사례로 거론되는데도 말이다. 그 이유는 알루미늄 제품을 사용할 때 친환경성은 단지 개별 제품 자체뿐 아니라 소비자의 행동에도 의존하기 때문이다. 알루미늄이 수명이 긴 제품, 예를 들어 대중교통 수단에 꼭 필요한 재료임은 분명하다. 대중교통 수단을 너무 과도하게 오래 사용하지 않는다면, 알루미늄 생산 시 생기는 단점을 보충할 수 있다. 하지만 알루미늄으로 만든 가정용 호일이나 수명이 짧은 제품은 이런 경우에 속하지 않는다. 이용자가 제품을 사용한다는 것은 원칙적으로 환경에 부정적인 영향을 미친다. 모든 소비 행위는 환경을 오염시키기 때문이다. 소비가 환경에 어느 정도 중요한 영향을 미치는가는 전적으로 소비자 개인의 행동에 달려 있다.

이에 반해 알루미늄 제품의 재활용은 항상 환경에 긍정적인 영향을 미친다. 이 경우 2차알루미늄 생산에 필요한 에너지는 1차알루미늄에 비해 아주 적다. 그밖에도 알루미늄의 재활용률은 다른 원료에 비해 높다.

알루미늄의 3단계 순환과정 모두에는 알루미늄 제품의 지속가능성을 개선하기 위한 여러 가지 행위옵션이 있다. 이것은 기업뿐 아니라 알루미늄 순환과정에 관련되어 있는 정부와 소비자에게도 요구된다. 1992년 리우 데 자네이로에서 열린 유엔 환경과 발전 회의에서 의결된 21세기 지속가능한 발전을 위한 행위 프로그램은 지구 전체의 정의와 세대 간의 정의를 기본원칙으로 수립된다. 이 원칙은 사회 각 분야의 다양한 관심과 협조를 통해서만 실현될 수 있다.

개별 국가의 법은 물론이고 국제법도 지속가능한 발전을 장려하는 것을 의무로 규정한다. 그러므로 개별 국가와 국제사회의 임무는 보편적이며 구속력 있는 사회 생태적 기준을 정하고, 지속가능한 경제를 장려하는 것이다. 이를테면 음료수 캔에 저당금을 붙여 환급금을 주는 제도는 알루미늄 캔의 재활용률을 끌어올리는 촉진책이다.

그 사이 브라질은 물론이고 다른 알루미늄 생산국가들도 보크사이트 채굴과 원료 알루미늄 생산의 친환경성과 사회 친화성을 강제로 규제하는 법률을 제정했다. 이처럼 영업허가를 정지시키거나 배기가스 배출 기준을 법적으로 규정하는 등 생산측면에서의 환경보호는 이 규정을 준수하지 않는 기업에 법적 제재조치를 가할 때만 효과를 발휘할 수 있다.

지금까지 법적 규제시스템은 단지 개별국가 차원에서 따로따로 시행되었다. 아마존 열대우림 개간의 경우처럼 국경을 초월한 환경문제에 대해서는 아직까지 국제적 차원의 규제 및 통제장치가 마련되어 있지 않다. 알루미늄처럼 여러 나라로 생산라인을 뻗치고 있는 원료에 지속가능성의 원칙을 확립하기 위해서는 이처럼 국제적인 규제조치가 필요하다. 알루미늄 생산라인이 세계화된 상황에서 알루미늄 생산으로 인한 환경오염은 이제 국제적인 문제가 되었기 때문이다.

지속가능성을 촉진하기 위한 적극적인 조치를 강구하는 일은 기업에도 책임이 있다. 이를 위한 원칙적인 전제조건은 기업이 이윤의 극대화뿐 아니라 생태, 사회적 목표를 추구하는 것도 의무라는 것을 시인하는 것이다. 구체적인 개선방안은 기업의 환경정책에서 나와야 하는데, 기업은 정부의 환경보호 활동을 보완하고 자체적으로 일정한 환경보호 목표를 설정해야 한다. 예를 들어 환경감사로 환경보호 목표를 설정하고 예상치 못한 환경오염을 줄일 수 있는 기구와 대책도 마련해야 한다.

알루미늄 제품의 순환단계에서 자원을 효율적으로 이용하고, 환경 친화적인 방법으로 제품을 생산하며, 모든 순환단계에서 환경

친화적이며 경제적인 재활용을 확대하는 것은 미래의 중요한 목표다. 이 목표는 특히 생산 단계에서 기술적 생산방식의 최적화를 꾀하거나 보조 재료나 폐기물을 새롭게 재활용하는 방법을 개발함으로써 달성할 수 있다. 이미 시행되고 있는 대책에서 구체적인 사례로는 알루미늄 산업의 온실가스 배출량을 줄이게 하거나 전체 제조 공정에서 에너지 사용량을 계속 줄여나가도록 자율적으로 규제하는 것이다. 하지만 이런 자율규제만으로는 법적인 구속력이 없고, 기업이 실제로 실천하고 있는지 투명하게 드러나지 않는 문제점이 있다.

그동안 알루미늄 대기업은 자신들이 지속가능성의 원칙을 얼마나 잘 실천하고 있는지를 홍보하기 위해 정기적으로 지속가능성 보고서를 발간하고 있다. 지속가능성이라는 다차원적 원칙은 서로 다른 사회 구성원들의 협력이 있어야만 실천할 수 있다는 것을 알고 그동안 대기업은 관련 이해 당사자들과의 대화로 그들의 희망과 생각을 적극 반영하고 있다. 대기업이 이렇게 나오는 이유는 아마 생태적, 사회적 책임의식뿐 아니라 이를 계기로 회사의 이미지를 개선하고 비용을 줄여보겠다는 의도도 있을 것이다. 하지만 동기가 어떻든 간에 이해당사자와의 대화가 지속가능성을 크게 촉진시키는 것만은 사실이다.

소비자들도 지속가능성의 원칙을 발전시키는데 기여할 수 있다. 생산을 결정하는 것은 최종적으로 소비이기 때문이다. 수요가 없으면 제품도 서비스도 나올 수 없다. 이것이 의미하는 바는 소비자도 구매 혹은 소비 행위를 통해 제품의 공급을 조정할 수 있다는 것이다. 여기서 나오는 결론은 소비자가 제품 생산에 효과적으로 영향을 미칠 수 있다는 것만이 아니다. 한 걸음 더 나아가 지속가능한 발전을 위한 소비자의 책임도 도출된다. 이런 목적을 달성하기 위한 수단은 공정한 욕구해소, 즉 환경 친화적이고 사회친화적인 욕구해소일 것이다. 물론 이것은 소비자가 우선 지속가능성에 관한 의식을 발전시키고, 그밖에 특정 제품의 소비가 어떤 작용을 하고 어떤 해를 끼칠지를 인식하는 것을 전제한다. 소비자는 제품의 순환주기가 지구에 어떤 영향을 미치는지 깊이 생각해야 하며, 개별 제품을 구입할 때 유용성뿐 아니라 사회적 필요성, 사회적 생태적 비용과 연관해서 제품 가격의 적절성과 재료의 재활용 가능성까지 따져야 한다.

그러므로 지속가능한 소비는 소비자 정보나 환경보고서 같은 상세한 환경지식을 전제로 한다. 제품의 품질인정 표시나 원산지 표시 같은 것도 재구매 혹은 구매 포기를 결정하는데 도움을 줄 수 있다. 알루미늄 제품의 경우 이런 방법을 바로 고려하기에는 어려움이 있다. 알루미늄이 여러 가지 재료가 합성된 포장재나 전기제품 내부에 들어가는 등, 복잡한 제품의 보이지 않는 곳에 이용되기 때문이다. 그 외에도 알루미늄의 원산지는 증명할 길이 없다. 하지만 비판의식이 강한 소비자에게 지속가능성은 삶의 철학 문제일 뿐 아니라 자신의 이용행위를 규정해 주는 사회정치적 의무이기도 하다. 예컨대 알루미늄 자동차의 경우 두 가지 이용 동기가 있다. 그것이 더 빠른 속도라면, 운전자는 고속주행으로 이 차가 지닌 친환경적인 장점을 없애버릴 것이다. 그러나 에너지와 자원을 절약하겠다는 동기로 알루미늄 자동차를 선택한 운전자는 차의 속도를 일정하게 유지할 것이다. 바로 이용자의 행위가 알루미늄 제품의 지속가능성에 직접 영향을 미친다는 것이다.

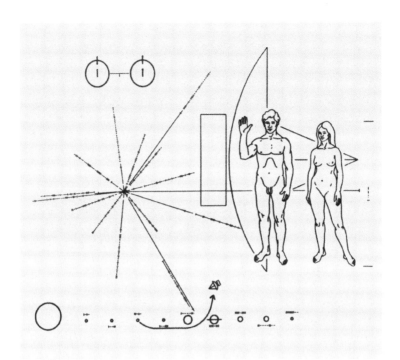

행성간의 커뮤니케이션 전달 재료로 사용되는 알루미늄. 1972년 3월 3일 미국인들은 우주탐사선 파이어니아 10호를 발사했다. 이 탐사선은 궤도를 따라 태양계를 떠나기 때문에 이 우주선에는 금도금된 15.2 x 22.9센티미터 크기의 명판[37]이 부착되었다. 이 명판에는 지능을 가진 외계인에게 보내는 메시지가 새겨져 있다. ⓒ NASA, Wikimeadia Commons

37) 이 명판에는 인류(남녀)의 신체구조(여성의 키가 168센티미터로 묘사), 우주선의 모습, 발사된 항성(해)의 위치, 태양계의 모습 및 지구의 위치 등이 그림으로 묘사되어 있다. 이 명판은 지구인이 외계인에게 보내는 인사장이며 평화적 목적으로 우주탐사를 하고 있음을 알리는 것이다.

역사를 바꾼 물질 이야기 **1**

현대의 모순을 비추는 거울
알루미늄의 역사

———

지은이 | 루이트가르트 마샬
옮긴이 | 최성욱

펴낸날 | 2011년 10월 20일
펴낸이 | 조영권
꾸민이 | 한기석
알리는이 | 김원국
도운이 | 이주희, 정병길

펴낸곳 | **자연과생태**
주소_서울 마포구 구수동 68-8 진영빌딩 2층
전화_02)701-7345-6 **팩스**_02)701-7347
홈페이지_www.econature.co.kr
등록_제313-2007-217호

ISBN : 9788996299578 93460

———